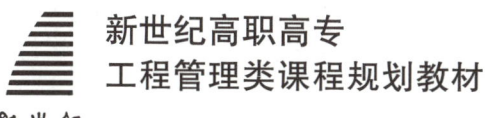

新世纪高职高专
工程管理类课程规划教材

# 建筑工程预算电算化

新世纪高职高专教材编审委员会 组编
主　编　于香梅　黄春霞
副主编　彭　程

第三版

大连理工大学出版社

图书在版编目(CIP)数据

建筑工程预算电算化 / 于香梅，黄春霞主编. -- 3版. -- 大连：大连理工大学出版社，2021.9(2024.7重印)
新世纪高职高专工程管理类课程规划教材
ISBN 978-7-5685-3162-7

Ⅰ. ①建… Ⅱ. ①于… ②黄… Ⅲ. ①建筑预算定额－会计电算化－高等职业教育－教材 Ⅳ. ①TU723.34 ②F232

中国版本图书馆 CIP 数据核字(2021)第 179119 号

大连理工大学出版社出版

地址：大连市软件园路 80 号　邮政编码：116023
发行：0411-84708842　邮购：0411-84708943　传真：0411-84701466
E-mail：dutp@dutp.cn　URL：http://dutp.dlut.edu.cn
辽宁星海彩色印刷有限公司印刷　　大连理工大学出版社发行

幅面尺寸：185mm×260mm　　印张：14　　字数：336 千字
2011 年 4 月第 1 版　　　　　　　　　　2021 年 9 月第 3 版
2024 年 7 月第 3 次印刷

责任编辑：康云霞　　　　　　　　　责任校对：吴媛媛
　　　　　　　封面设计：张　莹

ISBN 978-7-5685-3162-7　　　　　　　　　　　　定　价：45.00 元

本书如有印装质量问题，请与我社发行部联系更换。

# 前言

随着建筑业造价信息技术应用的飞速发展，工程造价计量与计价软件被广泛应用并不断更新，为了满足教学的需求，本书进行了全面改版。

《建筑工程预算电算化》（第三版）依据《建设工程工程量清单计价规范》（GB 50500—2013）、《房屋建筑与装饰工程工程量计算规范》（GB 50854—2013）、《全国统一建筑工程基础定额河北省消耗量定额》、《全国统一建筑装饰装修工程消耗量定额河北省消耗量定额》、《河北省建筑、安装、市政、装饰装修工程费用标准》、《混凝土结构施工图平面整体表示方法制图规则和构造详图》（16G101）编写，全面介绍了广联达 BIM 土建计量软件 GTJ 2021 和广联达云计价软件 GCCP 6.0 的使用方法。

本书在编写过程中力求突出以下特色：

1. 钢筋和图形算量软件量筋合一，简化操作。
2. 结合 CAD 导图功能，提高了绘图效率。
3. 对重点内容配有微课视频，操作性强。
4. 增加了招标控制价的编制内容。
5. 结合工程案例，配有大量的操作过程图片以及算量结果，图文并茂，通俗易懂，适合对照检查，尤其适合自学。

本书涉及的 CAD 图纸已放在大连理工大学出版社职教数字化服务平台，需要的读者可以自行下载。

本书既可作为高等院校工程造价、工程管理、建筑工程专业造价软件课程的教材，也可作为从事工程造价工作的相关人员的参考书。

本书由河北地质大学于香梅、陕西工业职业技术学院黄春霞任主编，上海电力大学彭程任副主编。具体编写分工如下：模块 1~模块 5 由于香梅编写，模块 6~模块 10 黄春霞编写，模块 11~模块 15 由彭程编写。全书由于香梅统稿。

在编写本书的过程中,我们得到了广联达科技股份有限公司的大力支持,广联达科技股份有限公司授权广联达软件在本教材中的使用,谨此表示致谢!

本书是编写人员实践经验、教学经验的高度总结,我们的良好愿望是该书能对读者有所帮助,书中如有不足之处,还请读者批评指正。

编　者<br>
2021 年 9 月

所有意见和建议请发往:dutpgz@163.com
欢迎访问职教数字化服务平台:https://www.dutp.cn/sve/
联系电话:0411-84707424　84706676

# 目录 Contents

## 第1篇 基础篇——BIM 土建计量软件 GTJ 2021

**模块 1 GTJ 2021 准备工作** ········· 3
1.1 BIM 土建计量软件概述 ········· 3
1.2 新建工程 ········· 4
1.3 基本设置 ········· 4
1.4 土建设置 ········· 8
1.5 钢筋设置 ········· 8
1.6 轴网 ········· 10

**模块 2 CAD 导图** ········· 14
2.1 图纸管理 ········· 14
2.2 识别轴网 ········· 17
2.3 识别柱大样 ········· 18
2.4 识别柱 ········· 21
2.5 识别梁 ········· 23
2.6 识别板 ········· 26
2.7 识别板受力筋 ········· 26
2.8 识别板负筋 ········· 29
2.9 识别门窗表 ········· 32

**模块 3 GTJ 2021 基本操作** ········· 34
3.1 用户界面介绍 ········· 34
3.2 通用操作 ········· 35
3.3 绘图 ········· 44
3.4 选择 ········· 46
3.5 修改 ········· 47
3.6 工程量 ········· 48

## 第2篇 实训篇——BIM 土建计量软件 GTJ 2021 应用

**模块 4 主体结构工程** ········· 55
4.1 柱 ········· 55

| 4.2 | 梁 | 65 |
| 4.3 | 板 | 80 |
| 4.4 | 楼梯 | 94 |
| 4.5 | 雨篷 | 104 |

## 模块 5　二次结构工程 … 109

| 5.1 | 墙体 | 109 |
| 5.2 | 门窗 | 113 |
| 5.3 | 过梁 | 119 |
| 5.4 | 砌体加筋 | 121 |

## 模块 6　首层其他构件 … 123

| 6.1 | 建筑面积 | 123 |
| 6.2 | 平整场地 | 124 |
| 6.3 | 台阶 | 125 |
| 6.4 | 散水 | 130 |
| 6.5 | 外墙保温层 | 131 |

## 模块 7　基础工程 … 132

| 7.1 | 基础柱 | 132 |
| 7.2 | 独立基础 | 135 |
| 7.3 | 基础梁钢筋 | 137 |
| 7.4 | 有梁条形基础 | 139 |
| 7.5 | 后砌 240 墙砖砌条形基础 | 145 |
| 7.6 | 有梁条形基础上的墙基 | 146 |
| 7.7 | 后砌 240 墙基础上的地圈梁 | 147 |
| 7.8 | 构造柱 | 148 |
| 7.9 | 卫生间墙基础 | 148 |
| 7.10 | 台阶挡墙砖基础 | 149 |
| 7.11 | 垫层 | 150 |

## 模块 8　土方工程 … 153

| 8.1 | 基坑土方 | 153 |
| 8.2 | 基槽土方 | 156 |
| 8.3 | 房心回填土 | 157 |

## 模块 9　装饰装修工程 … 158

| 9.1 | 楼地面 | 158 |
| 9.2 | 踢脚 | 159 |
| 9.3 | 墙面 | 160 |
| 9.4 | 天棚 | 161 |
| 9.5 | 房间 | 162 |
| 9.6 | 楼梯间 | 166 |
| 9.7 | 外墙面装修 | 167 |
| 9.8 | 雨篷装修 | 168 |

| 9.9 | 独立柱装修 | 169 |
| 9.10 | 单梁装修 | 170 |

**模块 10　复制相同的构件图元到其他层　171**
| 10.1 | 复制与首层相同的构件图元到二层 | 171 |
| 10.2 | 复制与二层相同的构件图元到三层 | 171 |

**模块 11　屋面层　173**
| 11.1 | 挑檐 | 173 |
| 11.2 | 女儿墙 | 176 |
| 11.3 | 屋面防水及保温工程 | 180 |
| 11.4 | 雨篷防水 | 182 |

**模块 12　表格输入　184**
| 12.1 | 屋面及雨篷排水工程 | 184 |
| 12.2 | 楼梯基础 | 185 |

**模块 13　报　表　186**
| 13.1 | 汇总计算 | 186 |
| 13.2 | 查看报表 | 186 |
| 13.3 | 导出报表 | 187 |
| 13.4 | 导出工程 | 187 |

# 第 3 篇　计价篇——云计价软件 GCCP 6.0 应用

**模块 14　编制招标文件　191**
| 14.1 | 创建工程 | 191 |
| 14.2 | 编制工程量清单 | 192 |
| 14.3 | 编制招标控制价 | 197 |
| 14.4 | 报表 | 204 |

**模块 15　编制投标报价　207**
| 15.1 | 操作流程 | 207 |
| 15.2 | 新建投标项目 | 207 |
| 15.3 | 取费设置 | 207 |
| 15.4 | 导入工程量清单 | 207 |
| 15.5 | 工程量清单计价 | 207 |
| 15.6 | 报表 | 211 |
| 15.7 | 量价一体化 | 211 |

软件算量和计价参考结果　212

**参考文献　213**

# 本书微课资源列表

| 序号 | 微课名称 | 所在页码 | 序号 | 微课名称 | 所在页码 |
|---|---|---|---|---|---|
| 1 | 新建工程、工程信息 | 4 | 28 | 梁准确定位 | 69 |
| 2 | 楼层设置 | 6 | 29 | 梁钢筋原位标注 | 70 |
| 3 | 混凝土、砂浆强度设置 | 7 | 30 | 梁平法表格输入 | 71 |
| 4 | 土建设置、钢筋设置 | 8 | 31 | 梁原位标注快速应用 | 72 |
| 5 | 新建轴网、绘制轴网 | 10 | 32 | 附加箍筋、吊筋绘制 | 74 |
| 6 | 轴网二次编辑 | 12 | 33 | 板定义及构件做法 | 80 |
| 7 | 添加图纸、设置比例、分割图纸 | 14 | 34 | 板绘图 | 81 |
| | | | 35 | 柱梁板工程量 | 81 |
| 8 | 图纸定位 | 16 | 36 | 板受力筋 | 82 |
| 9 | 识别楼层表 | 16 | 37 | 板负筋属性 | 87 |
| 10 | 识别轴网 | 17 | 38 | 板负筋绘图 | 88 |
| 11 | 识别柱大样 | 19 | 39 | 跨板受力筋 | 91 |
| 12 | 识别柱 | 22 | 40 | 梯柱、梯梁 | 94 |
| 13 | 识别梁 | 23 | 41 | 新建楼梯、楼梯属性 | 97 |
| 14 | 识别板、板受力筋 | 26 | 42 | 楼梯绘图、做法、工程量 | 100 |
| 15 | 识别板负筋 | 29 | 43 | 雨篷 | 104 |
| 16 | 校核板筋图元 | 31 | 44 | 墙体 | 109 |
| 17 | 识别门窗表 | 33 | 45 | 门窗 | 113 |
| 18 | 软件主界面介绍 | 34 | 46 | 过梁 | 119 |
| 19 | 通用操作、绘图、修改等 | 35 | 47 | 台阶 | 125 |
| 20 | 工程量 | 48 | 48 | 基础柱 | 132 |
| 21 | 新建柱及其属性 | 55 | 49 | 独立基础 | 135 |
| 22 | 柱做法 | 56 | 50 | 计量导出:清单定额汇总表 | 212 |
| 23 | 柱绘图 | 58 | 51 | 计量导出:钢筋-楼层构件类型级别直径汇总表 | 212 |
| 24 | 柱对齐、镜像 | 60 | | | |
| 25 | 梁属性定义 | 65 | 52 | 计量导出:钢筋定额表 | 212 |
| 26 | 梁构件做法 | 65 | 53 | 计价导出:建筑工程投标报表 | 212 |
| 27 | 梁绘图 | 68 | 54 | 计价导出:人材机规费安全表 | 212 |

# 第 1 篇

## 基础篇——BIM 土建计量软件 GTJ 2021

# 模块 1

# GTJ 2021 准备工作

## 1.1 BIM 土建计量软件概述

**1.软件的启动**

双击"广联达建设工程造价管理整体解决方案"→"广联达 BIM 土建计量平台 GTJ 2021",启动软件。

**2.软件的操作流程**

新建工程→工程设置→建轴网→建构件→绘图→汇总计算→报表。

**3.实际工程构件的绘制流程**

在做实际工程时,一般推荐先计算主体结构构件,再计算零星构件。针对不同结构类型的工程,应采用不同的顺序,具体如下:

(1)框架结构:首层柱→梁→板→楼梯→砌体→门窗洞→过梁→基础→土方→装饰装修→其他。

(2)剪力墙结构:首层剪力墙→暗柱、端柱→暗梁、连梁→板→楼梯→砌体→门窗洞→过梁→基础→土方→装饰装修→其他。

(3)砖混结构:首层砖墙→门窗洞→过梁→构造柱→圈梁→板→楼梯→基础→土方→装饰装修→其他。

**4.基本概念**

(1)构件:绘图之前定义的墙、梁、板、柱等。

(2)图元:绘制在绘图区域的图形。

(3)公有属性:构件属性中用蓝色字体表示的属性,即所有绘制的构件图元的属性都是一致的。

(4)私有属性:构件属性中用黑色字体表示的属性,该构件所有图元的私有属性可以一样,也可以不一样。

(5)点状构件:软件中为一个点,通过画点的方式绘制。如柱、独基、门、窗等。

(6)面状构件:软件中为一个面,通过画一个封闭区域的方式绘制。如板、筏板基础等。

(7)线状构件:软件中为一条线,通过画线的方式绘制。如墙、梁、条形基础等。

## 1.2 新建工程

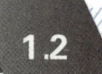

软件启动后,单击左上角"新建",进入"新建工程"界面,输入或选择有关信息完成新建工程,如图1-1所示。

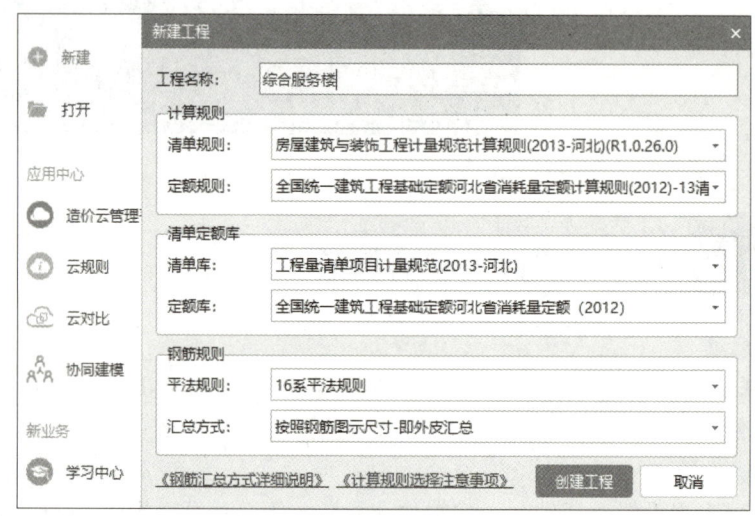

图1-1 新建工程

**1. 计算规则**

根据具体情况,通过下拉三角按钮选择相应的计算规则。如果同时选择"清单规则"和"定额规则",那么既能计算清单的工程量又能计算定额的工程量;若只选择"清单规则",则只能计算清单的工程量。

**2. 清单定额库**

计算规则确定后,会出现相应的清单库和定额库,根据具体情况来选择。

**3. 钢筋规则**

按图纸设计要求选择钢筋平法规则;按各地实际情况,通过下拉三角按钮选择汇总方式,如河北省计算规则规定:计算钢筋预算长度,按默认的外皮汇总;施工现场计算钢筋下料长度,选择按中心线汇总,钢筋计算长度需要减去钢筋弯曲调整值。单击《钢筋汇总方式详细说明》和《计算规则选择注意事项》可以查看各地的不同要求。完成上述步骤后,单击"创建工程"。

## 1.3 基本设置

工程设置包括基本设置、土建设置和钢筋设置三大部分,如图1-2所示。

图1-2 工程设置

基本设置包括工程信息和楼层设置两部分。
### 1.工程信息
"工程信息"对话框包括工程信息、计算规则、编制信息以及自定义,如图1-3所示。

图1-3 工程信息

(1)工程信息

①工程信息中的黑色字体属性值只起标识作用;蓝色字体属性值影响工程量的计算结果,必须根据图纸准确输入,尤其是抗震等级。

②按照图纸设计要求通过右侧下拉三角按钮准确选择抗震等级,不同的抗震等级将影响钢筋的锚固、搭接长度。

③准确填写"室外地坪相对±0.000 标高",注意其单位为"米"。

(2)计算规则(图1-4)

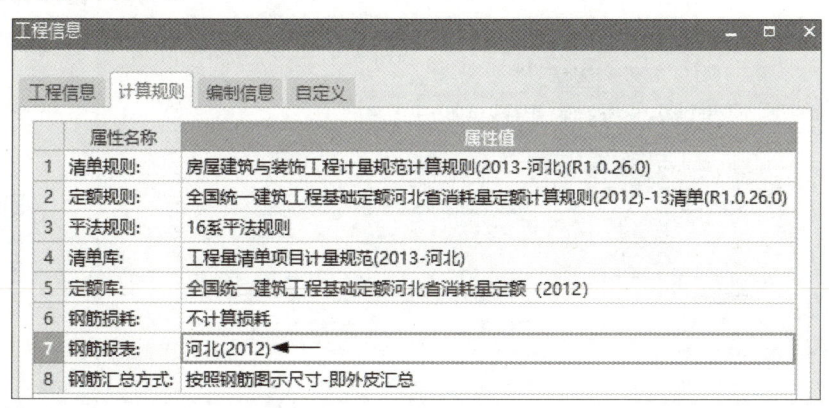

图1-4 计算规则

①计算规则属性值中的规则和库是在新建工程时选择的,在此不可修改;如错误,需要重新创建工程,所以一定要正确选择。

②钢筋损耗:清单工程量为净用量,不计算损耗;定额工程量按各地规则执行,如河北

2012定额,因定额消耗量测算时已考虑了钢筋的损耗,所以损耗模板选择"不计算损耗"。

③钢筋报表:单击"钢筋报表",通过右侧下拉三角按钮选择"河北(2012)"。

(3)编制信息

根据需要填写或不填写,对计算没有影响。

**2.楼层设置**

建筑物分层技巧:当建筑物没有地下室时,基础层是指首层以下的部分;当建筑物有地下室时,基础层是指地下室以下的部分;顶层包括在2~n层内;屋面层是指顶层以上的屋面部分,如屋顶女儿墙部分。建筑物分层如图1-5所示。

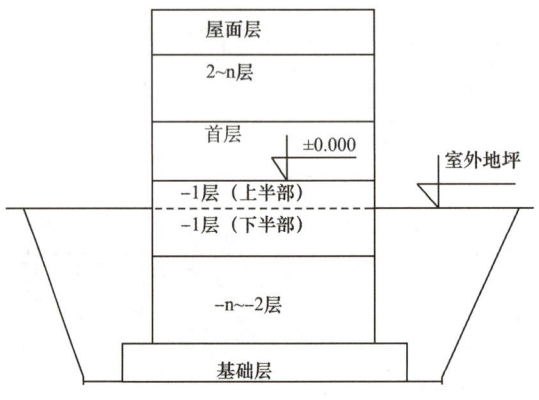

图1-5 建筑物分层

单击图1-2中"基本设置"栏的"楼层设置",启动楼层设置,如图1-6所示。在"楼层设置"页面,对当前工程的楼层列表、楼层混凝土强度和锚固搭接设置进行设置。

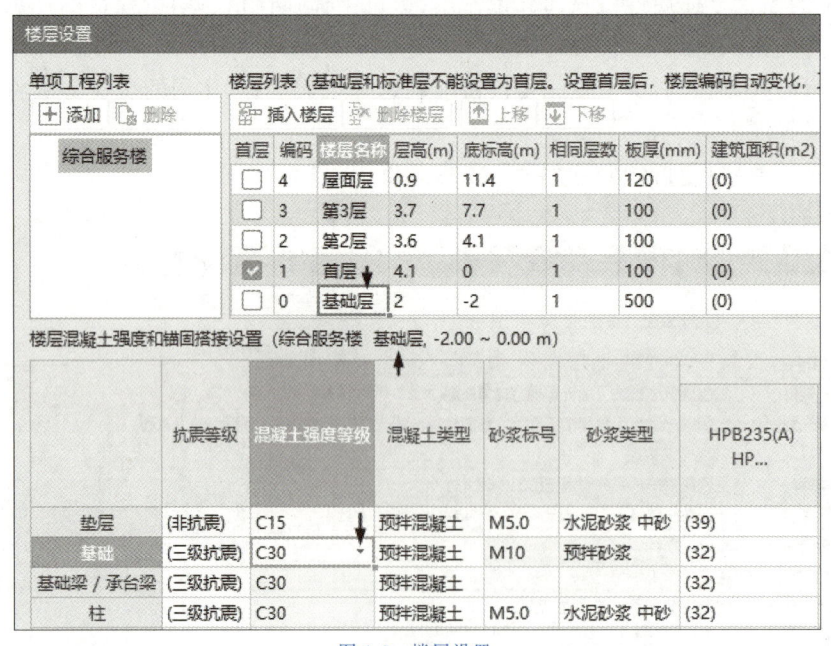

图1-6 楼层设置

(1)楼层列表

①基础层和首层已自动建好,必须单独存在,且不可以删除,但可以修改层高数据。

②插入楼层:用光标选中要插入的楼层位置,单击"插入楼层",在选中的楼层前插入一

个新的楼层。

③编码：由软件默认，不可修改，"0"表示基础层，"1"表示首层，地上层用"正数"表示，地下层用"负数"表示。

④楼层名称：软件默认"第*层"格式，可根据需要修改楼层名称，如"屋面层"。

⑤相同层数：工程中遇到标准层时，只要在相同层数的位置输入相同层数的数量即可，软件自动将编码改为"M~N"，标高自动累加。

⑥首层：软件将首层标识默认为勾选，可任意勾选调整；首层以下的楼层为地下室，以上的楼层为地上层；标准层和基础层不能指定为首层。

⑦层高：根据图纸输入，建议输入结构层高。基础层的层高：当建筑物没有地下室时，为正负零到基础底面的垂直距离；当建筑物有地下室时，为地下室地面到基础底面的垂直距离。

⑧底标高：只需输入首层底标高即可，其余楼层底标高会根据层高自动计算，该工程首层底标高为"0"。

⑨板厚：楼层中结构楼板的厚度，在绘图区域新建板时，默认取这里的厚度；如有个别板厚不同，可在构件属性里修改。基础层的板厚是指筏板基础板厚，其他基础不需理会。

(2)楼层混凝土强度和锚固搭接设置

①混凝土强度等级、类型和砂浆标号、类型：首先在"楼层列表"处单击选择楼层"首层"，然后通过下拉三角按钮选择混凝土强度等级、类型以及砂浆标号、类型。楼层混凝土强度和锚固搭接设置，如图1-7所示。

| | 抗震等级 | 混凝土强度等级 | 混凝土类型 | 砂浆标号 | 砂浆类型 | HPB235(A) HP... |
|---|---|---|---|---|---|---|
| 框架梁 | (三级抗震) | C25 | 预拌混凝土 | | | (36) |
| 非框架梁 | (非抗震) | C25 | 预拌混凝土 | | | (34) |
| 现浇板 | (非抗震) | C25 | 预拌混凝土 | | | (34) |
| 楼梯 | (非抗震) | C25 | 预拌混凝土 | | | (34) |
| 构造柱 | (三级抗震) | C20 | 预拌混凝土 | | | (41) |
| 圈梁/过梁 | (三级抗震) | C20 | 预拌混凝土 | | | (41) |
| 砌体墙柱 | (非抗震) | C20 | 现浇砼中砂 | M5.0 | 预拌砂浆 | (39) |
| 其他 | (非抗震) | C30 | 预拌混凝土 | M5.0 | 预拌砂浆 | (30) |

图1-7 楼层混凝土强度和锚固搭接设置

②钢筋锚固、搭接、保护层厚度设置

对于钢筋锚固、搭接、保护层厚度的设置，若图纸有要求，则按图纸要求修改；若没有要求，则默认为钢筋平法图集中的数值。

③复制到其他楼层

当不同楼层混凝土强度等级、类型和砂浆标号、类型相同时，选择"源楼层(首层)"，单击"复制到其他楼层"，如图1-8所示，勾选"目标楼层"，单击"确定"按钮，提示复制成功。

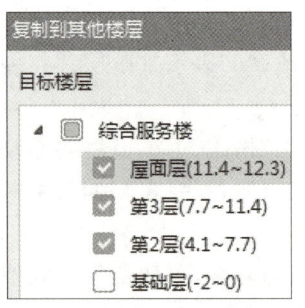

图 1-8　复制到其他楼层

## 1.4　土建设置

**1. 计算设置**

根据各地的清单及定额计算规则要求,软件已将各构件的计算设置设置正确,一般不需要调整。

**2. 计算规则**

根据各地的清单及定额计算规则要求,软件已将各构件的计算规则设置正确,一般不需要调整。

## 1.5　钢筋设置

**1. 计算设置**

钢筋计算设置页面包含计算规则、节点设置、箍筋设置、搭接设置和箍筋公式。

(1) 计算规则

软件已根据施工规范、标准图集以及清单和定额将计算规则设置正确,一般不需要调整,如图 1-9 所示。

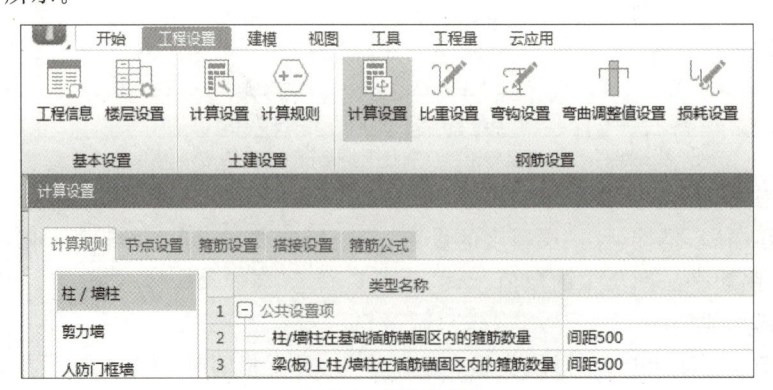

图 1-9　计算规则

(2) 节点设置

软件根据需要对集成了平法图集中的节点图进行调整。选择"构件",单击节点图右侧的"…",打开此处所有的节点图,按需选择。

①顶层边角柱外侧纵筋节点设置,如图1-10所示。软件默认按"顶层边柱C-2"节点计算,也可以根据图纸要求单击"…"修改设置。其他节点设置的处理方法相同。

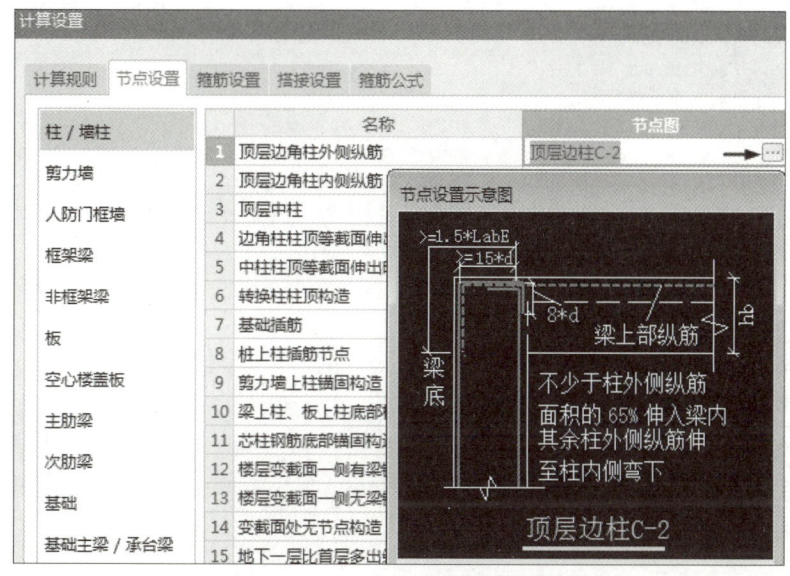

图1-10 顶层边角柱外侧纵筋节点设置

②楼层框架梁端节点设置,如图1-11所示。软件默认按"节点1"计算,也可以根据图纸要求进行修改。

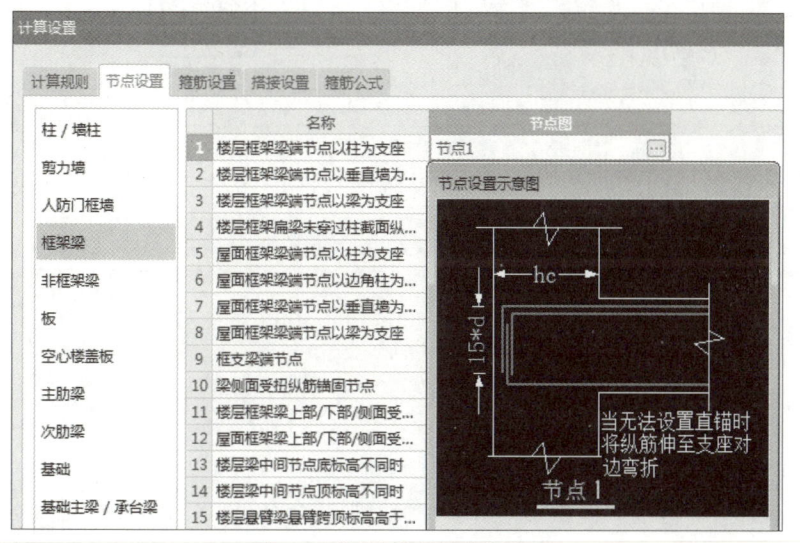

图1-11 楼层框架梁端节点设置

(3)搭接设置

根据设计图纸或钢筋施工方案要求修改钢筋连接形式,如图1-12所示。

(4)箍筋设置和箍筋公式

软件默认的箍筋设置和箍筋公式一般不需要进行调整。

**2.比重设置、弯钩调整**

软件默认的普通钢筋的比重、弯钩,一般不需要进行调整。

图1-12 搭接设置

## 1.6 轴网

**1.正交轴网**

如图1-13所示,在"导航树"中单击"轴线"左侧的"＋"展开,双击"轴网",进入"新建轴网"。

图1-13 进入"新建轴网"

如图1-14所示,单击"新建"→"新建正交轴网",打开"新建正交轴网",完成以下操作。

图1-14 新建正交轴网

(1)轴网名称:即可按软件默认"轴网-1""轴网-2"命名,也可自行修改轴网名称。

(2)输入开间、进深的轴距:如图1-15所示,选择"上开间",在"添加"下方的方格中输入轴线尺寸,按回车键;如有相同轴距,可直接输入"轴距＊数量",按回车键,依次输入,完成所有轴线尺寸。

(3)轴号自动排序:如果轴网上下开间或左右进深未统一连续编号,单击"轴号自动排序",软件将会自动排序。

(4)绘图:选中"轴网-1",单击工具栏"⊕"点式绘制,"输入角度",单击"确定"按钮。

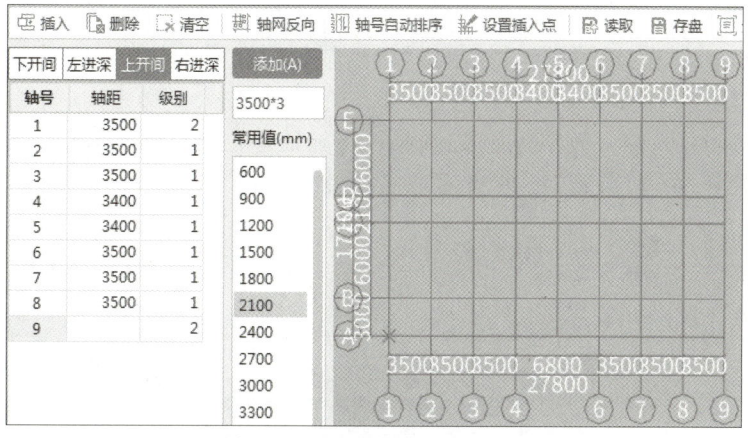

图 1-15　开间、进深轴距编辑界面

**2. 圆弧轴网**

单击"新建"→"新建圆弧轴网",打开"新建圆弧轴网",默认为"轴网-2"。

(1)选择轴距类型:定义下开间(圆弧的角度),定义进深(弧线间的距离),如图 1-16 所示,方法同定义正交轴网,输入起始半径(圆心距离第一条弧形轴线的距离),修改轴号。

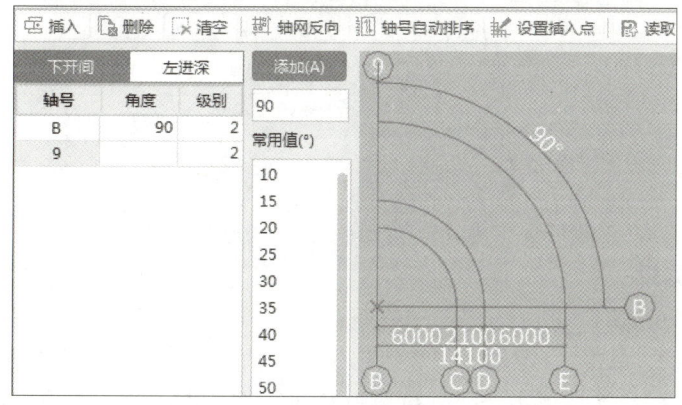

图 1-16　圆弧轴网输入界面

(2)绘图:在"绘图"窗口选择"轴网-2",单击绘图方法" ⊠ 点",选择插入点"Ⓑ轴与⑨轴的交点","轴网-2"绘制完成,如图 1-17 所示。

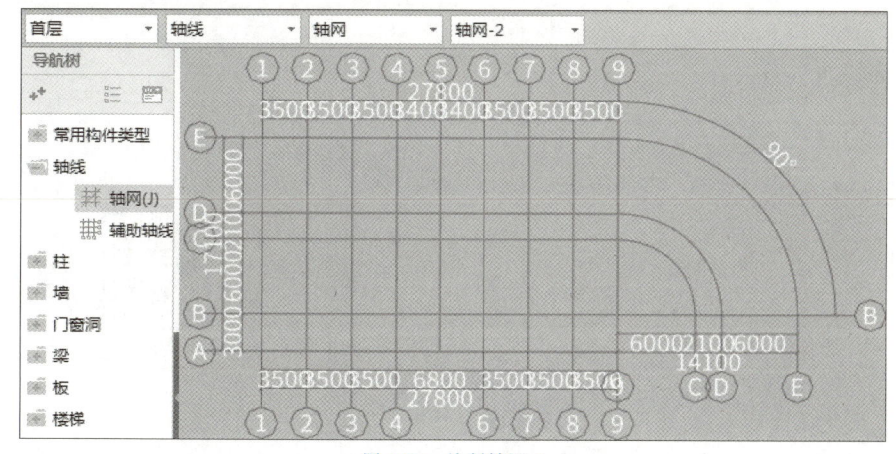

图 1-17　绘制轴网-2

### 3.平行辅轴

如图 1-18 所示,在"通用操作栏"单击"两点辅轴",在弹出的下拉列表中选择"平行辅轴",单击基准轴线①轴,轴线变为蓝色,如图 1-19 所示,输入偏移距离(如果平行辅轴建在基准轴线上方或右边,输入数字为正数;如果平行辅轴建在基准轴线的下方或左边,输入数字为负数)及轴号,单击"确定"按钮,生成平行辅轴。

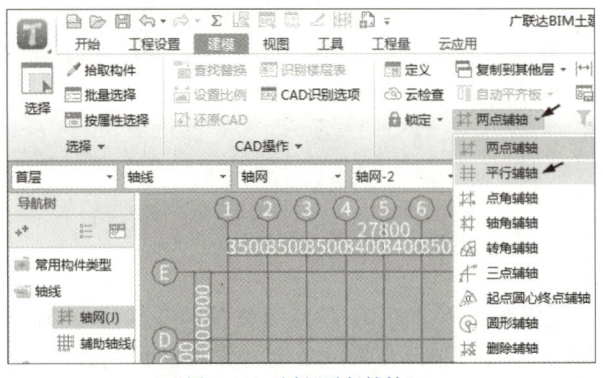

图 1-18 选择"平行辅轴"

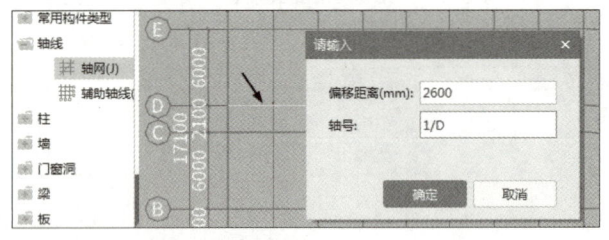

图 1-19 设置辅助轴线偏移距离

### 4.轴网二次编辑

(1)修改轴号位置

如图 1-20 所示,单击"修改轴号位置",选择需要调整轴号显示位置的轴线(如有多条轴线需要调整,可拉框或连续单击选择),被选中的轴线呈蓝色,右击,弹出"修改轴号位置"对话框,选择轴号位置,单击"确定"按钮。

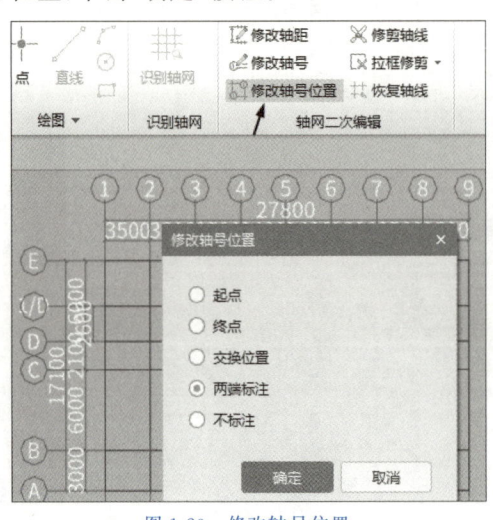

图 1-20 修改轴号位置

微课
轴网二次编辑

（2）修剪轴线

将某条轴线中不需要的部分剪掉，如图 1-21 所示，单击"修剪轴线"，单击要修剪的轴线，被选中的轴线呈蓝色，同时这一点就是剪断点，以白色叉号显示；单击要修剪的轴线方向上的任意一点，被选中的轴线段即从断开点处被剪除。用同样的方法连续修剪其他不需要的轴线段，如图 1-22 所示。

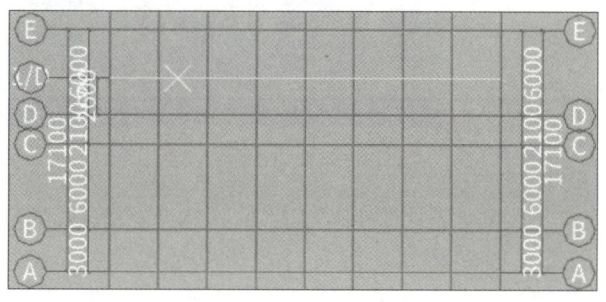

图 1-21　修剪轴线界面

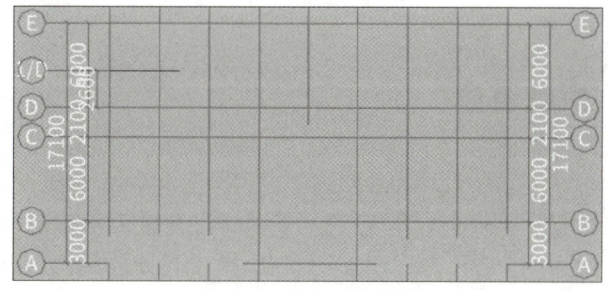

图 1-22　修剪后的轴网

（3）修改轴距

画上轴网后发现轴距输入错误，可以在绘图区域直接修改。

单击图 1-20 中的"修改轴距"，选择轴线，在"轴距输入框"中输入正确的轴距，单击"确定"按钮。

（4）修改轴号

已经绘制轴线的轴号与图纸不符，单击图 1-20 中的"修改轴号"，选择需要修改轴号的轴线，输入新的轴号，单击"确定"按钮。

（5）恢复轴线

单击图 1-20 中的"恢复轴线"，选择需要恢复的轴线，将轴线恢复至原来的初始状态，右击完成。

# 模块 2

# CAD 导图

CAD 导图功能主要用于将 CAD 图纸导入计量软件中,快速完成柱、梁、板、墙体、门窗等构件的新建、属性定义及图形绘制。它支持的图纸格式为"*.dwg"、"*.dxf"、"*.pdf"、"*.cadi2"和"*.gad"。

## 2.1 图纸管理

微课
添加图纸、设置比例、分割图纸

### 1.添加图纸

如图 2-1 所示,单击菜单栏"视图",在"用户面板"分组中单击"图纸管理"→"添加图纸",选择图纸所在的文件夹,选择需要添加的图纸,单击"打开图纸",完成添加。

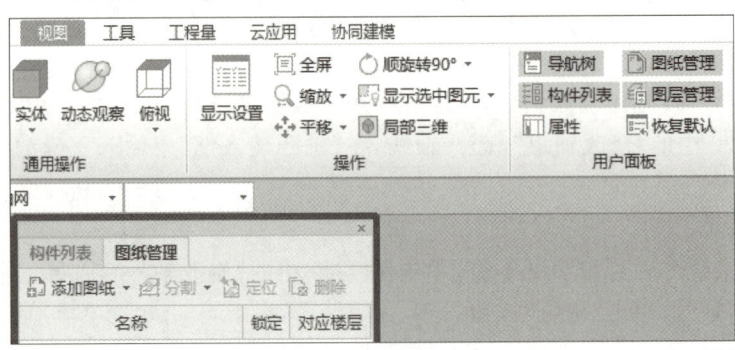

图 2-1 添加图纸

若"图纸管理""图层管理"页签被关闭,可以单击菜单栏"视图",在"用户面板"中单击"图纸管理"或"图层管理"。

### 2.设置比例

CAD 图纸添加后,需要检查图纸比例是否一致,如发现不一致,需要重新设置比例,操作步骤如下:

(1)如图 2-2 所示,单击"建模",在"CAD 操作"分组中单击"设置比例"。

(2)将任意一张图纸放大,用鼠标点取两点,软件量取两点间的尺寸,并弹出对话框,如图 2-3 所示。

(3)如图 2-3 所示,如果量取的尺寸(16)与实际尺寸(1 600)不符,则在"设置比例"对话框中输入两点之间实际尺寸 1 600,单击"确定"按钮,完成该次添加图纸的比例调整。

图 2-2 设置比例 　　　　　　　　图 2-3 调整比例

**3.分割图纸**

通常一个工程的多张图纸会放在一个 CAD 文件中,有时为了方便识别,需要把各个楼层的图纸单独分割出来,再在相应的楼层选择不同图纸进行识别操作。

如图 2-4 所示,单击"图纸管理",在"分割"下拉三角按钮选择"手动分割",然后在绘图区域拉框选择需要分割的图纸(基顶 4.100 米柱布置图),如图 2-5 所示(因为柱大样图和柱布置图比例不同,所以需要分割成两张图纸,分别设置比例,方便导图)。被选中的图纸显示为蓝色,右击确认,在图纸名称处单击(图纸名称自动出现在手动分割框名称处),单击"对应楼层"右边的"…",选择楼层,单击"确定"按钮,如图 2-6 所示,再次单击"确定"按钮,被分割的图纸在左边图纸管理列显示,用同样方法可以分割其他需要识别的图纸。

图 2-4 分割图纸 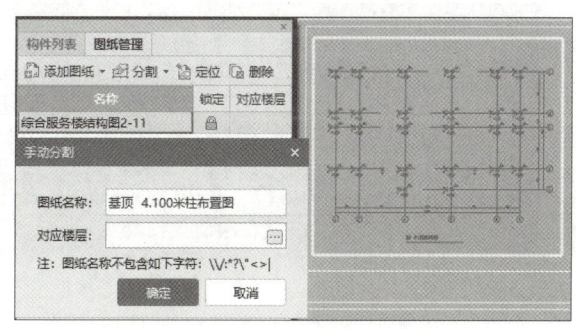　　　　　　　　图 2-5 手动分割

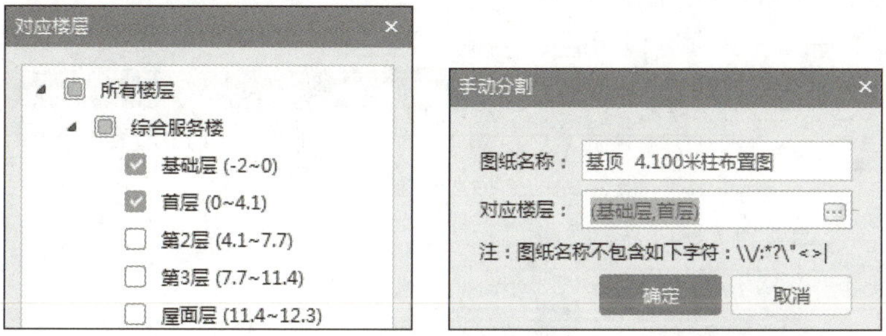

图 2-6 选择楼层

**4.定位图纸**

分割图纸后,需要定位 CAD 图纸,使构件之间以及上下层之间的构件位置重合。可以通过以下两种方式定位图纸:

方法一:先在左侧"图纸管理"处双击需要定位的图纸(基顶 4.100 米柱布置图),如图 2-7 所示,单击"定位",在 CAD 图纸上单击定位基准点(Ⓑ轴和①轴的交点),再在绘图区单击

定位目标点,如图2-8所示(以后梁板等图纸均以该点作为坐标原点)。

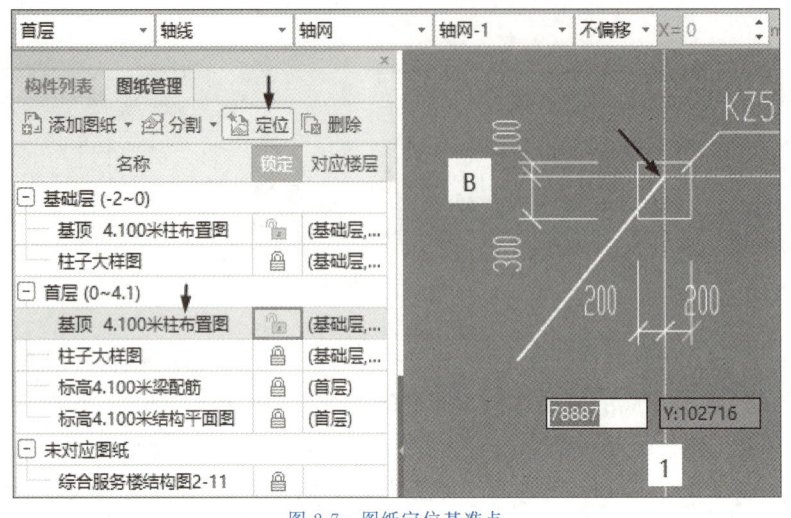

图2-7 图纸定位基准点

方法二:通过坐标原点(0,0)定位。单击"定位",打开动态输入框,在CAD图纸上选中定位基准点Ⓑ轴和①轴的交点,移动鼠标,在动态输入框内输入X轴坐标值0,按键盘Tab键切换到Y轴,输入坐标值0,按回车键。

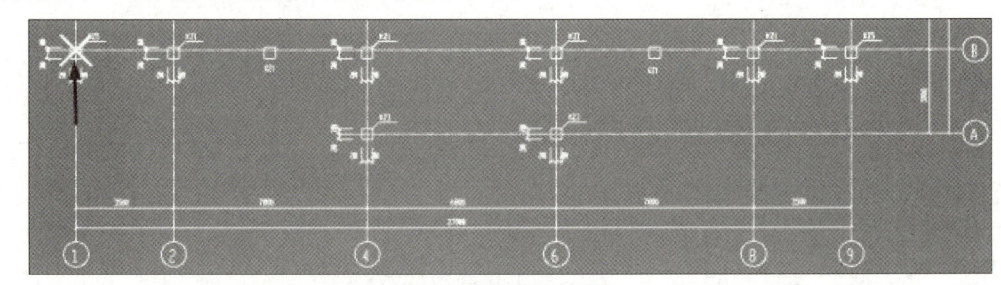

图2-8 图纸定位目标点

打开动态输入框输入坐标点的方法:如图2-9所示,单击"工具"→"选项"→"绘图设置",勾选"标注输入",单击"确定"按钮。

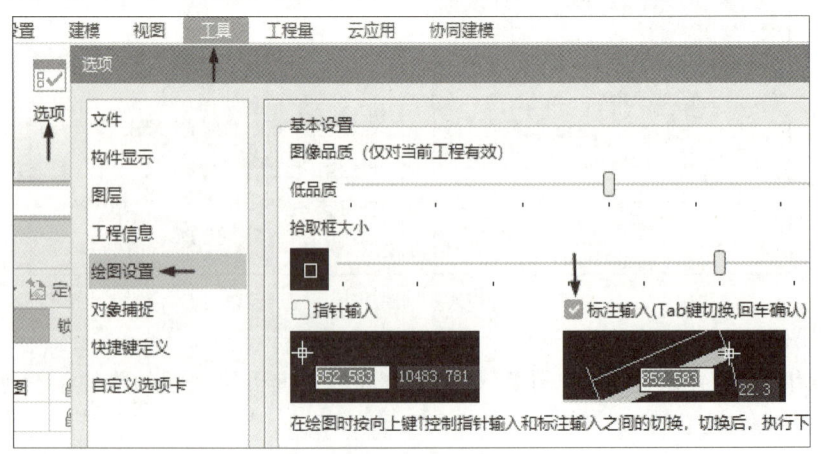

图2-9 动态输入选项

## 2.2 识别轴网

**1. 提取轴线**

如图 2-10 所示,在"图纸管理"页签下,双击一张分割好的、需要提取轴线的 CAD 图纸,如双击"标高 4.100 米梁配筋",先完成定位,然后在"导航树"选择"构件",将目标构件定位至轴线→轴网。

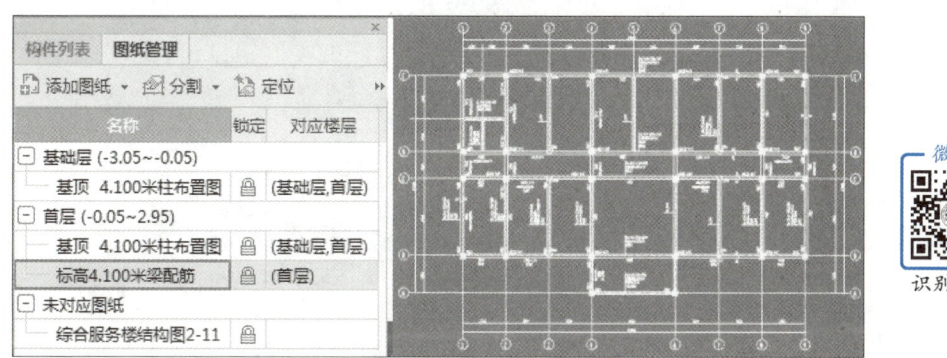

图 2-10 选择需要提取轴线的 CAD 图纸

如图 2-11 所示,单击"建模"→"识别轴网"→"提取轴线"(软件默认按图层选择,该图纸需要按单图元选择),单击或拉框选择需要提取的轴线(选全,轴线均变成蓝色),右击确认,则提取的 CAD 图元自动消失,并存放在"已提取的 CAD 图层"中。

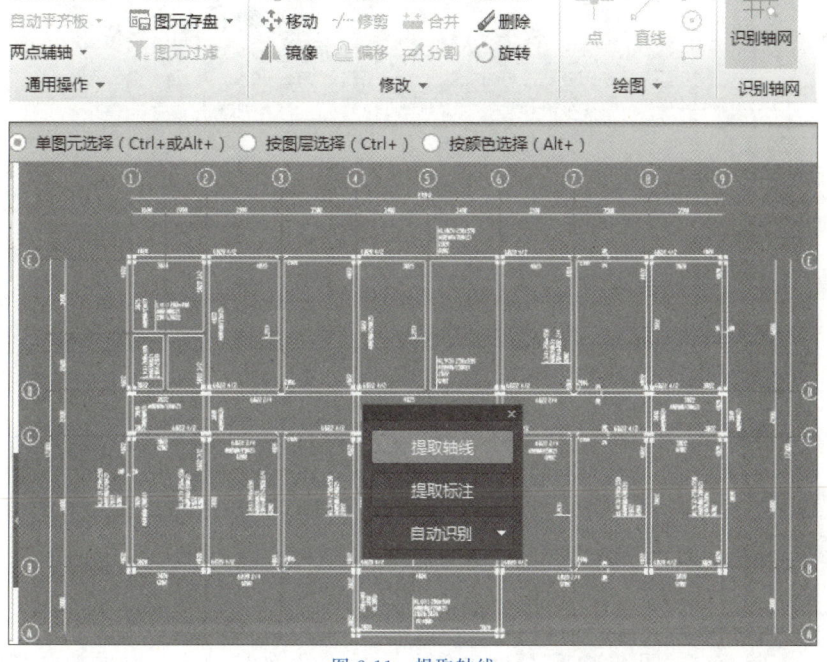

图 2-11 提取轴线

**2. 提取标注**

如图 2-12 所示,单击"提取标注",按图层选择,单击需要提取的轴网尺寸和轴号(需要多次单击选全,变成蓝色),右击确认,则提取的CAD图元自动消失,并存放在"已提取的CAD图层"中。

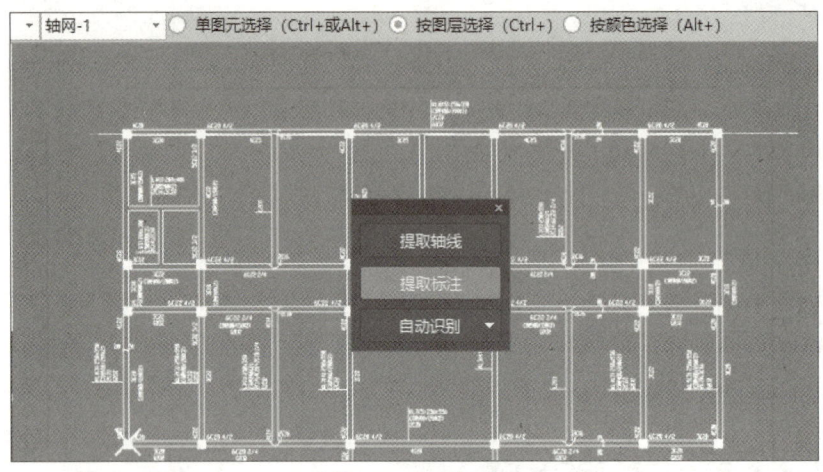

图 2-12 提取标注

### 3.自动识别

完成提取轴线、提取标注操作后,单击"自动识别"右侧下拉三角按钮下的"自动识别",则提取的轴线和标注被自动识别为软件的轴网,如图 2-13 所示。

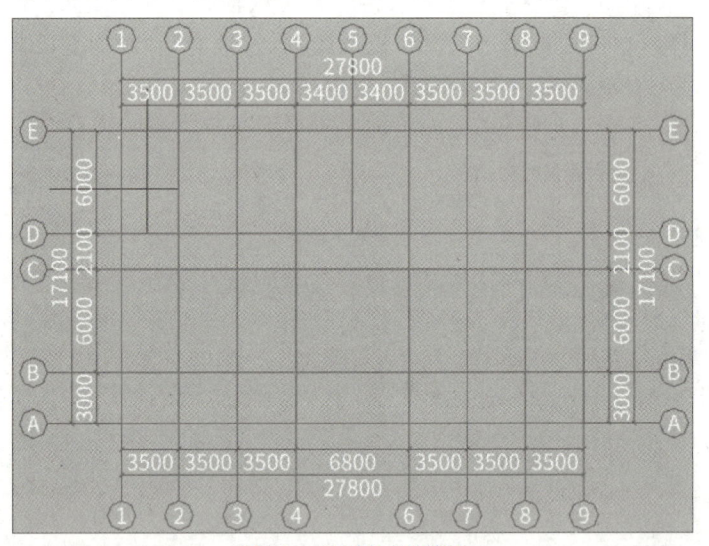

图 2-13 识别完成的轴网

## 2.3 识别柱大样

### 1.设置柱大样比例

如图 2-14 所示,在"图纸管理"界面先分割柱大样图,然后双击分割成功的"首层柱大样图",单击"设置比例",单击 KZ1 上边线的两点,弹出"设置比例"对话框,软件量取两点间距离为 2 000,输入柱实际尺寸 400,单击"确定"按钮,完成设置比例。

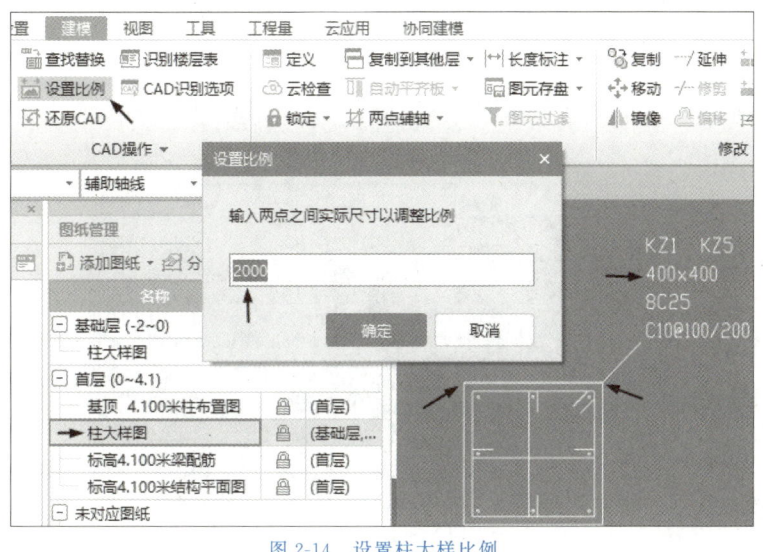

图 2-14 设置柱大样比例

**2.识别柱大样**

导航树将构件定位至首层"柱",单击"柱大样图",单击"识别柱大样",如图 2-15、图 2-16 所示。

图 2-15 选择柱大样图

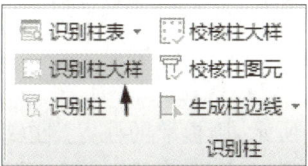

图 2-16 识别柱大样

(1)提取边线

如图 2-17 所示,单击"提取边线"→"按图层选择",单击需要提取的柱大样边线(变成蓝色),右击确认;则提取的 CAD 图元自动消失,并存放在"已提取的 CAD 图层"中。

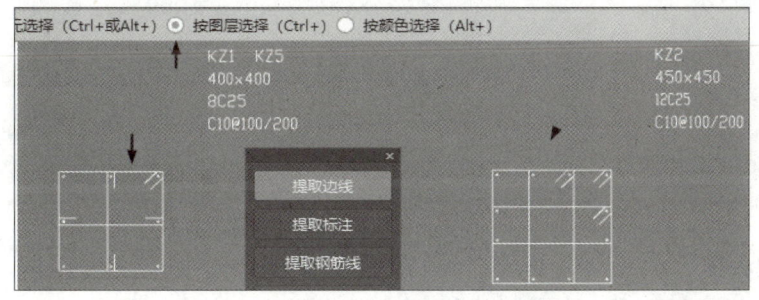

图 2-17 提取边线

(2)提取标注

如图 2-18 所示,单击"提取标注"→"按图层选择",单击需要提取的柱大样标注(集中标注和原位标注),右击确认;则提取的 CAD 图元自动消失,并存放在"已提取的 CAD 图层"中。

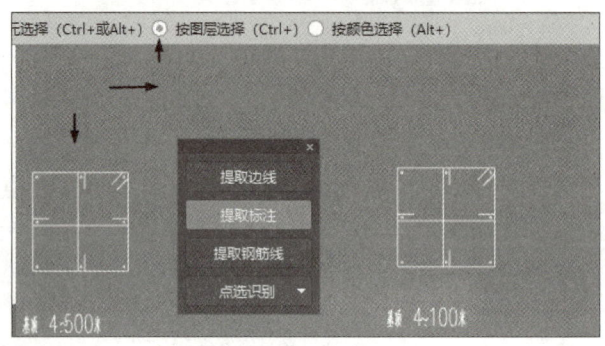

图 2-18 提取标注

(3)提取钢筋线

如图 2-19 所示,单击"提取钢筋线"→"按图层选择",单击或框选需要提取的柱大样钢筋线(包括纵筋和箍筋,注意不要漏选,可以多次单击选全),右击确认。

图 2-19 提取钢筋线

(4)识别

完成提取边线、提取标注、提取钢筋线后,单击"点选识别"下拉三角按钮的"自动识别",如图 2-20 所示,则提取的柱大样边线、柱大样标注、柱大样钢筋线被识别为软件的柱构件,并弹出"识别柱大样"对话框,单击"确定"按钮,如图 2-21 所示。

图 2-20 自动识别

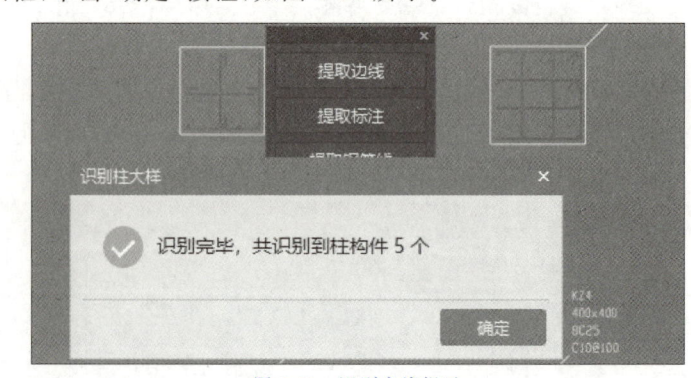

图 2-21 识别完毕提示

**3.校核柱大样**

识别柱大样后,自动进行柱大样校核,将软件识别的柱构件和原 CAD 图纸信息进行校核；或单击"建模"→"校核柱大样"。如果存在尺寸标注有误、纵筋信息有误、箍筋信息有误、未使用的标注、柱名称缺失问题，则弹出如图 2-22 所示的提示。

图 2-22　校核柱大样

在校核对话框中双击问题项，软件会自动追踪定位到绘图区域中相应的图元信息，找到识别错误后再配合使用截面编辑，可以对问题柱构件进行调改。未被使用的柱大样信息不需要修改，关闭对话框。

查看柱构件，共识别到 5 个构件：框架柱 KZ1、KZ2、KZ3、KZ4 和构造柱 GZ1，如图 2-23、图 2-24 所示。注意修改 KZ3 柱顶标高为 4.5 m，KZ5 可用复制的方法快速定义。

图 2-23　框架柱构件列表　　　图 2-24　构造柱构件列表

## 2.4　识别柱

**1.提取边线**

在"图纸管理"页签下，双击已分割好的首层柱 CAD 图纸到软件绘图区域，如图 2-25 所示，先定位，然后单击"识别柱"→"提取边线"，按图层选择点选或框选需要提取的边线（包括构造柱），右击确认，如图 2-26 所示。

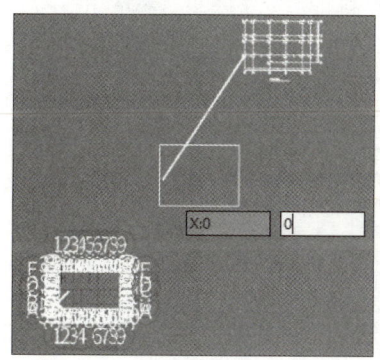

图 2-25　图纸定位　　　图 2-26　提取边线

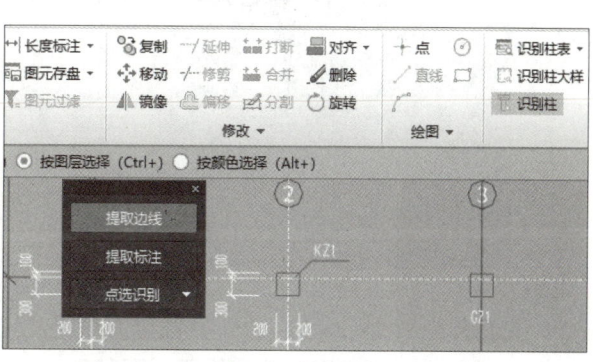

### 2.提取标注

如图2-27所示，单击"提取标注"，点选需要提取的柱标注CAD图元（包括柱编号、尺寸及标注线，可以多次点选，包括构造柱，确保选全），右击确认。

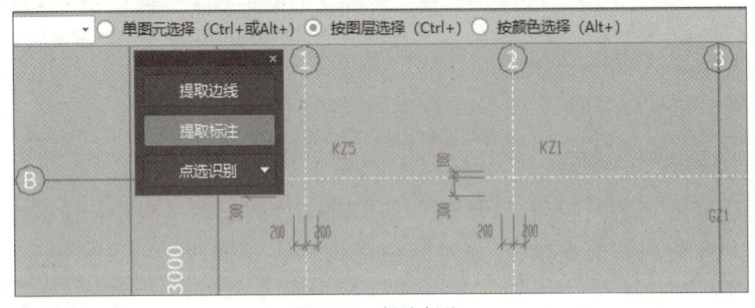

图2-27　提取标注

### 3.自动识别柱

完成提取柱边线和提取柱标注后，单击"点选识别"右侧的下拉三角按钮，单击"自动识别"，提取的柱边线和柱标注被识别为软件的柱图元，并弹出如图2-28所示的对话框，单击"确定"按钮。

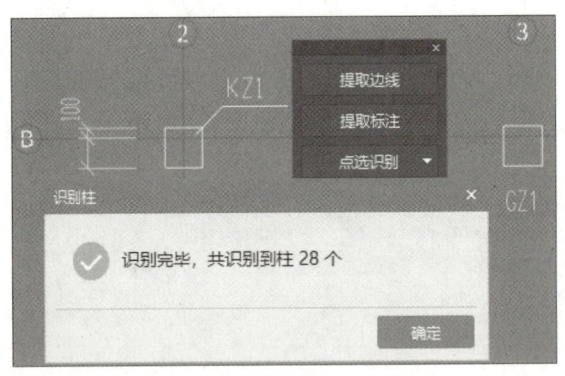

图2-28　识别完毕和柱数量提示

### 4.校核柱图元

识别柱后，自动校核柱图元，如图2-29所示。单击"建模"→"校核柱图元"，将软件识别的柱图元和原CAD图元进行校核，如果存在尺寸不匹配、未使用的边、未使用的标、名称缺失问题描述，则弹出提示。

图2-29　校核柱图元

在校核窗体中双击问题行，软件会自动追踪定位到绘图区域中相应的柱图元，可以对问题进行调改或忽略。未使用的柱边线不需要处理。

> **注意**：KZ3 的顶标高需要手动处理。选中图元，右键，选择"属性"，修改柱顶标高为 4.5 m。

## 2.5 识别梁

使用"识别梁"功能，可以把 CAD 图纸中的梁集中标注和原位标准识别为梁构件和梁图元。

在"图纸管理"页签下，双击已分割好的首层梁 CAD 图纸到软件绘图区域，先定位，后识别。

### 1.提取边线

如图 2-30 所示，在"导航树"选择"构件"，将目标构件定位至首层"梁"，然后在"建模"页签下，单击"识别梁"→"提取边线"，按图层选择点选或框选需要提取的梁边线，右击确认。

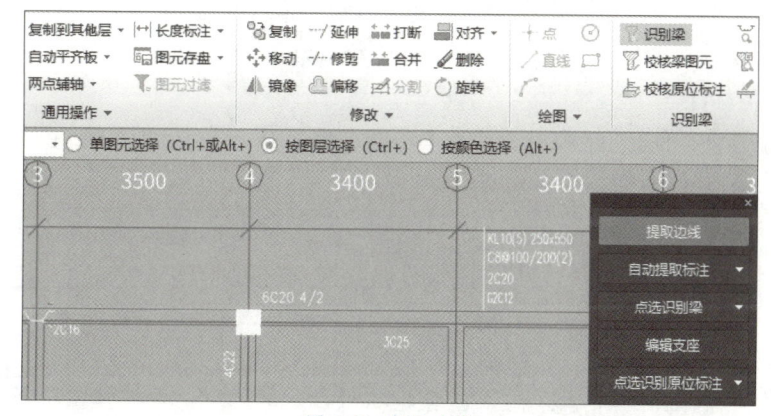

图 2-30 提取边线

### 2.自动提取标注

如图 2-31 所示，单击"自动提取标注"右侧下拉三角按钮下的"自动提取标注"，在绘图区域点选需要提取的梁标注（需要多次点选，确保集中标注和原位标注信息均被选中，变成蓝色，吊筋无法识别，不选择），右击确认。

图 2-31 自动提取标注

### 3.识别梁

单击"点选识别梁"右侧下拉三角按钮下的"自动识别梁"，弹出"识别梁选项"对话框，如图 2-32 所示，单击"继续"按钮，提示校验通过。识别完成的梁为粉色。

图 2-32　自动识别梁

**4.识别原位标注**

如图 2-33 所示，单击"自动识别原位标注"右侧下拉三角按钮下的"自动识别原位标注"，梁由粉色变为绿色，提示校验通过。

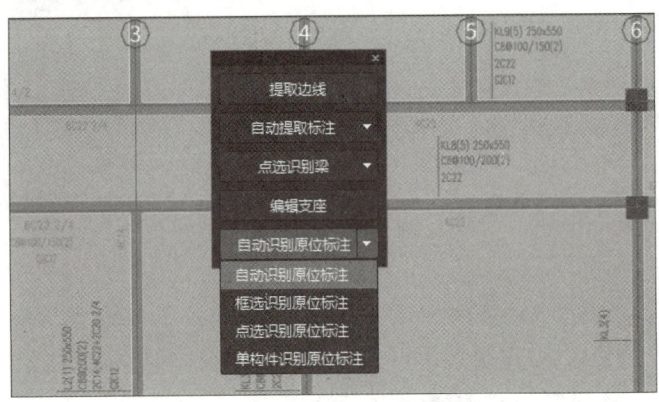

图 2-33　自动识别原位标注

单击"梁构件列表"，显示识别到的框架梁（KL1—KL10）和非框架梁（L1—L4）；在绘图区域选择某一梁图元（如④轴 KL3），单击"平法表格"（图 2-34），检查梁标高、截面、钢筋等信息（图 2-35）。

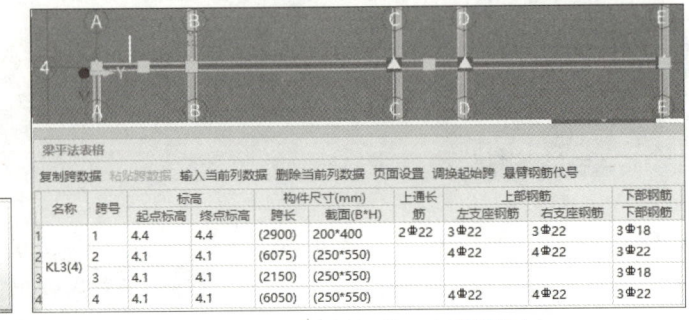

图 2-34　平法表格　　　　　图 2-35　检查梁标高、截面、钢筋等信息

吊筋和次梁加筋处理：单击"图层管理"，勾选"CAD 原始图层"（图 2-36），在"梁平法表格"对应的位置添加吊筋和次梁加筋，Ⓔ轴 KL10 吊筋和次梁加筋如图 2-37 所示。

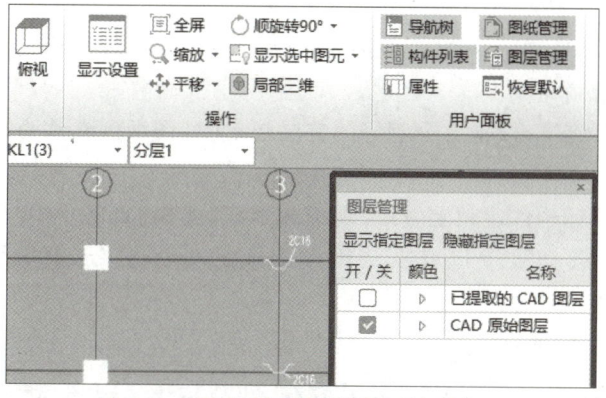

图 2-36　CAD 原始图层吊筋和次梁加筋位置

图 2-37　添加吊筋和次梁加筋

识别完成的梁柱西南轴测图，如图 2-38 所示。

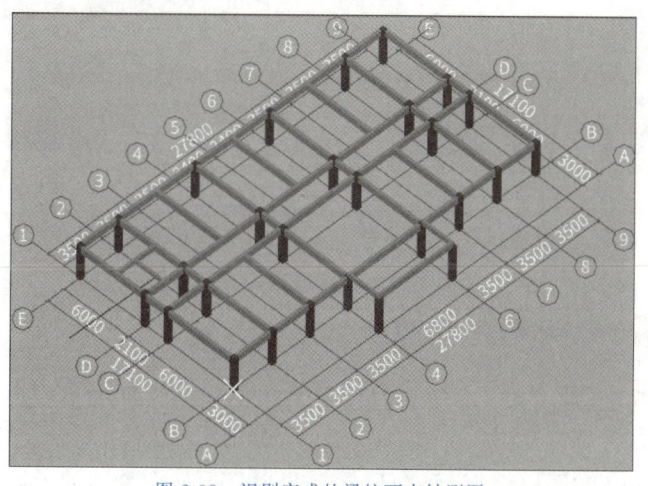

图 2-38　识别完成的梁柱西南轴测图

## 2.6 识别板

识别板用于将CAD图纸中的板识别为软件中的板。在识别板前,请确认柱、剪力墙、梁等图元已识别或绘制完成。

在"图纸管理"页签下,双击已分割好的首层板CAD图纸到软件绘图区域,先定位。

**1.识别板**

在"导航树"将目标构件定位至首层"现浇板",在"建模"页签下,单击"识别板"→"提取板标识"→"按图层选择",点选或框选需要提取的板标识,选中后变蓝,右击确认,如图2-39、图2-40所示。

图2-39 识别板　　图2-40 提取板标识

**2.自动识别板**

如图2-41所示,单击"自动识别板",弹出"识别板选项"窗口,在"板支座选项"中进行勾选,单击"确定"按钮,弹出"识别板选项"对话框,如图2-42所示,修改无标注板的厚度为100,单击"确定"按钮,识别完成。

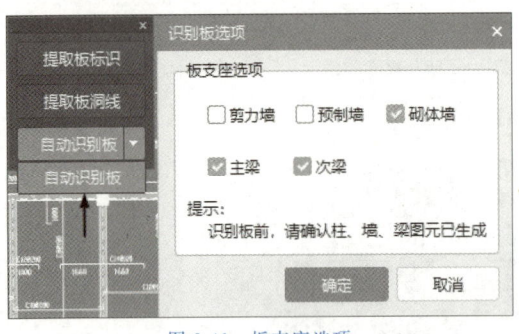

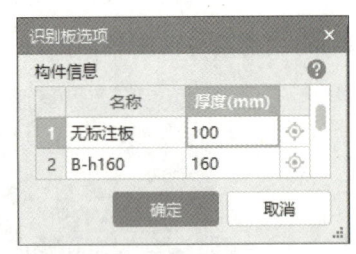

图2-41 板支座选项　　图2-42 识别板构件信息

## 2.7 识别板受力筋

识别板受力筋用于将CAD图纸中的板受力筋识别为软件的板受力筋。识别前,确认板图元已绘制完成。

如图2-43所示,在"图层管理"页签下,勾选"CAD原始图层",绘图区域显示板受力筋。

图 2-43　勾选 CAD 原始图层

**1.提取板筋线**

如图 2-44 所示，在"导航树"将目标构件定位至首层"板受力筋"，单击"建模"→"识别受力筋"→"提取板筋线"→"按图层选择"，单击需要提取的板底钢筋线 CAD 图元，选中后变蓝，右击确认。

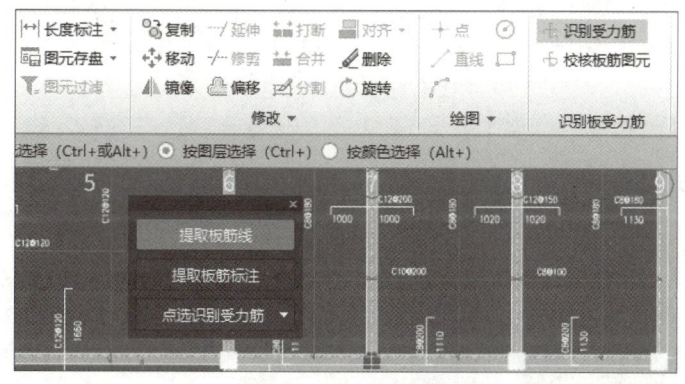

图 2-44　提取板筋线

**2.提取板筋标注**

如图 2-45 所示，单击"提取板筋标注"→"按图层选择"，单击需要提取的板底钢筋标注 CAD 图元，选中后变蓝，右击确认。

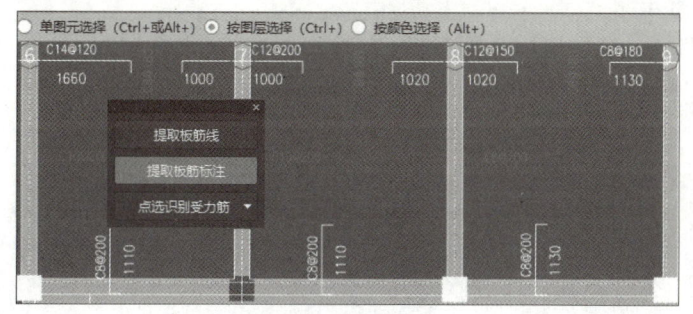

图 2-45　提取板筋标注

**3.自动识别板筋**

自动识别板筋是将提取的板筋线和板筋标注转化为板筋图元，一次性识别整张图纸中的受力筋和负筋。

如图 2-46 所示，单击"自动识别板筋"，弹出"识别板筋选项"窗体，修改"无标注的板受力筋信息"（与板底受力筋无关的信息不需要修改），单击"确定"按钮。

如图 2-47 所示，在弹出的"自动识别板筋"窗体中，显示识别到的底筋，单击定位图标"◈"，可以在 CAD 图纸中快速查看对应的钢筋线，对应的钢筋线会以蓝色显示，单击"确定"按钮。

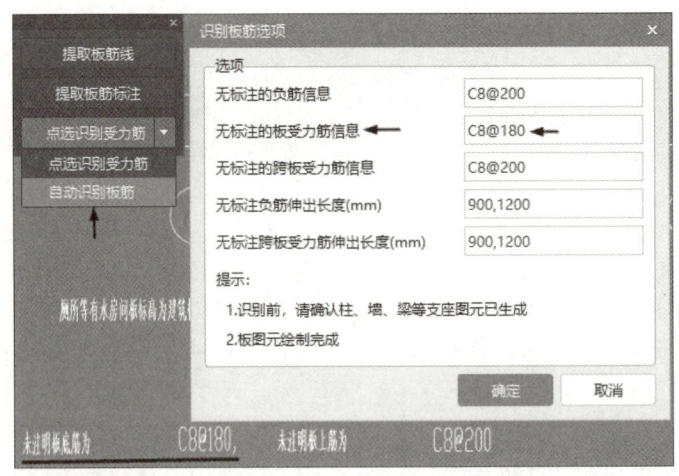

图 2-46 自动识别板筋选项

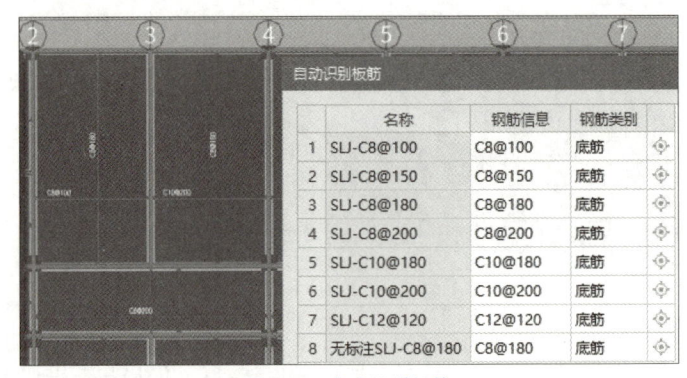

图 2-47 自动识别板筋

### 4.校核板筋图元

自动识别完板筋,软件执行板筋校核,校核出问题后,出现"校核板筋图元"窗口,如图 2-48 所示,点选"底筋",出现问题描述,双击问题行,定位到问题钢筋——未标注板钢筋信息,将其统一命名为"无标注 SLJ-C8@180";若不需要修改,关闭校核窗口。

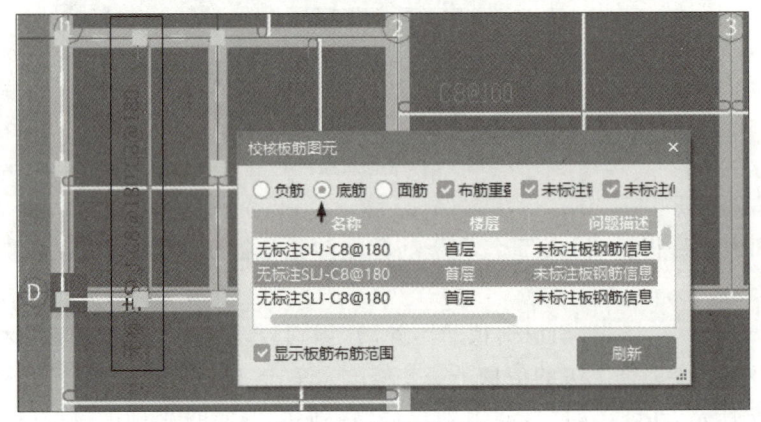

图 2-48 校核板筋图元

## 2.8 识别板负筋

在"图纸管理"页签下,勾选"CAD原始图层",绘图区域显示板负筋。

**1.提取板筋线**

在导航树选择构件,将目标构件定位至"首层—板—板负筋"。

如图2-49所示,单击"建模"→"识别负筋"→"提取板筋线",选择"按图层选择",单击需要提取的板筋线CAD图元,选中后变蓝,右击确认。

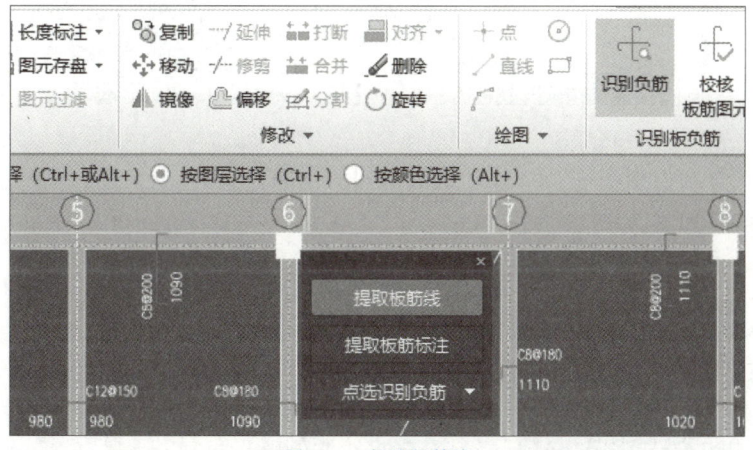

图2-49 提取板筋线

**2.提取板筋标注**

如图2-50所示,单击"提取板筋标注"→"按图层选择",单击需要提取的板筋标注CAD图元,选中后变蓝,右击确认。

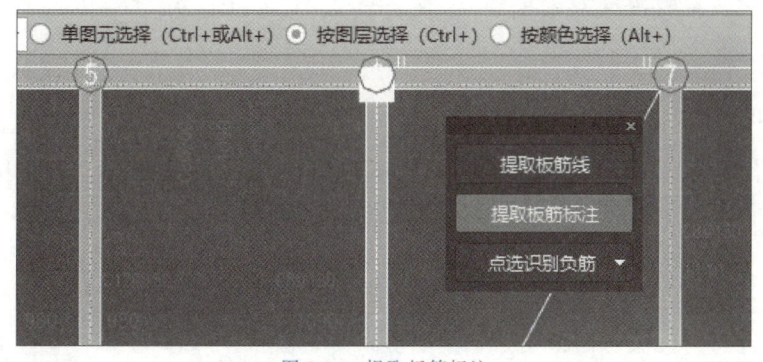

图2-50 提取板筋标注

**3.自动识别负筋**

如图2-51所示,单击"点选识别负筋"右侧下拉三角按钮下的"自动识别板筋",弹出"识别板筋选项"窗口,按设计说明第2条,修改默认的"无标注的负筋信息"为C8@200(其他无关信息不需要修改),单击"确定"按钮。

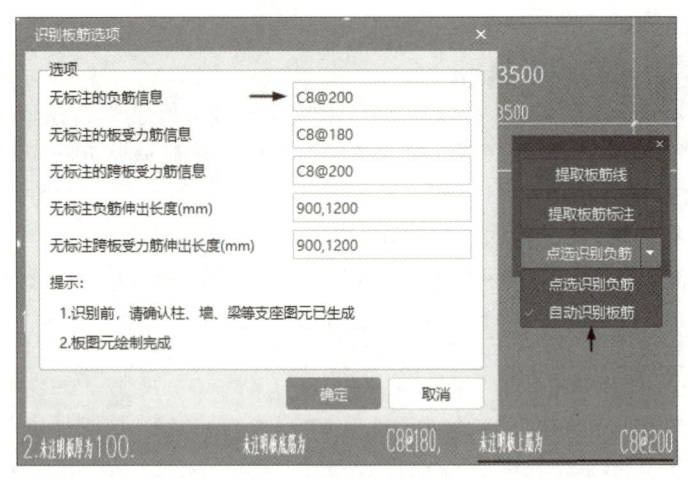

图2-51 识别板筋选项

在弹出的"自动识别板筋"窗口，显示识别到的钢筋信息，包括负筋、跨板受力筋和底筋，单击"确定"按钮，如图2-52所示。

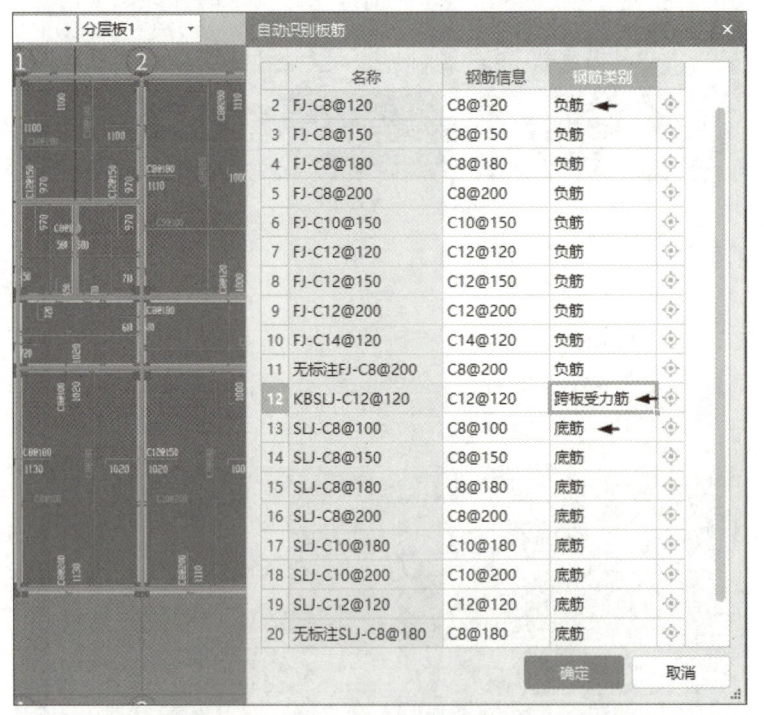

图2-52 自动识别板筋

### 4.校核板筋图元

自动识别完，软件自动执行板筋校核。校核出问题后，出现"校核板筋图元"窗体，如图2-53所示，点选负筋，出现问题描述，双击问题行，定位到问题钢筋——布筋范围重叠，与相邻的钢筋FJ-C12@120钢筋伸出长度确实重叠；若不需要修改，关闭校核窗口。

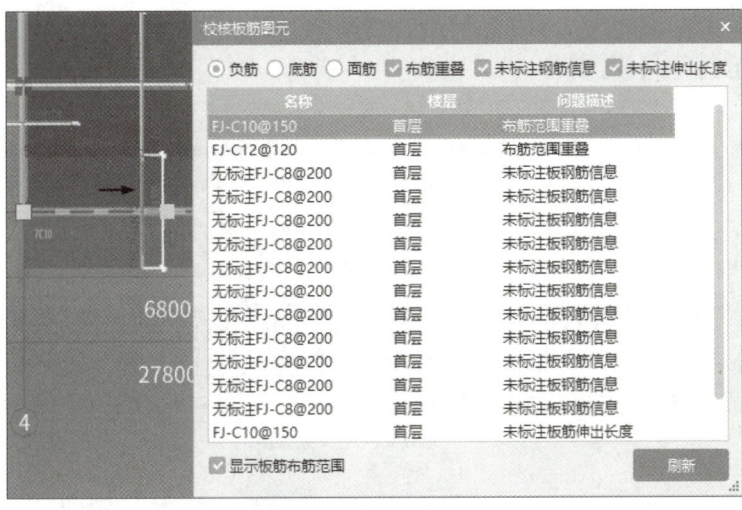

图 2-53 校核板筋图元

双击图 2-53 最下面一行，定位到雨篷悬挑钢筋，图纸未标注板筋伸出长度，软件默认为 1 300，如图 2-54 所示，在白格内输入实际长度 980，按回车键；其余问题属于正确描述，不需要修改。

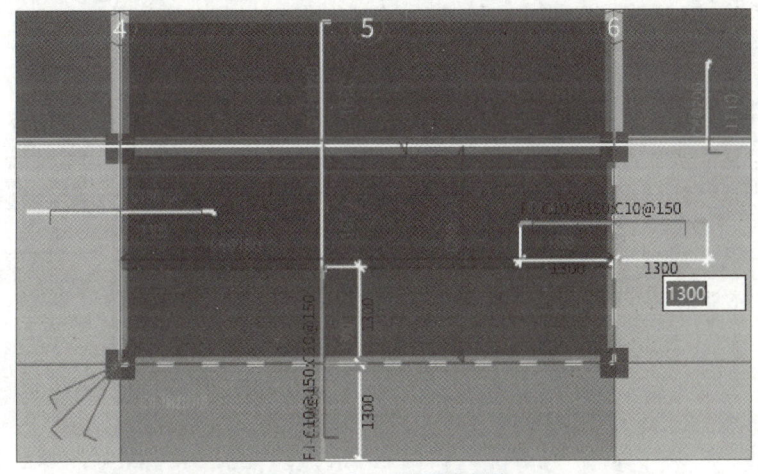

图 2-54 修改问题描述钢筋

如图 2-55 所示，点选底筋，问题描述正确，不需要修改。

图 2-55 校核板筋图元

检查：对照图纸，仔细检查，对软件识别出错误或遗漏的钢筋进行修改或补充。

## 2.9 识别门窗表

使用"识别门窗表"功能可以对CAD图纸中的门窗表进行识别,快速完成门窗属性定义。

要实现这一功能,需要在"图纸管理"中添加可以用于识别门窗表的CAD图纸。

### 1.选择门窗表

在导航树选择构件,首先将目标构件定位至"首层""门"(图2-56);然后在"建模"页签下,在"识别门"分栏单击"识别门窗表"(图2-57);最后拉框选择门窗表,如图2-58所示,黄色线框为框选的门窗表范围,右击确认。

图 2-56 目标构件定位

图 2-57 识别门窗表

| 类别 | 设计编号 | 洞口尺寸 (mm) | | 数量 | 采用标准图集 | | 备注 |
|---|---|---|---|---|---|---|---|
| | | 宽 | 高 | | 图集代号 | 编号 | |
| 门 | M-1 | 4800 | 3550 | 1 | | | 铝合金 木制门 |
| | M-2 | 3100 | 3550 | 2 | | | 铝合金 木制门 |
| | M-3 | 2000 | 2100 | 1 | | | 铝合金 平开门 |
| | M-4 | 1000 | 2100 | 34 | | | 成品套装门,专用漆 |
| | M-5 | 900 | 2100 | 6 | | | 成品套装门,专用漆 |
| 窗 | C-1 | 3100 | 2650 | 1 | | | 塑钢中空玻璃窗带纱扇 |
| | C-2 | 900 | 离室梁底 | 3 | | | 铝合金固定窗底距地2.4m |
| | C-3 | 2000 | 2650 | 7 | | | |
| | C-4 | 2500 | 2050 | 12 | | | |
| | C-5 | 4800 | 2050 | 2 | | | |
| | C-6 | 2000 | 2050 | 14 | | | |
| | C-7 | 2000 | 1500 | 2 | | | 塑钢中空玻璃窗带纱扇 |

图 2-58 拉框选择门窗表

### 2.识别门窗表

如图2-59所示,在弹出的"识别门窗表"窗口,检查表头信息是否一致(不一致的话可以通过下拉三角按钮进行处理),单击"识别"按钮,将门窗信息识别为软件中的门窗构件,并给出识别完成提示,如图2-60所示,单击"确定"按钮,完成识别。

"柱表""楼层表"的识别方法同"识别门窗表"。

| 下拉选择 | 名称 | 宽度 | 高度 | 下拉选择 | 备注 | 类型 |
|---|---|---|---|---|---|---|
| 类别 | 设计编号 | 洞口尺寸(... | | 数量 | 备 注 | 门 |
| | | 宽 | 高 | | | 门 |
| 门 | M-1 | 4800 | 3550 | 1 | 铝合金地弹门 | 门 |
| | M-2 | 3100 | 3550 | 2 | 铝合金地弹门 | 门 |
| | M-3 | 2000 | 2100 | 1 | 铝合金平开门 | 门 |
| | M-4 | 1000 | 2100 | 34 | 成品装饰门,带门套 | 门 |
| | M-5 | 900 | 2100 | 6 | 成品装饰门,带门套 | 门 |
| 窗 | C-1 | 3100 | 2650 | 4 | 塑钢中空玻璃窗带纱扇 | 窗 |
| | C-2 | 900 | 高至梁底 | 3 | 铝合金固定窗底距地2.4m | 窗 |
| | C-3 | 2000 | 2650 | 7 | 塑钢中空玻璃窗带纱扇 | 窗 |
| | C-4 | 2500 | 2050 | 12 | | 窗 |
| | C-5 | 4800 | 2050 | 2 | | 窗 |
| | C-6 | 2000 | 2050 | 14 | | 窗 |
| | C-7 | 2000 | 1500 | 2 | | 窗 |

图 2-59　识别门窗表

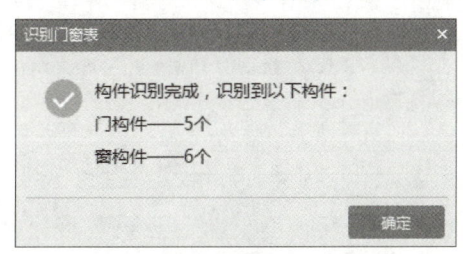

图 2-60　门窗表识别完成提示

识别门窗表

# 模块 3

# GTJ 2021 基本操作

## 3.1 用户界面介绍

GTJ 2021 用户界面主要包括菜单栏、工具栏、导航树栏、绘图区、工具条等，如图 3-1 所示为 GTJ 2021 用户主界面。

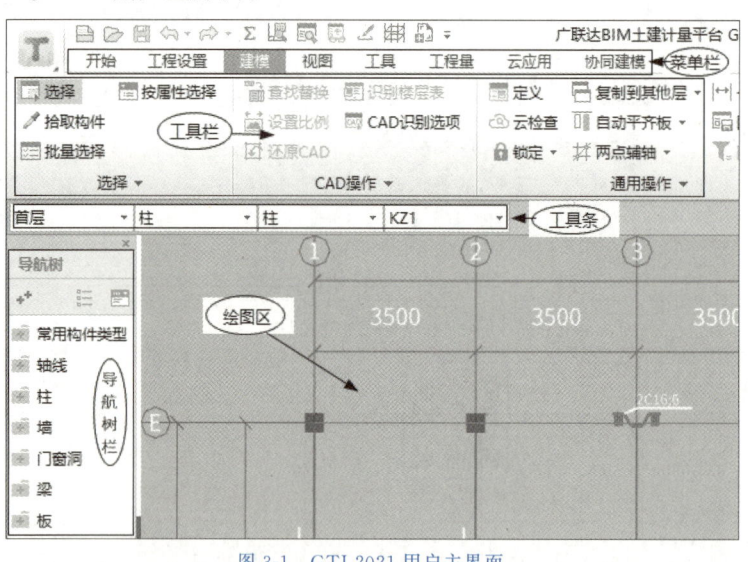

图 3-1 GTJ 2021 用户主界面

(1)菜单栏：提供了软件所有的菜单文件，单击任意主菜单，可以打开它的工具栏。

(2)工具栏：建模菜单下的工具栏包含选择、CAD 操作、通用操作、修改、绘图、二次编辑等工具。

(3)导航树栏：最左侧部分，包括导航树、构件列表、属性。

(4)绘图区：中间灰色部分，是整个绘图操作区域。

(5)工具条"首层 ▼ 柱 ▼ 柱 ▼ KZ1 ▼"：用于不同楼层、构件之间的切换，绘图前应正确选择。

(6)构件列表、属性""：单击"导航树"右下方的两个按钮，可以直接调出构件列表、属性编辑器；使用"构件属性编辑器"，可以编辑当前图层中已经绘制好的构件图元属性。

说明：修改黑色字体属性项只是修改当前选中的构件属性，没有选中的构件以及在构件管理器中设置的该构件属性不会改变；修改蓝色字体属性项则同名称未画、已画未选择的构件属性均会被修改；当选中多个不同属性的构件图元时，构件属性界面会用"?"来标记。

(7)捕捉工具栏" "：位于绘图区域的下方，可以设置交点、垂点、中点、顶点、坐标等捕捉方式，方便绘图。

(8)状态栏"X = 7119 Y = 13992  层高：4.1  标高：0~4.1  3"：位于最下边左侧，提示坐标信息、楼层层高、标高范围、图元数量。

(9)状态栏"按鼠标左键指定第一个端点，按右键中止或ESC取消"：位于最下边右侧，是绘图过程中的操作步骤提示。

## 3.2 通用操作

如图 3-2 所示，"建模"菜单下的"通用操作"主要包括定义、复制到其他层、锁定等。

图 3-2 通用操作主要功能

微课
通用操作、绘图、修改等

### 3.2.1 构件定义

绘图以前，应先定义构件。

**1.进入构件定义的方法**

(1)按快捷键 F2 进入"构件定义"。

(2)在导航树双击需要定义的构件进入"构件定义"。

(3)在导航树单击需要定义的构件，单击通用操作栏图标" 定义"，如图 3-3 所示。

图 3-3 进入"构件定义"

**2.构件定义的构成**

"构件定义"窗口由三个区构成，如图 3-4 所示，在"构件列表"区单击"新建"右侧的下拉三角按钮新建构件；在"属性列表"区编辑构件属性，按照图纸输入或选取构件相关信息；单击右侧的"构件做法"，编辑清单和定额做法；对异形截面的构件，单击"截面编辑"，编辑截面和钢筋信息。

**3. 钢筋属性输入规则**

(1)普通钢筋在软件中的表示方法,如图 3-5 所示(不区分大小写),二级钢用 B 表示,三级钢用 C 表示。

图 3-4 构件定义

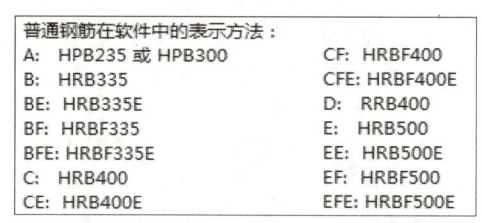

图 3-5 普通钢筋在软件中的表示方法

(2)钢筋间距用"@"或"-"表示,如一级钢 $\phi 8@200$,输入 A8-200 即可。
(3)"＋"表示连接符。
(4)"/"表示箍筋间距的分隔符,梁的纵筋使用"/"表示上下排的分隔符号。

## 3.2.2 构件做法

定义构件做法的主要目的是搞清楚要计算哪些工程量,这是学习土建计量软件的重点。

构件做法主界面如图 3-6 所示,上部是编辑区,下部是查询区。查询区的页签支持拖拽以调整前后位置,若关闭,则可以单击编辑区的"查询"下拉三角按钮按钮以恢复显示。

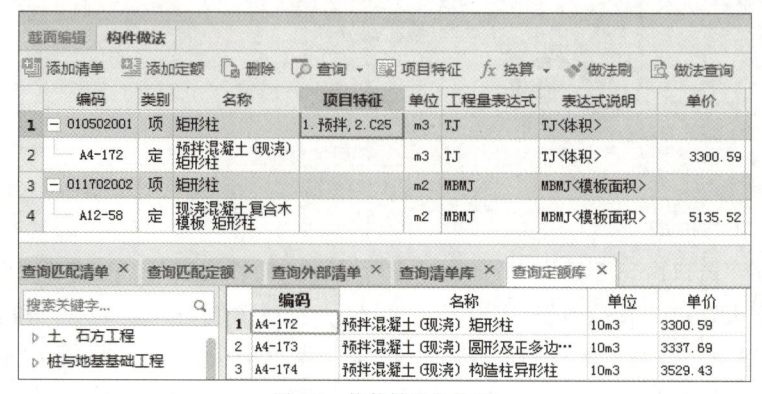

图 3-6 构件做法主界面

**1.添加清单行**

如图3-7所示,单击"添加清单",即可添加清单行。

图3-7 添加清单行

**2.清单编码**

清单编码的输入方法有以下几种:

(1)直接输入:如果已知清单编码,则可直接输入,如输入清单编码010503002或清单的第四、六、九位数字5-3-2,按回车键。

(2)查询匹配清单:如图3-8所示,单击"查询匹配清单",也可以单击工具栏"查询"右侧下拉三角按钮下的"查询匹配清单",在选中的子目处双击。

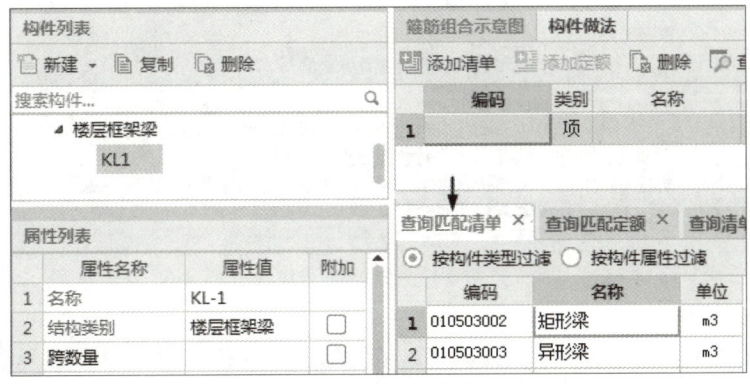

图3-8 查询匹配清单

(3)查询清单库:如图3-9所示,单击"查询清单库",或搜索关键字进行查询,在选中的子目处双击。

图3-9 查询清单库

(4)查询措施:如图3-10所示,单击"查询"→"查询措施",打开措施项目,在选中的子目处双击。

(5)查询图集做法:如图3-10所示,单击"查询"→"查询图集做法",选择图集名称、编码,单击查询,如图3-11所示,根据右侧备注栏内的工程做法确定清单定额项。

图 3-10　查询措施

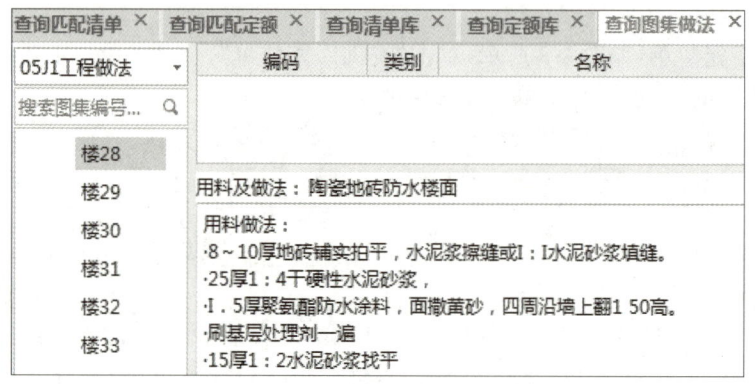

图 3-11　查询图集做法

**3.编辑项目特征**

如图 3-12 所示,选择清单行,单击"项目特征",在特征值一栏编辑或选择项目特征。在其右侧选择项目特征的显示格式、生成方式等,如图 3-13 所示。

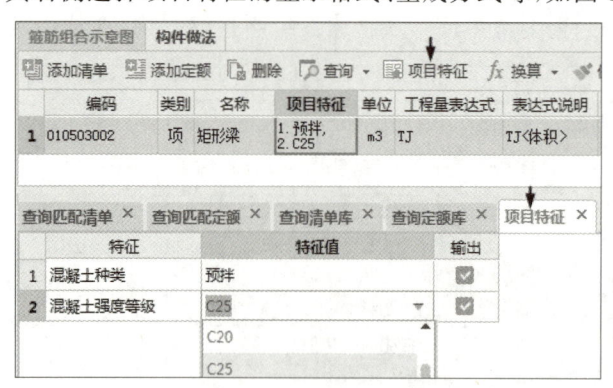

图 3-12　编辑项目特征　　　　图 3-13　项目特征显示格式、生成方式

**4.添加定额**

清单行编辑完成后,单击"添加定额",即可添加该清单项对应的定额行。

**5.定额编码**

(1)直接输入:如输入定额编号 4-177,按回车键后显示 A4-177。

(2)查询匹配定额输入:如图 3-14 所示,单击"查询匹配定额",在选中的子目处双击。

图 3-14 查询匹配定额

**6.定额换算**

(1)选择定额行,单击图 3-15 中的"$fx$ 换算▼"→"标准换算",在"换算列表"第 5 行查看原定额混凝土强度等级为 C20,在构件列表清单行项目特征描述(图纸设计要求)为 C25,需要换算。

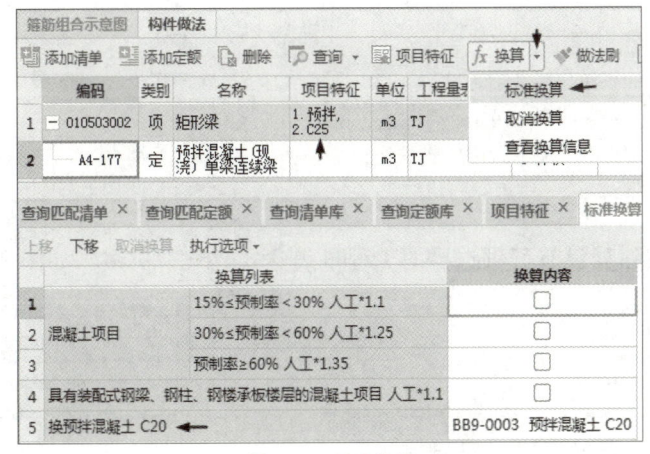

图 3-15 标准换算

(2)在"换算内容"处单击右侧的下拉三角按钮,单击换算信息,如图 3-16 所示。换算后的定额如图 3-17 所示。

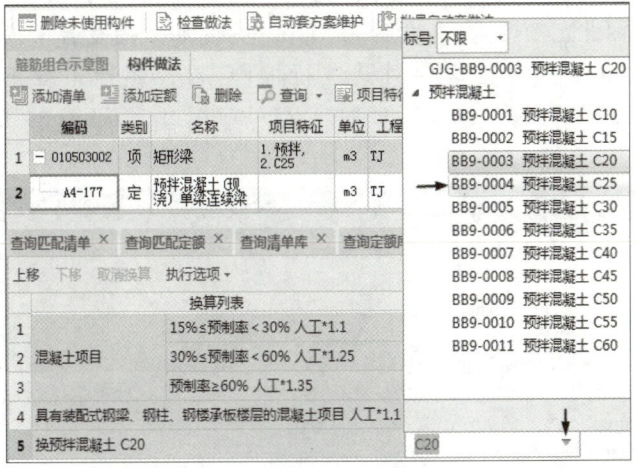

图 3-16 换算信息选择

| | 编码 | 类别 | 名称 | 项目特征 | 单位 | 工程量表达式 | 表达式说明 |
|---|---|---|---|---|---|---|---|
| 1 | — 010503002 | 项 | 矩形梁 | 1.预拌,<br>2.C25 | m3 | TJ | TJ<体积> |
| 2 | A4-177<br>HBB9-0003<br>BB9-0004 | 换 | 预拌混凝土(现浇)<br>单梁连续梁 换为<br>【预拌混凝土 C25】 | | m3 | TJ | TJ<体积> |

图 3-17 换算后的定额

（3）查询定额库输入：单击"查询定额库"，打开定额库进行查询或输入关键字搜索查询。

### 7.名称

名称栏下的内容可以修改，应尽量详细。

### 8.单位

在"单位"下拉三角按钮下选择与工程量表达式一致的单位。

### 9.工程量表达式

检查软件默认的工程量表达式是否正确，如有问题，在"工程量表达式"对应的方格内单击下拉三角按钮，如图 3-18 所示，单击正确的工程量表达式。

| | 编码 | 类别 | 名称 | 项目特征 | 单位 | 工程量表达式 | 表达式说明 |
|---|---|---|---|---|---|---|---|
| 1 | — 011702006 | 项 | 矩形梁 | 梁模板支撑<br>高度:3.7 | m2 | MBMJ | MBMJ<模板面积> |
| 2 | A12-61 | 定 | 现浇混凝土复合木模板 单梁<br>连续梁 | | m2 | MBMJ | MBMJ<模板面积> |
| 3 | A12-25 | 定 | 现浇混凝土组合式钢模板 梁<br>支撑高度超过3.6m每超过1m | | m2 | | 模板面积<br>超高模板面积 |
| 4 | A12-216 | 定 | 对拉螺栓 周转式 | | t | | |

图 3-18 选择工程量表达式

如下拉三角按钮处没有可供选择的工程量表达式，单击"更多"，如图 3-19 所示。

| | 编码 | 类别 | 名称 | 项目特征 | 单位 | 工程量表达式 | 表达式说明 |
|---|---|---|---|---|---|---|---|
| 1 | — 011702006 | 项 | 矩形梁 | 梁模板支撑<br>高度:3.7 | m2 | MBMJ | MBMJ<模板面积> |
| 2 | A12-61 | 定 | 现浇混凝土复合木模板 单梁<br>连续梁 | | m2 | MBMJ | MBMJ<模板面积> |
| 3 | A12-25 | 定 | 现浇混凝土组合式钢模板 梁<br>支撑高度超过3.6m每超过1m | | m2 | CGMBMJ | CGMBMJ<超高模<br>板面积> |
| 4 | A12-216 | 定 | 对拉螺栓 周转式 | | t | | 更多... |

图 3-19 工程量表达式缺失

如图 3-20 所示，如下方的代码列表中没有可供选择的代码，需要在代码列表上边的空白处自行编辑。如河北定额要求：高度≥500 mm 的梁，如采用复合木模板，需要用直径为 14 mm、间距为 400 mm 的对拉螺栓对其进行加固，对拉螺栓工程量表达式为（KD＋2\*0.27）\*（LJC/0.4-1）\* 0.006 165 \* 14 \* 14/1 000，编辑完成的工程量表达式，如图 3-21 所示。

**工程量表达式**

(KD+2\*0.27)\*(LJC/0.4-1)\*0.006165\*14\*14/1000

代码列表 ☐ 显示中间量

| | 工程量名称 | 工程量代码 |
|---|---|---|
| 1 | 体积 | TJ |
| 2 | 模板面积 | MBMJ |
| 3 | 超高模板面积 | CGMBMJ |

图 3-20 编辑工程量表达式

| | 编码 | 类别 | 名称 | 项目特征 | 单位 | 工程量表达式 | 表达式说明 |
|---|---|---|---|---|---|---|---|
| 1 | 011702006 | 项 | 矩形梁 | 梁模板支撑高度:3.7 | m2 | MBMJ | MBMJ<模板面积> |
| 2 | A12-61 | 定 | 现浇混凝土复合木模板 单梁连续梁 | | m2 | MBMJ | MBMJ<模板面积> |
| 3 | A12-25 | 定 | 现浇混凝土组合式钢模板 梁支撑高度超过3.6m每超过1m | | m2 | CGMBMJ | CGMBMJ<超高模板面积> |
| 4 | A12-216 | 定 | 对拉螺栓 周转式 | | t | (KD+2*0.27)*(LJC/0.4-1)*0.006165*14*14/1000 | (KD<截面宽度>+2*0.27)*(LJC<梁净长>/0.4-1)*0.0062*14*14/1000 |

图 3-21　编辑完成的工程量表达式

> **注意**：工程量表达式是学生学习土建计量软件的重点，务必准确选择或编辑，否则无法准确计算工程量。

### 3.2.3　定义构件做法快速操作

如图 3-22 所示，灵活应用"做法刷""提取做法""当前构件自动套做法"功能，可以提高定义构件做法的速度。

图 3-22　做法刷、自动套做法界面

**1. 当前构件自动套做法**

根据"自动套方案维护"方案，使用"当前构件自动套做法"功能，可以找到条件匹配的方案添加做法；在"构件做法"分栏中，单击"当前构件自动套做法"，当属性条件匹配上方案时，会自动添加清单定额行。

> **注意**：软件自动套用的做法有时不正确（单位和工程量表达式不符）或缺失，需要人工判断修改。

**2. 复制构件**

如果构件的属性、做法基本相同，如 KL2、KL3 等与 KL1 材质、做法相同，仅截面尺寸或配筋信息不同，那么 KL1 属性、做法完成后，可直接单击"复制"，然后修改属性里的截面尺寸或配筋信息即可快速定义，如图 3-23 所示。

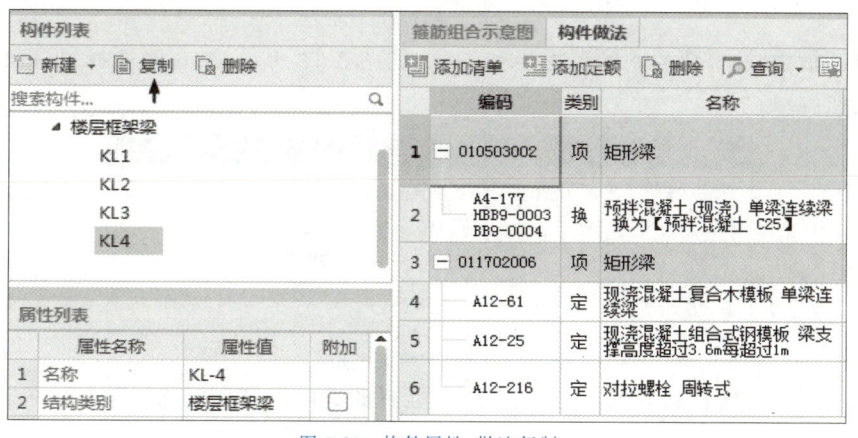

图 3-23　构件属性、做法复制

### 3. 做法刷

"做法刷"的作用是把当前构件下套用的清单定额做法数据全部或部分刷给其他构件，其界面如图 3-24 所示。选中需要刷到其他构件的做法行，单击"做法刷"，如图 3-25 所示，勾选目标构件，单击"确定"按钮，提示操作成功，再单击"确定"按钮。

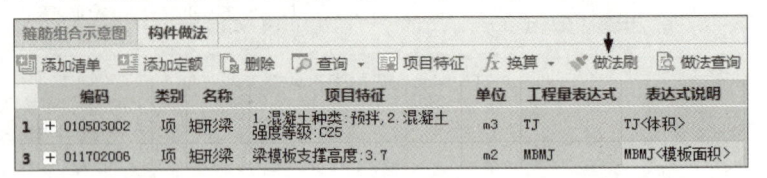

图 3-24 "做法刷"界面

在如图 3-25 所示的"做法刷"界面中，"覆盖"的作用是移除原有做法数据，用新做法代替；"追加"的作用是将当前做法数据追加到目前构件的做法行之后。

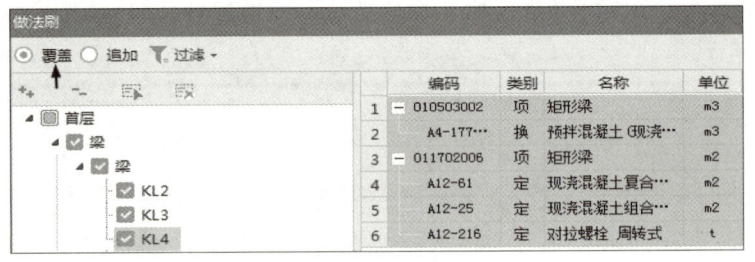

图 3-25 做法刷目标构件选择

## 3.2.4 通用其他功能

### 1. 从其他楼层复制图元

如果当前楼层的图元和其他楼层的图元的属性和位置基本相同，可采用从其他楼层复制的方法，稍加修改即可。

操作：将鼠标切换到"建模"选项卡，如图 3-26 所示，单击"通用操作"分组的"从其他层复制"。

图 3-26 从其他层复制

在对话框中，选择要复制的源楼层和图元，如图 3-27 所示，在右侧选择目标楼层，单击"确定"按钮。

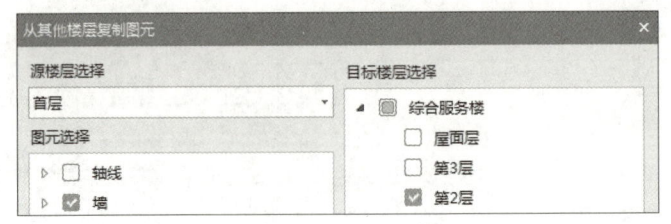

图 3-27 从其他楼层复制图元

若选中的图元画在其他图元上，则其他图元自动选中，如选中了窗，而窗画在墙上，则墙自动选中。

**2. 自动平齐板**

当建筑物的顶层为斜屋面板时，需要快速调整柱、墙、梁的高度与斜板平齐；当建筑物的局部构件标高不是层高时，调整板标高后，需要快速调整柱、墙、梁的高度与板顶标高平齐。具体可以使用"自动平齐板"功能完成上述操作。

操作：将鼠标切换到"建模"选项卡，如图 3-28 所示，单击"通用操作"分组的"自动平齐板"；在绘图区域拉框或逐个选择需要参与平齐的柱、墙、梁图元，右击确认，执行自动平齐操作。

图 3-28 自动平齐板

**3. 锁定**

当需要对软件计算的结果进行手动修改时，需要使用"锁定"功能对计算结果进行锁定。

操作：选择需要锁定的图元，将鼠标切换到"建模"选项卡，如图 3-29 所示，单击"通用操作"分组的"锁定"，锁定后的图元会有网状标记。

图 3-29 锁定

**说明**：锁定后，再次进行汇总计算，锁定的图元计算结果不会发生变化；对已经锁定的图元，需要再次编辑计算结果时，需要先把图元解锁（单击解锁即可）。

**4. 构件转换**

用 CAD 导图时，软件错误地将基础梁图元识别为框架梁图元，或基础层内的基础梁的布置方式与其他楼层的框架梁布置方式相同，使用"层间复制"将基础梁复制到首层后，可以使用"构件转换"功能，将其统一改为框架梁。

操作：在绘图区域点选或框选需要转换的图元，右击确认，在弹出的工具条中单击"构件转换"，弹出"构件转换"界面，如图 3-30 所示。

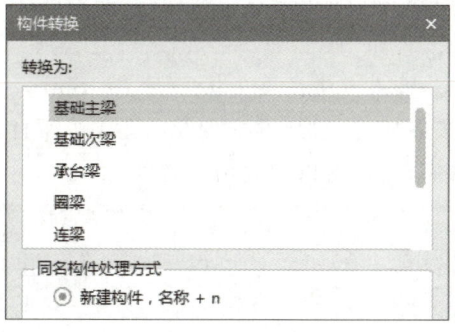

图 3-30 构件转换

选择要转换成的构件类型，单击"确定"按钮，软件将所选择的图元统一转换为需要的构件类型。

## 3.3 绘图

绘图的前提：楼层已经定义好，轴网和构件已经建好。

绘图前的准备：将楼层、构件类别、构件类型、构件列表选择正确。如首层→建筑→墙→外墙，首层→建筑→门→M-1。

### 3.3.1 绘图基本操作要点

**1. 绘图基本步骤**

在工具条中选择"楼层"和"构件"，在工具栏中选择"绘图方法"，在绘图区域捕捉到要画的点，然后开始画图。

**2. 将轴网插入画图板中的操作方法**

如图 3-31 所示，选择"首层"→"轴线"→"轴网"→"轴网-1"，在工具栏中单击"点式绘制"，在绘图区域单击，输入建筑物的倾斜角度，单击"确定"按钮。

**3. 轴线交点的捕捉**

鼠标接近轴线交点时，指针由十字形" "变成框形" "，说明捕捉成功。只有捕捉到轴线交点才能画图。

如果在轴线交点以外区域画图，需要开启绘图区域下方捕捉工具栏的交点、垂点、顶点等工具，如图 3-32 所示；或使用 Shift 偏移画法。

图 3-31　将轴网插入画图板中

图 3-32　捕捉工具栏

**4. 构件字母**

构件字母是指导航树构件名称后边括号内的代码，如墙（Q）、门（M）、梁（L）、柱（Z）等。

**5. 构件名称显示或隐藏**

鼠标在"十"字选择状态，输入方法在英文状态下，按"Shift＋构件字母"组合键，图中可以显示构件的名称。如先按住"Shift"键，再按"Z"键，图中显示柱的名称，如图 3-33 所示；再次按住"Shift"键，并按一次字母键，可以隐藏构件名称。

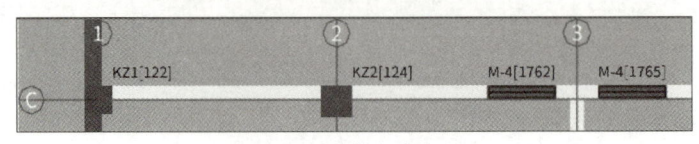

图 3-33　构件名称显示

### 6.构件显示或隐藏

同样,如果只按字母键,可以显示画好的构件;再按一次字母键,可以隐藏构件。

## 3.3.2 绘图方法

如图 3-34 所示,软件提供了点、直线、智能布置等绘图方法。在实际操作中,要灵活应用。用鼠标单击绘图工具条中的各个绘图按钮,就可以画出相应的图形。

图 3-34 绘图方法

### 1.点式绘图

点式绘图适用于点式构件或部分面状构件。采用点式绘图的实体有门、窗、门联窗、过梁、保温层、壁龛、柱、洞、独基、桩承台等。

操作:在"构件列表"中选择已经定义的构件,如 KZ1,单击"绘图"分组里的"点",在绘图区域单击一点(轴线的交点)作为构件的插入点,当鼠标指针显示为"⊞"时,才能绘制,完成绘制。

说明:

(1)选择了适用于点式绘图的构件之后,软件会默认为点式绘图,直接在绘图区域绘制即可。

(2)对于面状构件的点式绘图,如板、雨篷等,必须在封闭的区域内才能进行点式绘图。

(3)对于异形柱等构件,在插入之前,按"F3"键可以进行左右镜像翻转,按"Shift+F3"键可以进行上下镜像翻转,按"F4"键可以改变插入点。

### 2.Shift 偏移画法

如果目标点不在轴线上,可采用 Shift 偏移画法,详细操作见模块 4 的 4.4.1 部分。

### 3.Ctrl 偏移画法

如果插入点不是构件的中心点,而是偏心状态,可以采用 Ctrl 偏移画法。该画法用于矩形柱和独立基础的绘制。详细操作见模块 4 的 4.1.1 部分。

### 4.直线绘图

采用直线绘图的实体有墙、条形基础、梁、自定义线性实体等。

操作:在"构件列表"中选择构件,如墙 QTQ-1,单击"绘图"分组里的"直线",先用鼠标点取第一点和第二点,就可以画出一道墙,再点取第三点,就可以在第二点和第三点之间画出第二道墙。若需连续绘制,依次类推即可,右击则中断连续绘制,重新选择起点。

如图 3-35 所示,在画图时,可参照画图窗口右边提示栏中的提示方法进行操作,打开最左侧直线绘制图标,更利于沿直线绘制。

图 3-35 提示栏中的提示方法

### 5.矩形画法

矩形画法就是点取一个矩形的对角线上的两点,一次画出四道线性实体,如建筑物外墙。另外,对于矩形的面状实体,定位了矩形面状实体的对角线上的两个端点,也可完成画图,如板、满堂基础等。

操作:在"构件列表"中选择构件,如墙 QTQ-外墙,先单击"绘图"分组里的"矩形",再单击矩形对角线上的两个点,即可完成绘制。

#### 6.圆形绘图

采用圆形绘图的实体主要有墙、屋面、板上的圆洞等。

操作:在"构件列表"中选择构件(如墙、圆洞等),单击"绘图"分组里的" ⊙ "图标,如图3-36 所示,在"绘图工具条"中勾选半径,输入圆的半径,在绘图区域确定圆的圆心,完成绘制。

图 3-36 圆形绘图

当圆心不在轴线交点时,可以使用 Shift 偏移画法完成。

#### 7.智能布置

当正在绘制的构件和已经绘制完成的构件在位置上存在对应的关系时,可以使用"智能布置"功能,根据已经绘制完成的构件,快速绘制另外一种构件。例如:柱可以按轴线交点智能布置,梁可以按轴线智能布置,墙上面的圈梁可以按墙中心线智能布置等。

操作:在"构件列表"中选择构件,单击"绘图"分组里的"智能布置"图标,在下拉菜单中选择相应的智能布置方式,根据软件提示,用鼠标左键选择相应的参照实体,右击确认,刷新当前图形,智能布置完毕。

每种构件都有不同的智能布置方式,应灵活应用以提高绘图效率。

## 3.4 选择

#### 1.选择

单击" 选择",用鼠标左键点选或按住鼠标左键拉框选择需要的构件。当拉框选择时,若从右下往左上拉框,只要触碰到构件即可选中;若从左上往右下拉框,则必须全部框住,构件才被选中。

#### 2.批量选择

当需要选中当前楼层中相同或不同构件类型的多个图元时,可以使用"批量选择"功能。

操作:单击"批量选择",通过区域、楼层、构件类型和构件筛选要批量选择的图元,单击"确定",完成操作。符合条件的图元会被选中,执行下一步操作,如移动、删除、复制到其他楼层等。

## 3.5 修改

修改工具栏提供常用的对齐、多对齐、镜像、复制、打断、合并、闭合等编辑命令。

### 1. 对齐

快速将某个图元的边线与其他构件图元的边线平齐,可以使用"对齐"功能。详细操作见模块 4 的 4.2 "对齐准确定位"部分。

### 2. 多对齐

针对点状图元,需要将多个点状图元的边线与其他构件图元的边线平齐时,可以使用"多对齐"功能。详细操作见模块 4 的 4.1.1 部分。

### 3. 镜像

在当前楼层中,某个位置的图元和已经绘制的图元完全对称,可以使用"镜像"功能快速完成。详细操作见模块 4 的 4.1.3 部分。

### 4. 复制

某个位置的构件图元和已经绘制的构件图元名称和属性完全一致,可以使用"复制"功能。

操作:如图 3-37 所示,在"修改"分组中单击"复制",选择需要复制的图元,右击确认,在绘图区域单击鼠标左键指定参考点,移动鼠标,单击鼠标左键指定插入点,所选构件图元被复制到目标位置,可连续单击插入点,右击完成复制。

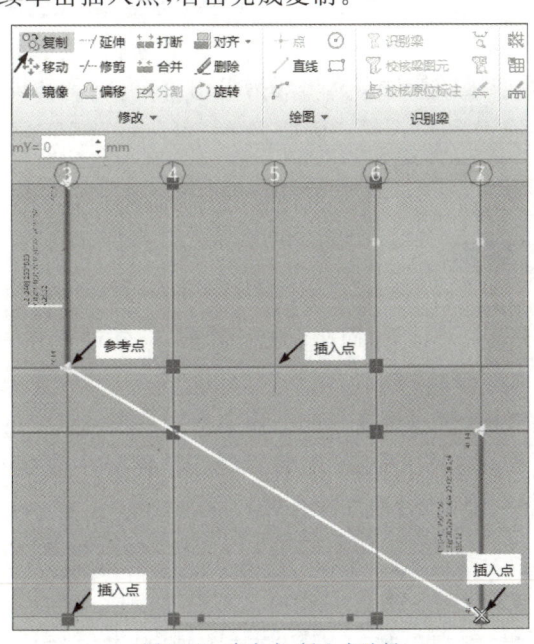

图 3-37 参考点、插入点选择

> **注意**:复制图元的同时,该构件的附属构件也被复制,比如复制墙体后,墙体上的门窗洞也被复制。

### 5. 打断

将一个构件图元打断为两个或多个图元,可以使用"打断"功能,该功能适用于线性构件。详细操作见模块5的5.2窗的绘图部分。

### 6.合并

把两个或多个面状或线性构件图元合并为一个整体进行操作，可以使用"合并"功能。比如把在同一轴线的打断的墙合并，或把多块板合并。

操作：在"修改"分组中单击"合并"，拉框选择需要合并的图元，右击确认，合并成功。

### 7.闭合

绘制或CAD导入的线性图元不封闭时，可以使用"闭合"功能，该功能适用于批量闭合不封闭的线性图元。

操作：如图3-38所示，在"修改"分组中单击"闭合"；

如图3-39所示，设定缺口误差范围，单选或拉框选择需要闭合的图元，右击确认，闭合完成。

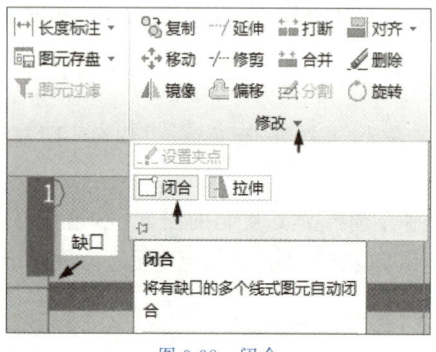

图3-38 闭合

图3-39 设定缺口误差范围

说明：为了避免相距较远的线性图元出现错误闭合，可以手动设置误差延伸范围，软件默认值为300 mm。

## 3.6 工程量

要查看工程量，必须先汇总计算，而在汇总计算前，应先进行合法性检查。

### 1.合法性检查

使用"合法性检查"功能，可以检查当前工程中是否存在不合法的构件图元。

操作：如图3-40所示，单击"工程量"选项卡，单击"合法性检查"，或按快捷键F5；如果没有非法构件图元，软件会弹出"合法性检查成功"提示。

图3-40 合法性检查

如果有问题，软件会弹出"错误"提示，如图3-41所示。在对话框中包含"错误"和"警告"两种类型问题及描述："错误"类问题必须修改合法后才能执行汇总计算；"警告"类问题不修改也可以执行汇总计算，可以根据实际情况处理。

双击错误描述,定位到非法构件图元,按照提示信息进行处理。

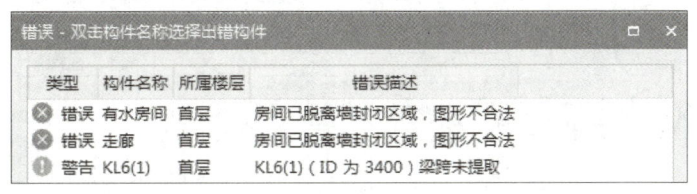

图 3-41 错误提示

前两个错误的处理方法:如图 3-42 所示,单击"批量选择",选择"砌体墙",单击"确定"按钮,右击,单击"闭合"(图 3-43)。警告的处理方法:进行原位标注或重提梁跨。

图 3-42 批量选择砌体墙

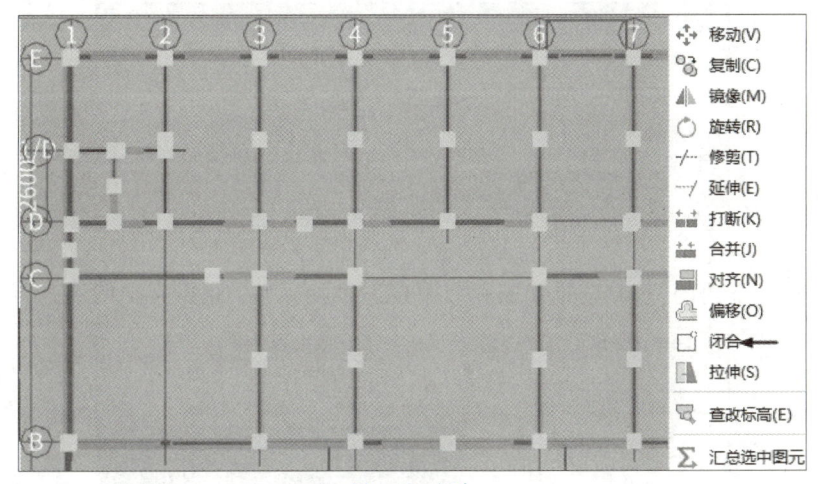

图 3-43 闭合

### 2.汇总计算

在图 3-40 中,单击"工程量"选项卡,单击"汇总"分组中的"汇总计算",或按快捷键 F9,弹出"汇总计算"提示框,选择需要汇总的楼层、构件及汇总项,单击"确定"按钮,汇总结束后弹出"计算汇总成功"界面,单击"确定"按钮。可以结合查看计算式、查看工程量、查看钢筋量、编辑钢筋、钢筋三维等功能查看土建或钢筋的计算结果。

### 3.土建计算结果

(1)查看工程量

汇总后,单击"土建计算结果"分组中的"查看工程量",在绘图界面点选或拉框选择需要查看工程量的图元,即可查看选中图元的做法工程量(图 3-44)和构件工程量(图 3-45)。

图 3-44 查看做法工程量

图 3-45 查看构件工程量

(2)查看计算式

单击"土建计算结果"分组中的"查看计算式",单击需要查看计算式的图元,弹出"查看工程量计算式"主界面如图 3-46 所示。单击计算式下边的"显示详细计算式",出现详细计算过程。

图 3-46 查看工程量计算式

单击计算式下边的"查看三维扣减图",出现三维扣减图,如图 3-47 所示。

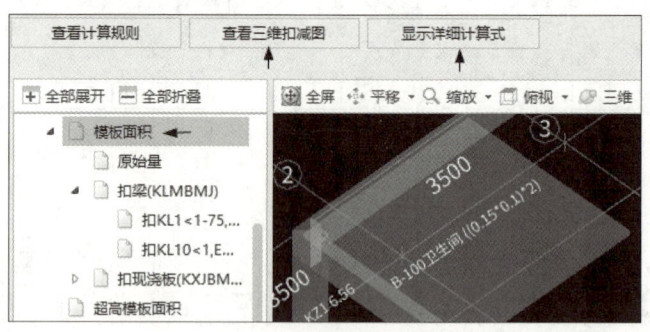

图 3-47 三维扣减图

单击"原始量"或者某一中间量,在右面的图形中会显示该工程量的三维扣减关系,同时图中会显示该扣减量的具体数量。

**4. 钢筋计算结果**

(1)查看钢筋量

汇总计算后,单击"钢筋计算结果"分组中的"查看钢筋量",在绘图区域单击需要查看的图元,软件会弹出钢筋工程量。

(2)编辑钢筋

汇总计算后,单击"钢筋计算结果"分组中的"编辑钢筋",在绘图区域单击需要查看钢筋计算公式的构件,就可以看到当前构件的钢筋计算明细,如图 3-48 所示。

| 筋号 | 直径(mm) | 图形 | 计算公式 | 公式描述 | 长度 | 根数 | 总重(kg) |
|---|---|---|---|---|---|---|---|
| 1 | 角筋.1 | 25 | 3425 | 4100-1183+max(3050/6,400,500) | 层高-本层的露出长度+上层露出长度 | 3425 | 4 | 52.744 |
| 2 | B边纵筋.1 | 25 | 3425 | 4100-2058+max(3050/6,400,500)+1*35*d | 层高-本层的露出长度+上层露出长度+错开距离 | 3425 | 2 | 26.372 |
| 3 | H边纵筋.1 | 25 | 3425 | 4100-2058+max(3050/6,400,500)+1*35*d | 层高-本层的露出长度+上层露出长度+错开距离 | 3425 | 2 | 26.372 |
| 4 | 箍筋.1 | 10 | 350 350 | 2*(350+350)+2*(13.57*d) | | 1671 | 34 | 35.054 |
| 5 | 箍筋.2 | 10 | 350 | 350+2*(13.57*d) | | 621 | 68 | 26.044 |

图 3-48 编辑钢筋

(3)钢筋三维

汇总计算后,单击"钢筋计算结果"分组中的"钢筋三维",单击需要查看钢筋三维的构件图元,看到钢筋三维显示效果。配合绘图区域右侧的动态观察等功能,可全方位查看当前构件的三维显示效果。

在三维显示状态下,单击某根钢筋,可以查看这根钢筋的长度计算过程,如图 3-49 所示。

钢筋显示控制面板:在绘图区域左侧有一个悬浮的菜单,可以控制当前构件的三维显示钢筋种类。

图 3-49 钢筋三维

配合"钢筋编辑"功能,单击钢筋编辑表格中的某根钢筋,可以查看三维显示效果下该钢筋的详细计算内容。

绘图区域的钢筋三维对应"钢筋编辑"列表中的数据行,选择某根钢筋,软件会自动定位到表格中相应的行;同样,在表格中选择某一行数据,软件会在绘图区域自动选中对应的钢筋三维线。

# 第 2 篇

# 实训篇——BIM 土建计量软件 GTJ 2021 应用

本篇以附录中的综合服务楼工程为例,详细讲解 BIM 土建计量软件 GTJ 2021 的综合应用。

综合服务楼工程为框架结构,软件计量的总体顺序为:

(1)构件:柱—梁—板—楼梯—墙—门窗—过梁—其他—装饰装修等;

(2)楼层:先首层构件,然后复制到基础层和其他层,最后进行补充、修改。

规则选择、工程设置、楼层设置、轴网定义详见第 1 篇,在此直接进入构件定义、属性、做法和绘图。

本篇内容属于基础性学习,如将本篇和模块 2 中的 CAD 导图结合起来,用导图和绘图或参照 CAD 底图描图的方法,将大大提升工作效率。

# 模块 4

# 主体结构工程

## 4.1 柱

### 4.1.1 框架柱

**1. 新建柱及其属性**

如图 4-1 所示,在导航树选择"柱",单击其左侧的"＋",展开树形图,双击"柱",进入柱的定义窗口。然后在构件列表栏单击"新建"→"新建矩形柱",则新建"框架柱 KZ1"。

图 4-1 新建柱

在属性列表编辑柱的属性值,如图 4-2 所示。在右侧截面编辑栏显示钢筋信息,如图 4-3 所示。

| | 属性名称 | 属性值 |
|---|---|---|
| 1 | 名称 | KZ1 |
| 2 | 结构类别 | 框架柱 |
| 3 | 定额类别 | 普通柱 |
| 4 | 截面宽度(B边)(mm) | 400 |
| 5 | 截面高度(H边)(mm) | 400 |
| 6 | 全部纵筋 | 8⌀25 |
| 7 | 角筋 | |
| 8 | B边一侧中部筋 | |
| 9 | H边一侧中部筋 | |
| 10 | 箍筋 | ⌀10@100/200(3*3) |
| 11 | 节点区箍筋 | |

| | 属性名称 | 属性值 |
|---|---|---|
| 12 | 箍筋肢数 | 3*3 |
| 13 | 柱类型 | (中柱) |
| 14 | 材质 | 预拌现浇砼 |
| 15 | 混凝土类型 | (预拌混凝土) |
| 16 | 混凝土强度等级 | (C25) |
| 17 | 混凝土外加剂 | (无) |
| 18 | 泵送类型 | (混凝土泵) |
| 19 | 泵送高度(m) | (4.1) |
| 20 | 截面面积(m²) | 0.16 |
| 21 | 截面周长(m) | 1.6 |
| 22 | 顶标高(m) | 层顶标高(4.1) |
| 23 | 底标高(m) | 层底标高(0) |

图 4-2 框架柱 KZ1 属性

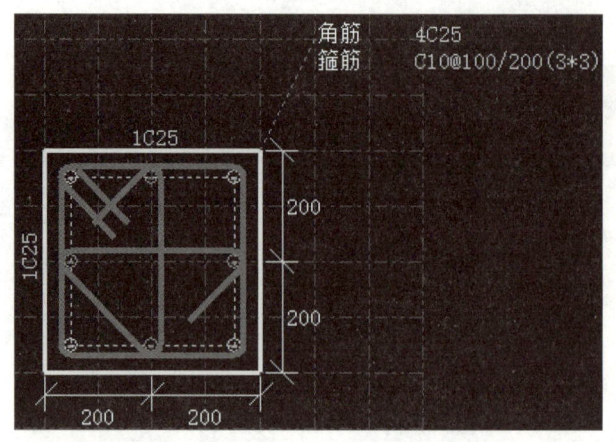

图 4-3 框架柱 KZ1 截面编辑钢筋信息

（1）全部纵筋：表示柱截面内所有的纵筋，不同级别和直径的钢筋用"＋"连接，如 4C25＋4C22。

（2）角筋：只有当全部纵筋属性值为空时才可输入，例如 KZ3 角筋 4C22。

（3）B 边、H 边一侧中部筋：只有当柱全部纵筋属性值为空时才可输入。

（4）箍筋：输入 C8-100/200 即可，括号内肢数可不输入。

（5）柱类型：非顶层，柱的类型按默认，不需要修改；在顶层，需判断边柱、角柱和中柱。

（6）顶标高、底标高：默认层顶标高和层底标高；若柱顶标高与默认不同，可修改。

（7）柱模板类型：通过下拉三角按钮选择模板类型，如图 4-4 所示，该工程采用复合木模板。

图 4-4 框架柱 KZ1 模板类型选择

## 2.柱做法

单击"构件做法"→"当前构件自动套做法"，如图 4-5 所示。检查工程量表达式与单位是否一致，清单项和定额项是否齐全，如有问题或不全需要修改或补充。

| | 编码 | 类别 | 名称 | 项目特征 | 单位 | 工程量表达式 | 表达式说明 |
|---|---|---|---|---|---|---|---|
| 1 | 010502001 | 项 | 矩形柱 | 1.预拌<br>2.C25 | m3 | TJ | TJ<体积> |
| 2 | A4-172<br>HBB9-0003<br>BB9-0004 | 换 | 预拌混凝土(现浇) 矩形柱 换为【预拌混凝土 C25】 | | m3 | TJ | TJ<体积> |
| 3 | 011702002 | 项 | 矩形柱 | 模板形式自定 | m2 | MBMJ | MBMJ<模板面积> |
| 4 | A12-58 | 定 | 现浇混凝土复合木模板 矩形柱 | | m2 | MBMJ | MBMJ<模板面积> |
| 5 | A12-19 | 定 | 现浇混凝土组合式钢模板 柱支撑高度超过3.6m每增加1m | | m2 | CGMBMJ | CGMBMJ<超高模板面积> |

图 4-5 框架柱 KZ1 做法

单击"项目特征"，通过下拉三角按钮选择混凝土种类及混凝土强度等级；单击"换算"→

"标准换算",选择与项目特征一致的混凝土标号。

### 3.其他框架柱复制应用

KZ1 的属性及做法全部完成后,其他框架柱可采用复制的方法来完成,如图 4-6 所示。单击"构件列表"→"复制",然后在"属性列表"中修改不同的属性值,即可快速完成其他柱。如修改 KZ3 的顶标高为"4.5",柱类型为"角柱",如图 4-7 所示。

图 4-6 其他框架柱复制

图 4-7 框架柱 KZ3 属性

### 4.绘图

该工程①～④轴和⑥～⑨轴对称,仅绘制①～④轴的柱即可,⑥～⑨轴的柱可采用镜像的方法完成。

采用智能布置(按轴线)或点式绘制完成后,可采用"查改标注"的方法准确定位,或用 Ctrl 偏移画法画出某一偏心柱,然后用对齐或多对齐的方法与该柱一侧对齐,准确定位。具体绘图方法如下:

(1)点式绘制:选择需要绘制的柱,单击"点式绘制",在轴线交点单击,完成绘制。

(2)智能布置:选择需要绘制的柱,单击"点式绘制"→"智能布置"→"按轴线",拉框选择轴线交点,完成绘制。

(3)查改标注:如图 4-8 所示,选择需要偏心的柱(如⑧轴与①轴相交的 KZ5),右击,然后单击"查改标注",在需要修改的绿色数字处单击,在旁边的小方格内输入正确尺寸后,按回车键,则 KZ5 准确定位,如图 4-9 所示。可连续查改,完成其他偏心柱。

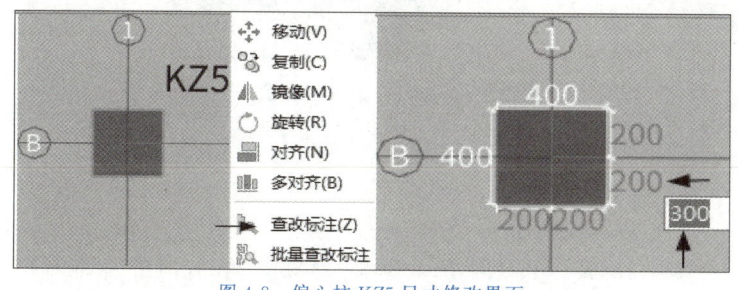

图 4-8 偏心柱 KZ5 尺寸修改界面

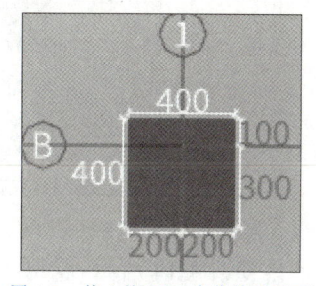

图 4-9 偏心柱 KZ5 定位前后界面

(4)批量查改标注:同一轴线上的多根柱偏移值相同,可以批量查改。如⑧轴的柱,如图 4-10 所示,拉框选择⑧轴偏心值相同的柱,右击,然后单击"批量查改标注",如图 4-11 所示,输入偏心距离(未偏心的不需要输入),单击"确定"按钮,则⑧轴上所有柱一次完成定位。

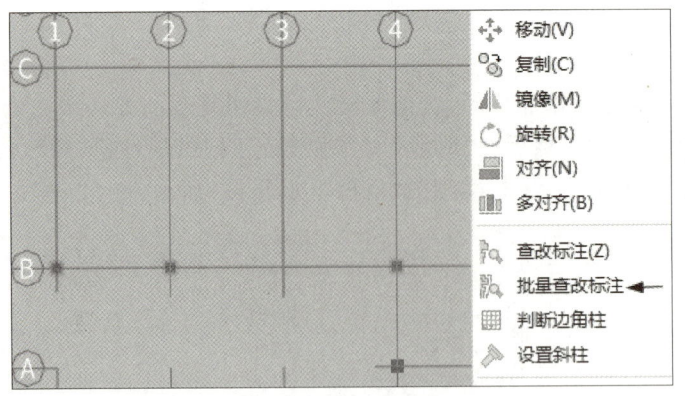

图 4-10 批量查改标注

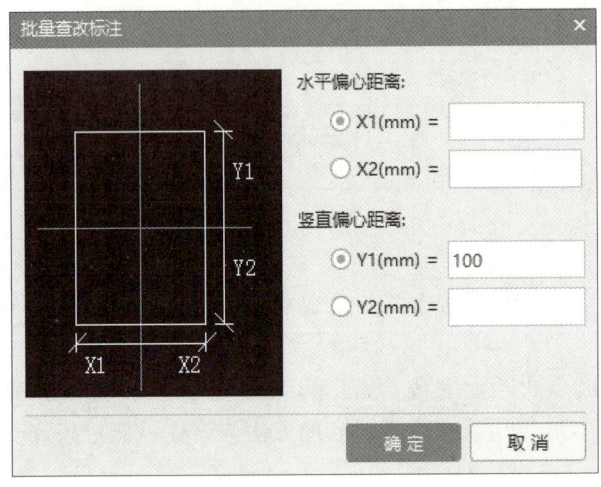

图 4-11 批量查改标注偏心距离输入

（5）Ctrl 偏移画法

如图 4-12 所示，选择要画的构件 KZ5，单击"点式绘制"，按住键盘的"Ctrl"键，在参照点（①轴与Ⓑ轴交点）处单击，如图 4-13 所示，单击绿色数据，在输入框内输入相应的数值，按回车键。

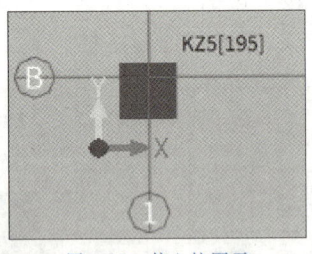

图 4-12 偏心柱图示

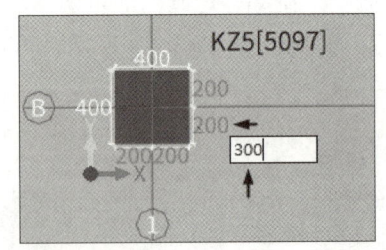

图 4-13 偏心尺寸输入

（6）多对齐

如图 4-14 所示，以中间柱与①轴柱边平齐为例，在"修改"分组中单击"对齐"→"多对齐"；先单击对齐目标线（角柱的下边线），然后单击要对齐的柱实体（可以多选），右击确认，此时角柱的位置不变，选择的柱与角柱边平齐移动，右击确认，完成操作，如图 4-15 所示。

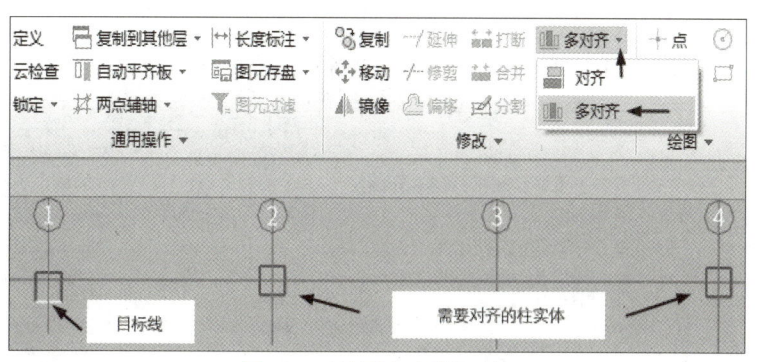

图 4-14 目标线与实体柱选择

图 4-15 对齐后的柱

## 4.1.2 构造柱

首层Ⓑ轴与③轴和⑦轴的交点处 M-2 旁设计有 GZ1；按图纸结构设计说明第八条的第五小条的第 5 条要求，当洞口宽度大于 2 100 mm 时，洞口两侧填充墙内应设置构造柱，用于安装、固定门窗，所以该工程 M-1 两侧应设置构造柱，假设为 GZ2。

**1. 新建构造柱及编辑其属性**

在"导航树"双击"构造柱"，新建矩形构造柱 GZ1，编辑属性值，通过下拉三角按钮选择"带马牙槎"，如图 4-16 所示。顶标高、底标高按默认。用同样方法新建 GZ2，如图 4-17 所示。

图 4-16 GZ1 属性值

| | 属性名称 | 属性值 |
|---|---|---|
| 1 | 名称 | GZ2 |
| 2 | 类别 | 构造柱 |
| 3 | 截面宽度(B边)(... | 200 |
| 4 | 截面高度(H边)(... | 250 |
| 5 | 马牙槎设置 | 带马牙槎 |
| 6 | 马牙槎宽度(mm) | 60 |
| 7 | 全部纵筋 | 4⏀12 |
| 8 | 角筋 | |
| 9 | B边一侧中部筋 | |
| 10 | H边一侧中部筋 | |
| 11 | 箍筋 | ⏀6@200(2*2) |
| 12 | 箍筋胶数 | 2*2 |
| 13 | 材质 | 预拌现浇砼 |
| 14 | 混凝土类型 | (预拌混凝土) |
| 15 | 混凝土强度等级 | (C20) |
| 16 | 混凝土外加剂 | (无) |
| 17 | 泵送类型 | (混凝土泵) |
| 18 | 泵送高度(m) | |
| 19 | 截面周长(m) | 0.9 |
| 20 | 截面面积(m²) | 0.05 |
| 21 | 顶标高(m) | 层顶标高 |
| 22 | 底标高(m) | 层底标高 |

图 4-17 GZ2 属性值

**2. 构造柱做法**

构造柱 GZ1 做法如图 4-18 所示。GZ2 模板不超高,其余做法同 GZ1。

| | 编码 | 类别 | 名称 | 项目特征 | 单位 | 工程量表达式 | 表达式说明 |
|---|---|---|---|---|---|---|---|
| 1 | — 010502002 | 项 | 构造柱 | 1.预拌,2.C20 | m3 | TJ | TJ〈体积〉 |
| 2 | A4-174 | 定 | 预拌混凝土(现浇)构造柱异形柱 | | m3 | TJ | TJ〈体积〉 |
| 3 | — 011702003 | 项 | 构造柱 | 自行选择 | m2 | MBMJ | MBMJ〈模板面积〉 |
| 4 | A12-58 | 定 | 现浇混凝土复合木模板 矩形柱 | | m2 | MBMJ | MBMJ〈模板面积〉 |
| 5 | A12-19 | 定 | 现浇混凝土组合式钢模板 柱支撑高度超过3.6m每增加1m | | m2 | CGMBMJ | CGMBMJ〈超高模板面积〉 |

图 4-18 构造柱 GZ1 做法

**3. 构造柱绘图**

GZ1 采用点式绘制后,再查改标注或对齐。

GZ2 需要等墙体、门绘制完成后,再采用智能布置的方法完成。

选择构件 GZ2,单击构造柱二次编辑"智能布置"下拉三角按钮,如图 4-19 所示,选择"门窗洞",单击选择"M-1",如图 4-20 所示,右击确认,提示布置成功。M-1 两侧构造柱,如图 4-21 所示。

图 4-19 构造柱智能布置选择

图 4-20 选择门

图 4-21 绘制完成的门两侧构造柱

### 4.1.3 镜像

(1)①-④轴全部的柱绘制完成并准确定位后,如图 4-22 所示,单击"批量选择"→勾选"柱"和"构造柱"→右击→单击"镜像",如图 4-23 所示。

图 4-22 批量选择构件

微课
柱对齐、镜像

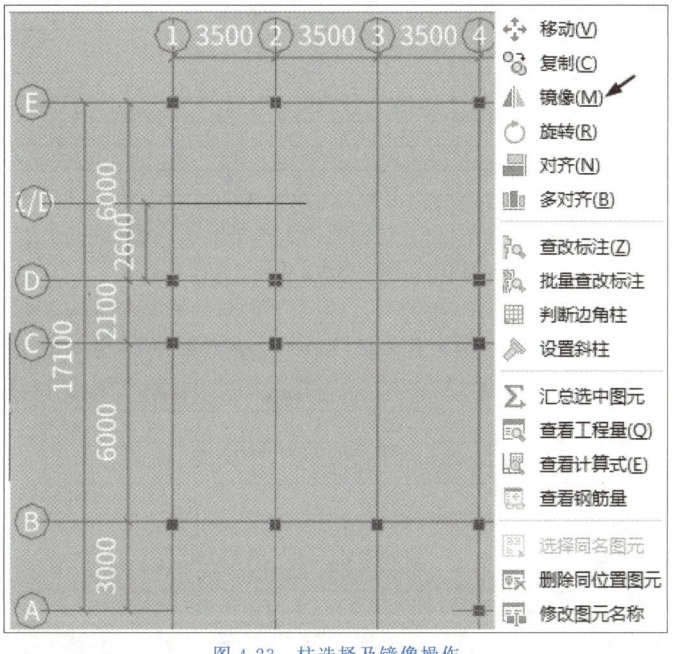

图 4-23 柱选择及镜像操作

(2)如图 4-24 所示,以⑤轴为镜像轴,单击镜像轴的第 1 点和第 2 点,提示"是否删除原来的图元",单击"否",所选图元镜像到目标位置。

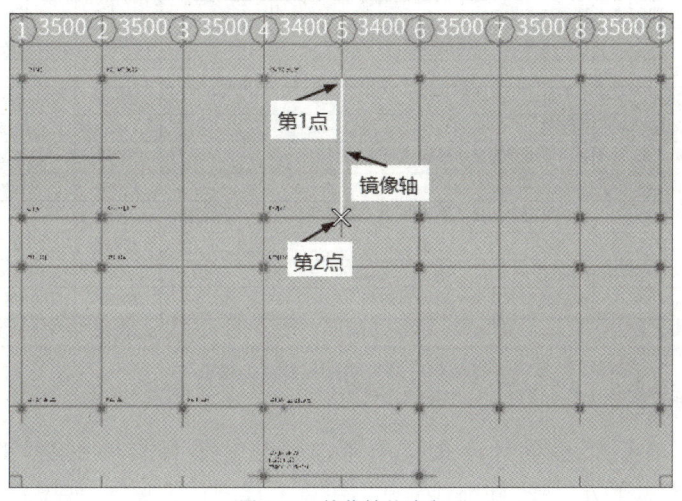

图 4-24 镜像轴的确定

### 4.1.4 土建工程量

> **注意**:只有当梁、板、雨篷、楼梯、梯梁等构件绘制完成,产生扣减关系之后,框架柱工程量才准确。

**1.构件工程量**

单击"保存"→"汇总计算"→"查看工程量",拉框选择"框架柱(不包括梯柱)",首层框架柱构件工程量如图 4-25 所示。

| 楼层 | 名称 | 工程量名称 | | | | | | |
|---|---|---|---|---|---|---|---|---|
| | | 周长(m) | 体积(m3) | 模板面积(m2) | 超高模板面积(m2) | 数量(根) | 高度(m) | 截面面积(m2) |
| 首层 | KZ1 | 19.2 | 7.872 | 73.52 | 4.825 | 12 | 49.2 | 1.92 |
| | KZ2 | 14.4 | 6.6424 | 53.994 | 2.554 | 8 | 32.8 | 1.62 |
| | KZ3 | 3.2 | 1.44 | 14 | 2.48 | 2 | 9 | 0.32 |
| | KZ4 | 3.2 | 1.312 | 12.025 | 0.7825 | 2 | 8.2 | 0.32 |
| | KZ5 | 3.2 | 1.312 | 12.53 | 1.06 | 2 | 8.2 | 0.32 |
| | 小计 | 43.2 | 18.5784 | 166.069 | 11.7015 | 26 | 107.4 | 4.5 |
| 合计 | | 43.2 | 18.5784 | 166.069 | 11.7015 | 26 | 107.4 | 4.5 |

图 4-25 首层框架柱构件工程量

**2.做法工程量**

单击"做法工程量",首层框架柱(不包括梯柱)做法工程量如图 4-26 所示。

| | 编码 | 项目名称 | 单位 | 工程量 |
|---|---|---|---|---|
| 1 | 010502001 | 矩形柱 | m3 | 18.5784 |
| 2 | A4-172 HBB9-0003 BB9-0004 | 预拌混凝土(现浇) 矩形柱 换为【预拌混凝土 C25】 | 10m3 | 1.85784 |
| 3 | 011702002 | 矩形柱 | m2 | 166.069 |
| 4 | A12-58 | 现浇混凝土复合木模板 矩形柱 | 100m2 | 1.66069 |
| 5 | A12-19 | 现浇混凝土组合式钢模板 柱支撑高度超过3.6m每增加1m | 100m2 | 0.117015 |

图 4-26 首层框架柱(不包括梯柱)做法工程量

首层构造柱做法工程量,如图 4-27 所示。单击左下方的"显示构件明细",可查看各构造柱工程量。(注意:只有当墙体、门窗、梁绘制完成,构造柱工程量才准确)

| | 编码 | 项目名称 | 单位 | 工程量 |
|---|---|---|---|---|
| 1 | 010502002 | 构造柱 | m3 | 1.6526 |
| 2 | A4-174 | 预拌混凝土(现浇) 构造柱异形柱 | 10m3 | 0.16526 |
| 3 | GZ1 | | 10m3 | 0.12444 |
| 4 | GZ2 | | 10m3 | 0.04082 |
| 5 | 011702003 | 构造柱 | m2 | 11.443 |
| 6 | A12-58 | 现浇混凝土复合木模板 矩形柱 | 100m2 | 0.11443 |
| 7 | GZ1 | | 100m2 | 0.11443 |
| 8 | A12-19 | 现浇混凝土组合式钢模板 柱支撑高度超过3.6m每增加1m | 100m2 | 0.008 |
| 9 | GZ1 | | 100m2 | 0.008 |
| 10 | 011702003 | 构造柱 | m2 | 5.467 |
| 11 | A12-58 | 现浇混凝土复合木模板 矩形柱 | 100m2 | 0.05467 |
| 12 | GZ2 | | 100m2 | 0.05467 |

图 4-27 首层构造柱做法工程量

**3.工程量计算式**

单击工具栏"查看工程量计算式",选择①轴与Ⓔ轴相交的 KZ1,工程量计算式如图 4-28 所示。单击右下方"显示详细计算式",可查看详细计算过程,如图 4-29 所示。

```
周长=((0.4<长度>+0.4<宽度>)*2)=1.6m
体积=(0.4<长度>*0.4<宽度>*4.1<高度>)=0.656m3
模板面积=6.56<原始模板面积>-0.275<扣梁>-0.03<扣现浇板>=6.255m2
超高模板面积=(((0.5*0.4)*4)<原始超高模板面积>-0.25<扣梁>-0.03<扣现浇板>)*1=0.52m2
```

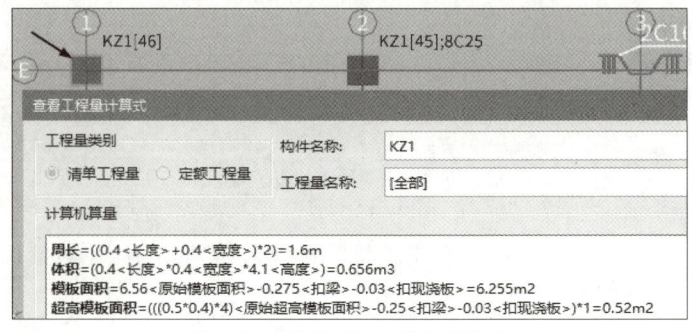

图 4-28 框架柱 KZ1 工程量计算式

计算机算量

周长=((0.4<长度>+0.4<宽度>)*2)=1.6m
体积=(0.4<长度>*0.4<宽度>*4.1<高度>)=0.656m3
模板面积=6.56<原始模板面积>-(0.55*0.25+0.55*0.25)<扣梁>-((0.15*0.1)*2)<扣现浇板>=6.255m2
超高模板面积=(((0.5*0.4)*4)<原始超高模板面积>-(0.5*0.25+0.5*0.25)<扣梁>-((0.15*0.1)*2)<扣现浇板>)*1=0.52m2

图 4-29 框架柱 KZ1 工程量详细计算式

## 4.1.5 钢筋工程量

软件中柱工程量是按层计算的，只有当前层梁及相邻层柱钢筋均绘制完成，当前层柱钢筋工程量计算数据才准确。

### 1.编辑钢筋

汇总计算后，单击工具栏“编辑钢筋”，选择构件，可查看钢筋工程量计算过程。首层Ⓑ轴与①轴交点处柱 KZ5 钢筋工程量计算过程如图 4-30、图 4-31 所示。

插入 删除 缩尺配筋 钢筋信息 钢筋图库 其他 · 单构件钢筋总重(kg)：166.586

| | 筋号 | 直径(mm) | 级别 | 图形 | 计算公式 |
|---|---|---|---|---|---|
| 1 | 角筋.1 | 25 | ⌀ | 3425 | 4100-1183+max(3050/6,400,500) |
| 2 | B边纵筋.1 | 25 | ⌀ | 3425 | 4100-2058+max(3050/6,400,500)+1*35*d |
| 3 | H边纵筋.1 | 25 | ⌀ | 3425 | 4100-2058+max(3050/6,400,500)+1*35*d |
| 4 | 箍筋.1 | 10 | ⌀ | 350 350 | 2*(350+350)+2*(13.57*d) |
| 5 | 箍筋.2 | 10 | ⌀ | 350 | 350+2*(13.57*d) |

图 4-30 首层Ⓑ轴与①轴交点处柱 KZ5 钢筋工程量

| | 筋号 | 直径(mm) | 公式描述 | 长度 | 根数 | 搭接 | 总重(kg) | 搭接形式 |
|---|---|---|---|---|---|---|---|---|
| 1 | 角筋.1 | 25 | 层高-本层的露出长度+上层露出长度 | 3425 | 4 | 1 | 52.744 | 直螺纹连接 |
| 2 | B边纵筋.1 | 25 | 层高-本层的露出长度+上层露出长度+错开距离 | 3425 | 2 | 1 | 26.372 | 直螺纹连接 |
| 3 | H边纵筋.1 | 25 | 层高-本层的露出长度+上层露出长度+错开距离 | 3425 | 2 | 1 | 26.372 | 直螺纹连接 |
| 4 | 箍筋.1 | 10 | | 1671 | 34 | 0 | 35.054 | 绑扎 |
| 5 | 箍筋.2 | 10 | | 621 | 68 | 0 | 26.044 | 绑扎 |

图 4-31 首层Ⓑ轴与①轴交点处柱 KZ5 钢筋工程量续表

说明：在图 4-31 第 4 行“箍筋.1”根数“34”处双击，出现如图 4-32 所示的箍筋数量计算过程。

Ceil(592/100)+1+Ceil(1133/100)+1+Ceil(550/100)
+Ceil(1775/200)-1

图 4-32 箍筋数量计算过程

### 2.钢筋三维

如图 4-33 所示，选择Ⓑ轴与①轴相交处柱 KZ5，单击“钢筋三维”→右侧“西南等轴测”，可形象地查看钢筋分布情况，单击“编辑钢筋”，选择钢筋编号“角筋.1”，可对应查看钢筋的计算过程。

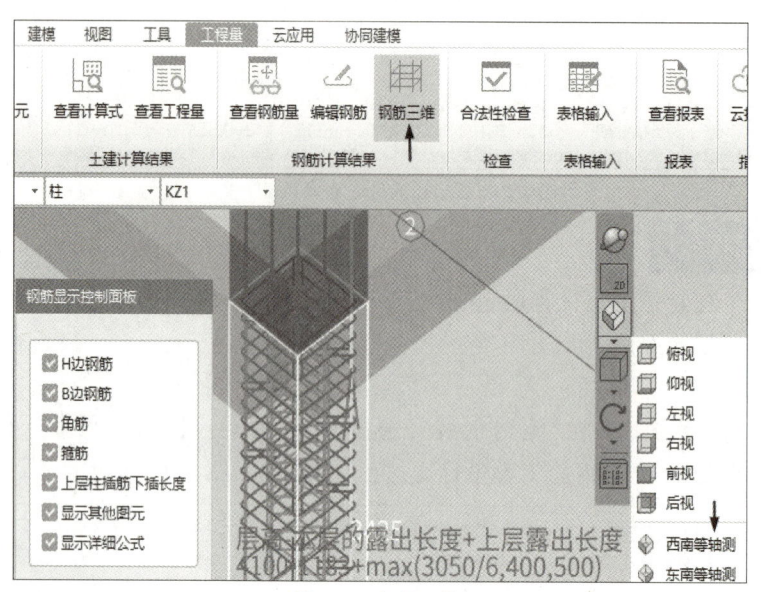

图 4-33　钢筋三维

**3.查看钢筋工程量**

首层框架柱、构造柱钢筋工程量如图 4-34、图 4-35 所示。

钢筋总重量（kg）：5208.754

| 楼层名称 | 构件名称 | 钢筋总重量(kg) | HRB400 | | | | | 合计 |
|---|---|---|---|---|---|---|---|---|
| | | | 8 | 10 | 20 | 22 | 25 | |
| 1 | KZ1[45] | 166.586 | | 61.098 | | | 105.488 | 166.586 |
| 2 | KZ1[46] | 166.586 | | 61.098 | | | 105.488 | 166.586 |
| 3 | KZ1[47] | 166.586 | | 61.098 | | | 105.488 | 166.586 |
| 4 | KZ1[48] | 166.586 | | 61.098 | | | 105.488 | 166.586 |
| 5 | KZ1[49] | 166.586 | | 61.098 | | | 105.488 | 166.586 |
| 6 | KZ1[52] | 166.586 | | 61.098 | | | 105.488 | 166.586 |
| 7 | KZ1[89] | 203.538 | | 75.474 | | | 128.064 | 203.538 |
| 8 | KZ1[90] | 171.977 | | 66.489 | | | 105.488 | 171.977 |
| 9 | KZ1[91] | 171.977 | | 66.489 | | | 105.488 | 171.977 |
| 10 | KZ1[92] | 203.538 | | 75.474 | | | 128.064 | 203.538 |
| 11 | KZ1[122] | 166.586 | | 61.098 | | | 105.488 | 166.586 |
| 12 | KZ1[123] | 166.586 | | 61.098 | | | 105.488 | 166.586 |
| 13 | KZ2[76] | 250.855 | | 97.852 | | | 153.003 | 250.855 |
| 14 首层 | KZ2[77] | 250.855 | | 97.852 | | | 153.003 | 250.855 |
| 15 | KZ2[79] | 250.855 | | 97.852 | | | 153.003 | 250.855 |
| 16 | KZ2[82] | 250.855 | | 97.852 | | | 153.003 | 250.855 |
| 17 | KZ2[121] | 310.727 | | 120.876 | | | 189.851 | 310.727 |
| 18 | KZ2[124] | 310.727 | | 120.876 | | | 189.851 | 310.727 |
| 19 | KZ2[13141] | 250.854 | | 97.852 | | | 153.002 | 250.854 |
| 20 | KZ2[13142] | 250.854 | | 97.852 | | | 153.002 | 250.854 |
| 21 | KZ3[61] | 151.679 | 52.176 | | 40.418 | 59.085 | | 151.679 |
| 22 | KZ3[62] | 151.679 | 52.176 | | 40.418 | 59.085 | | 151.679 |
| 23 | KZ4[58] | 180.962 | | 75.474 | | | 105.488 | 180.962 |
| 24 | KZ4[59] | 180.962 | | 75.474 | | | 105.488 | 180.962 |
| 25 | KZ5[94] | 166.586 | | 61.098 | | | 105.488 | 166.586 |
| 26 | KZ5[95] | 166.586 | | 61.098 | | | 105.488 | 166.586 |
| 27 | 合计 | 5208.754 | 104.352 | 1874.718 | 80.836 | 118.17 | 3030.678 | 5208.754 |

图 4-34　首层框架柱钢筋工程量

| 楼层名称 | 构件名称 | 钢筋总重量 (kg) | HRB400 | | | | |
|---|---|---|---|---|---|---|---|
| | | | 6 | 8 | 12 | 16 | 合计 |
| 首层 | GZ1[137] | 84.741 | | 29.349 | | 55.392 | 84.741 |
| | GZ1[138] | 84.741 | | 29.349 | | 55.392 | 84.741 |
| | GZ2[6978] | 21.102 | 3.762 | | 17.34 | | 21.102 |
| | GZ2[6979] | 21.102 | 3.762 | | 17.34 | | 21.102 |
| 合计: | | 211.686 | 7.524 | 58.698 | 34.68 | 110.784 | 211.686 |

钢筋总重量 (kg): 211.686

图 4-35 首层构造柱钢筋工程量

## 4.2 梁

**1. 新建梁**

双击构件类型"梁",进入梁的定义窗口,在构件列表栏新建矩形梁。

**2. 梁属性定义**

在属性列表栏输入梁 KL1 集中标注信息。如图 4-36 所示,梁跨数量不需要填写,绘图时可自动识别;在箍筋行只输入箍筋的直径和间距,括号内的肢数不用输入;在肢数行直接输入"2";侧面构造或受扭筋输入"2C12",拉筋不用输入,按 101 图集自动识别,按回车键后自动出现G2⌀12 和拉筋信息,将拉筋修改为 C6,按回车键;如果侧面是受扭筋,则输入"N2C12",大写"N"不可省略。起点顶标高、终点顶标高按默认,模板类型采用复合木模板。

| | 属性名称 | 属性值 | | | 属性名称 | 属性值 |
|---|---|---|---|---|---|---|
| 1 | 名称 | KL1 | | 18 | 泵送类型 | (混凝土泵) |
| 2 | 结构类别 | 楼层框架梁 | | 19 | 泵送高度(m) | |
| 3 | 跨数量 | | | 20 | 截面周长(m) | 1.6 |
| 4 | 截面宽度(mm) | 250 | | 21 | 截面面积(m²) | 0.138 |
| 5 | 截面高度(mm) | 550 | | 22 | 起点顶标高(m) | 层顶标高 |
| 6 | 轴线距梁左边线距离 | (125) | | 23 | 终点顶标高(m) | 层顶标高 |
| 7 | 箍筋 | ⌀8@100/200(2) | | 24 | 备注 | |
| 8 | 肢数 | 2 | | 25 | ⊞ 钢筋业务属性 | |
| 9 | 上部通长筋 | 2⌀22 | | 35 | ⊟ 土建业务属性 | |
| 10 | 下部通长筋 | | | 36 | — 土建汇总类别 | (梁) |
| 11 | 侧面构造或受扭筋(…) | G2⌀12 | | 37 | — 计算设置 | 按默认计算设置 |
| 12 | 拉筋 | ⌀6 | | 38 | — 计算规则 | 按默认计算规则 |
| 13 | 定额类别 | 普通梁 | | 39 | — 做法信息 | 按构件做法 |
| 14 | 材质 | 预拌现浇砼 | | 40 | — 模板类型 | 复合木模板 |
| 15 | 混凝土类型 | (预拌混凝土) | | 41 | — 支模高度 | 按默认计算设置 |
| 16 | 混凝土强度等级 | (C25) | | 42 | — 图元形状 | 直形 |
| 17 | 混凝土外加剂 | (无) | | 43 | — 超高底面标高 | 按默认计算设置 |

图 4-36 KL1 属性

**3. 构件做法**

单击"自动套用构件做法",梁高≥500 mm,需要用对拉螺栓加固模板,在工程量表达式栏编辑,对拉螺栓工程量表达式如图 4-37 所示。KL1 做法如图 4-38 所示。

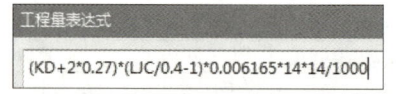

图 4-37　对拉螺栓工程量表达式

| 编码 | 类别 | 名称 | 项目特征 | 单位 | 工程量表达式 | 表达式说明 |
|---|---|---|---|---|---|---|
| 1 | 010503002 | 项 | 矩形梁 | 1.预拌<br>2.C25 | m3 | TJ | TJ<体积> |
| 2 | A4-177<br>HBB9-0003<br>BB9-0004 | 换 | 预拌混凝土(现浇)单梁连续梁 换为【预拌混凝土 C25】 | | m3 | TJ | TJ<体积> |
| 3 | 011702006 | 项 | 矩形梁 | 模板形式自定 | m2 | MBMJ | MBMJ<模板面积> |
| 4 | A12-61 | 定 | 现浇混凝土复合木模板 单梁连续梁 | | m2 | MBMJ | MBMJ<模板面积> |
| 5 | A12-216 | 定 | 对拉螺栓 周转式 | | t | (KD+2*0.27)*(LJC/0.4-1)*0.006165*14*14/1000 | (KD<截面宽度>+2*0.27)*(LJC<梁净长>/0.4-1)*0.0062*14*14/1000 |

图 4-38　KL1 做法

**注意**：KL3 在Ⓐ-Ⓑ轴段不需要设置对拉螺栓，工程量表达式需要减去该段净长，如图 4-39 所示。

图 4-39　KL3 对拉螺栓工程量表达式

**4. 其他框架梁的复制**

其他框架梁采用复制的方法，单击构件列表处"复制"，然后在属性栏修改不同属性值快速完成。首层 KL6 属性如图 4-40 所示。注意起点、终点顶标高为"层顶标高＋0.4"。

| | 属性名称 | 属性值 | | | |
|---|---|---|---|---|---|
| 1 | 名称 | KL6 | 12 | 拉筋 | |
| 2 | 结构类别 | 楼层框架梁 | 13 | 定额类别 | 普通梁 |
| 3 | 跨数量 | | 14 | 材质 | 预拌现浇砼 |
| 4 | 截面宽度(mm) | 200 | 15 | 混凝土类型 | (预拌混凝土) |
| 5 | 截面高度(mm) | 500 | 16 | 混凝土强度等级 | (C25) |
| 6 | 轴线距梁左边 | (100) | 17 | 混凝土外加剂 | (无) |
| 7 | 箍筋 | Φ8@100/200(2) | 18 | 泵送类型 | (混凝土泵) |
| 8 | 肢数 | 2 | 19 | 泵送高度(m) | |
| 9 | 上部通长筋 | 2Φ20 | 20 | 截面周长(m) | 1.6 |
| 10 | 下部通长筋 | 3Φ20 | 21 | 截面面积(m²) | 0.138 |
| 11 | 侧面构造或受... | | 22 | 起点顶标高(m) | 层顶标高+0.4 |
| | | | 23 | 终点顶标高(m) | 层顶标高+0.4 |

图 4-40　KL6 属性

**5. 非框架梁**

非框架梁定义方法同框架梁，结构类别选择"非框架梁"，L1、L4 梁底标高大于 3.6 m，计算超高模板面积，不计算对拉螺栓；L2、L3 计算对拉螺栓，不计算超高模板面积。

L2 属性如图 4-41 所示，下部通长筋的输入方法："4C22＋2C20　2/4"，钢筋排数 2/4 前有一个空格不可省略，做法同框架梁。L1 做法如图 4-42 所示。

| | 属性名称 | 属性值 | | | |
|---|---|---|---|---|---|
| 1 | 名称 | L2 | 12 | 拉筋 | $\Phi 6$ |
| 2 | 结构类别 | 非框架梁 | 13 | 定额类别 | 普通梁 |
| 3 | 跨数量 | | 14 | 材质 | 预拌现浇砼 |
| 4 | 截面宽度(mm) | 250 | 15 | 混凝土类型 | (预拌混凝土) |
| 5 | 截面高度(mm) | 550 | 16 | 混凝土强度等级 | (C25) |
| 6 | 轴线距梁左边线... | (125) | 17 | 混凝土外加剂 | (无) |
| 7 | 箍筋 | $\Phi 8@200(2)$ | 18 | 泵送类型 | (混凝土泵) |
| 8 | 肢数 | 2 | 19 | 泵送高度(m) | |
| 9 | 上部通长筋 | $2\Phi 14$ | 20 | 截面周长(m) | 1.6 |
| 10 | 下部通长筋 | $4\Phi 22+2\Phi 20\ 2/4$ | 21 | 截面面积(m²) | 0.138 |
| 11 | 侧面构造或受扭... | $G2\Phi 12$ | 22 | 起点顶标高(m) | 层顶标高 |
| | | | 23 | 终点顶标高(m) | 层顶标高 |

图 4-41 L2 属性

| | 编码 | 类别 | 名称 | 项目特征 | 单位 | 工程量表达式 | 表达式说明 |
|---|---|---|---|---|---|---|---|
| 1 | ─ 010503002 | 项 | 矩形梁 | 1.预拌<br>2.C25 | m3 | TJ | TJ<体积> |
| 2 | A4-177<br>HBB9-0003<br>BB9-0004 | 换 | 预拌混凝土(现浇) 单梁连续<br>梁换为【预拌混凝土 C25】 | | m3 | TJ | TJ<体积> |
| 3 | ─ 011702006 | 项 | 矩形梁 | 模板形式自定 | m2 | MBMJ | MBMJ<模板面积> |
| 4 | A12-61 | 定 | 现浇混凝土复合木模板 单梁<br>连续梁 | | m2 | MBMJ | MBMJ<模板面积> |
| 5 | A12-25 | 定 | 现浇混凝土组合式钢模板 梁<br>支撑高度超过3.6m每超过1m | | m2 | CGMBMJ | CGMBMJ<超高模板面积> |

图 4-42 L1 做法

### 6.绘图

(1)直线画法

绘制梁前,开启绘图下方的"正交和交点捕捉"功能,关闭其他绘图功能,如图 4-43 所示;绘制横轴线上的梁时,单击"视图"→"顺旋转 90°",将绘图界面顺时针旋转 90°,如图 4-44 所示。

图 4-43 开启"正交和交点捕捉"功能 　　图 4-44 将绘图界面顺时针旋转 90°

绘图:以①轴 KL1 为例,选择构件 KL1,在绘图区域先单击①轴与⑧轴的交点,再单击①轴与⑥轴的交点,右击,完成绘制,未进行原位标注的梁显示为粉色,如图 4-45 所示。

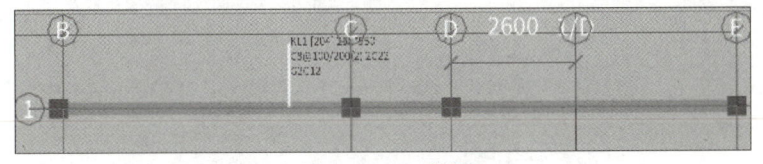

图 4-45 KL1 绘图

(2)智能布置

贯通轴线上的梁(横向④轴、⑥轴以及纵向轴线上的梁)用"智能布置(按轴线)"绘制。如图 4-46、图 4-47 所示,以ⓒ轴 KL8 为例,选择构件 KL8,单击梁二次编辑"智能布置"→"轴线",单击ⓒ轴线,提示"智能布置成功",如图 4-48 所示,右击,完成绘制。依次完成其他梁的绘制。

图 4-46　构件选择　　　　　　　图 4-47　智能布置（按轴线）

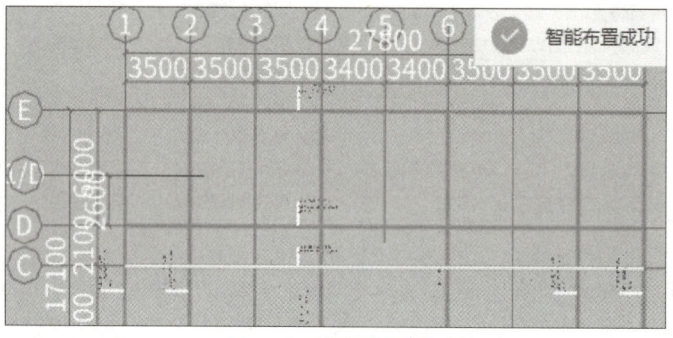

图 4-48　智能布置成功

(3) 正交偏移

如果没有导入 CAD 底图，没有位于轴线上的梁可以用直线画法正交偏移的方法完成。

以梁 L1 为例，选择构件 L1，如图 4-49 所示，单击"　直线"，选择偏移方式"正交"，输入偏移量 X＝"1 600"、Y＝"0"，在第 1 参照点处单击，关闭垂点捕捉，再单击第 2 参照点，右击，完成绘制，如图 4-50 所示。

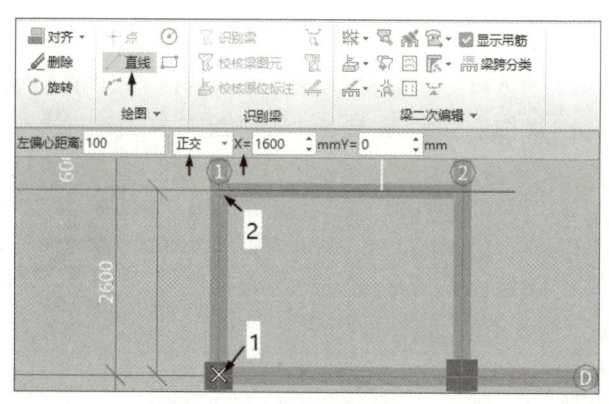

图 4-49　正交偏移值及参照点

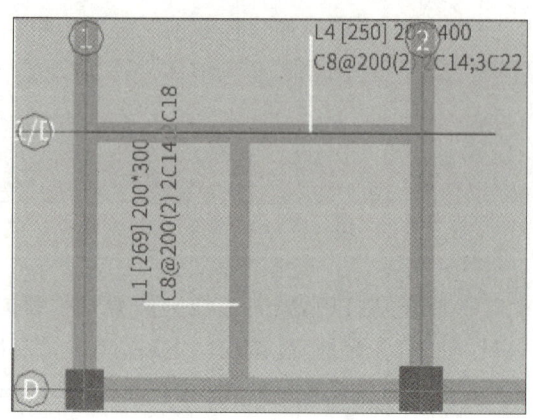

梁绘图

图 4-50　绘制完成的 L1

(4)对齐准确定位

所有梁绘制完成后,将偏轴的梁采用对齐的方法准确定位。

操作:以梁靠柱边为例,如图4-51所示,单击"对齐"右侧下拉三角按钮下的"对齐";先单击目标线"柱边线",然后单击要对齐的"梁边线",此时柱位置不变,梁位置按靠柱边平齐移动。

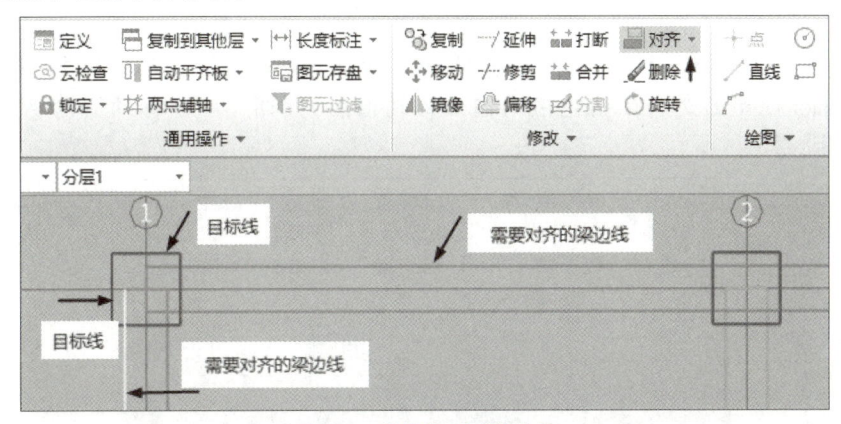

图4-51 目标线、对齐线选择

连续操作上述两步,右击确认,完成全部梁定位,对齐后的梁图元如图4-52所示。

图4-52 对齐后的梁图元

以KL1为例,单击选择KL1,右击,单击"对齐",如图4-53所示。

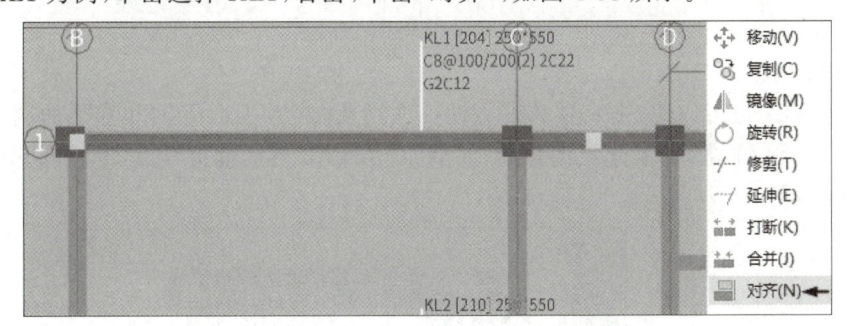

图4-53 选择构件与对齐

如图4-54所示,先单击目标线1(柱边线),再单击需要对齐的梁边线2,需要对齐的梁连续操作上述两步,右击确认,完成全部梁定位,如图4-55所示。

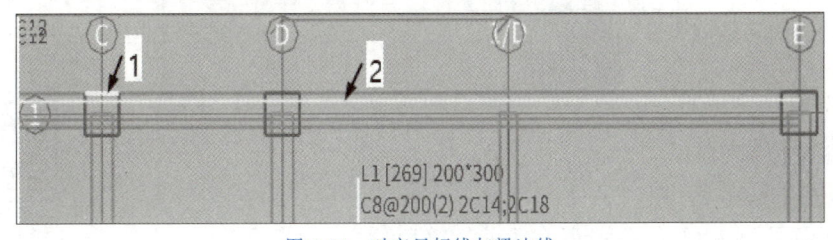

图4-54 对齐目标线与梁边线

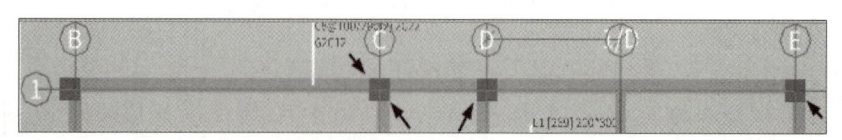

图 4-55 对齐后的梁

(5) 移动定位

Ⓑ轴 KL7 采用移动的方法准确定位,打开动态标注输入(方法详见 2.1),单击选择按轴线绘制的Ⓑ轴 KL7,如图 4-56 所示,单击"移动",单击Ⓑ轴和①轴交点,沿着移动的方向(向下)拖动鼠标(打开正交),在白色格内输入移动值后,按回车键。移动后的 KL7 位置如图 4-57 所示。

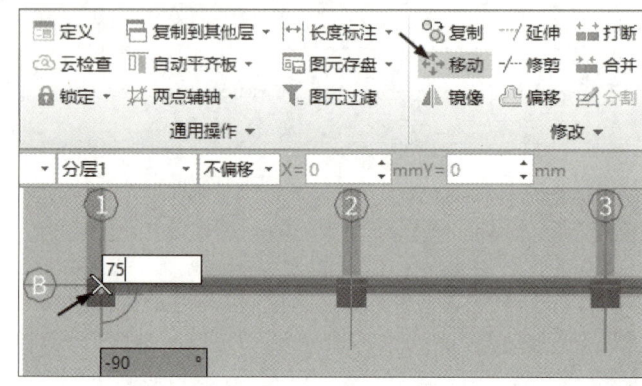

图 4-56 移动

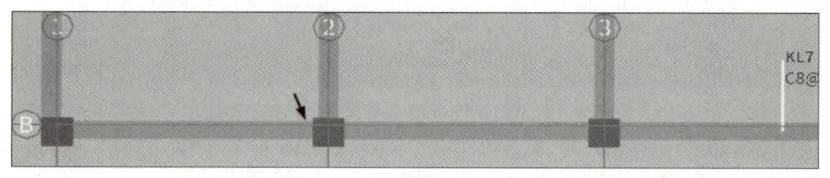

图 4-57 移动后的 KL7 位置

(6) Shift 偏移

Ⓑ轴上 KL7 也可以用 Shift 偏移的方法一次性完成,首先以①轴和Ⓑ轴的交点为参照点,按住 Shift 键,单击,输入起点偏移量,如图 4-58 所示;然后捕捉终点(⑨轴和Ⓑ轴交点),右击,完成绘制。

图 4-58 偏移量输入

微课
梁钢筋
原位标注

**7. 钢筋原位标注**

(1) 梁原位标注

主次梁均绘制完成后,进行所有梁的钢筋原位标注。

钢筋原位标注输入方法:以 KL2 为例,如图 4-59 所示,选中 KL2,单击"梁二次编辑"栏的"原位标注 ▼"右侧的下拉三角按钮,单击"原位标注",单击图中梁处的小方格,在其对应位置按图纸输入原位标注钢筋信息(可打开导入的 CAD 原始图层参照输入),如图 4-60 所示,1 跨右支座筋直接输入 5C22 3/2。

图 4-59 钢筋原位标注

图 4-60 1 跨右支座筋输入

如果某一跨原位标注与集中标注信息不同,需修改。如图 4-61 所示,单击"2 跨下部筋"右侧的下拉三角按钮,在下部筋和箍筋栏修改信息,完成后单击右上角关闭。

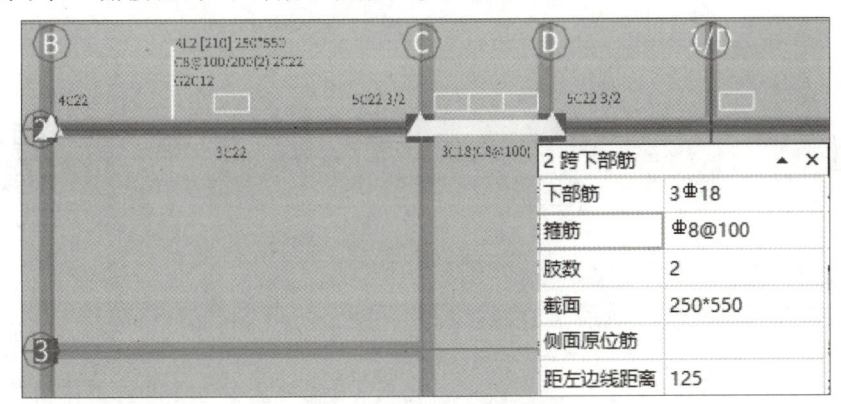

图 4-61 原位标注信息修改

(2)梁平法表格输入

原位标注的附加箍筋、吊筋、修改某一跨的梁顶标高等信息在梁平法表格输入栏完成。梁平法表格输入可以完成钢筋原位标注的所有信息。软件操作熟练后,建议用此法输入。

以 KL3 为例,KL3 1 跨原位标注截面为 200×400,标高为(0.300),表示该梁顶标高为 4.1+0.3=4.4 m。

处理方法:选中该梁,单击平法表格,如图 4-62 所示,在绘图区域下方的表格内,修改 1 跨的起点标高和终点标高为 4.4 m,修改截面尺寸为 200×400。④轴上的梁原位标注完成后,用镜像的方法完成⑥轴上的梁原位标注。

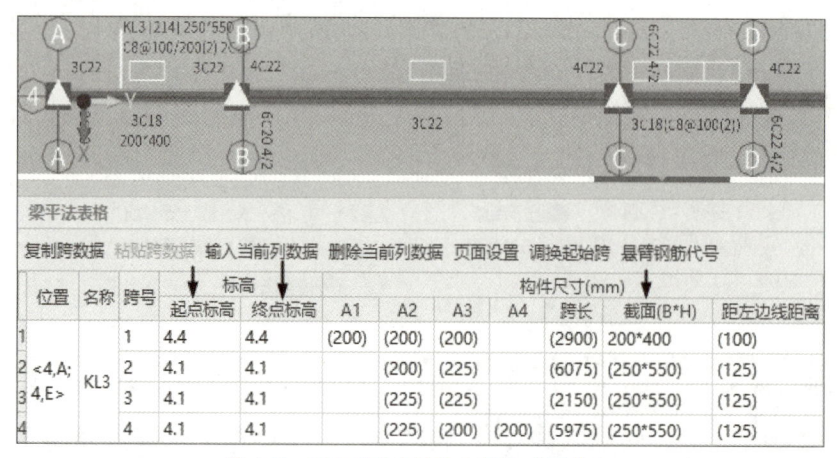

图 4-62　KL3平法表格输入标高、截面修改

(3) 梁跨数据复制

不同名称的梁,原位标注信息相同,或同一道梁不同跨的原位标注信息相同,可以用该功能将源梁跨原位标注信息复制到目标梁跨上。

操作:以⑧轴 KL4 为例,如图 4-63 所示,在"梁二次编辑"分组中单击"梁跨数据复制",先在绘图区域单击源梁跨,显示为红色,右击确认,然后单击目标梁跨,显示为黄色,右击,完成操作,如图 4-64 所示。

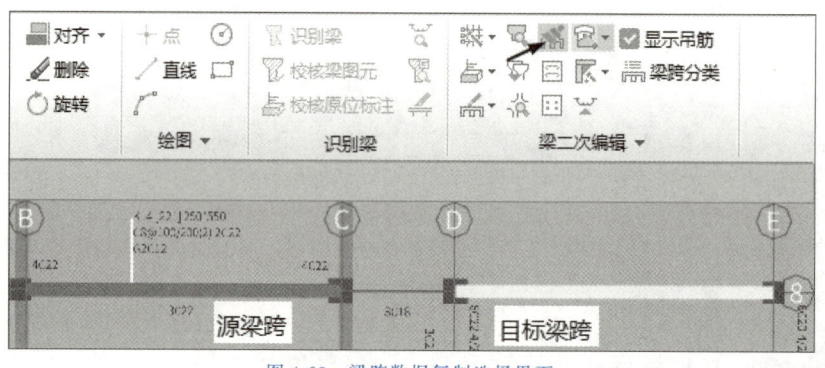

图 4-63　梁跨数据复制选择界面

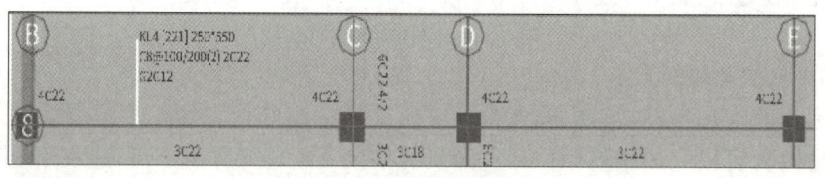

图 4-64　梁跨数据复制完成

(4) 应用到同名梁

图纸中有多根同名梁,例如有 3 根 L2,需要快速完成所有同名梁的原位标注钢筋信息。

操作:如图 4-65 所示,先完成一根梁的原位标注,然后在"梁二次编辑"分组中单击"应用到同名梁",单击选择已完成的梁,右击确认,提示"3 道同名梁应用成功"。

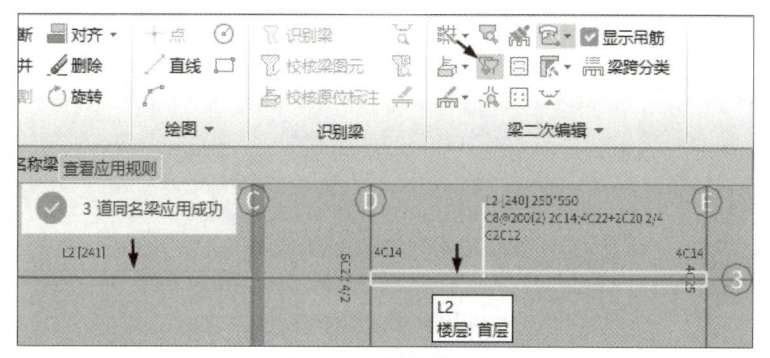

图 4-65 应用到同名梁

(5) 重提梁跨

原位标注计算梁的钢筋均需要重提梁跨,软件在提取了梁跨后才能识别梁的跨数、梁支座并进行计算。

没有原位标注钢筋信息的梁也需要重提梁跨,使其由粉色变为绿色,例如 L1、L4 以及楼梯间休息平台处的梁。

提取梁跨信息:如图 4-66 所示,在绘图区域右击,单击"重提梁跨",依次单击需要提取梁跨信息的梁图元 L1、L4,右击确认,梁由粉色变为绿色。

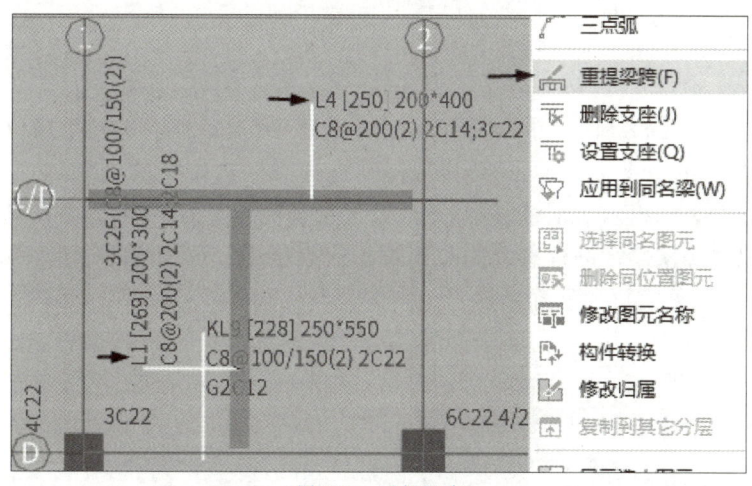

图 4-66 重提梁跨

(6) 附加箍筋和吊筋

在实际工程中,吊筋和次梁加筋的布置方式一般是在结构设计总说明中进行说明,如该工程结施-5 说明第 2 条:主次梁相交处均在次梁两侧的主梁上,每侧附加 3 根规格同主梁箍筋的附加箍筋。此时可以批量布置吊筋和次梁加筋。但前提必须是主、次梁已绘制并完成原位标注。

① 次梁加筋

如图 4-67 所示,在"梁二次编辑"分组中单击"生成吊筋",在生成吊筋界面选择生成位置和生成方式,输入次梁加筋数量"6"(规格、直径不需要输入),选择楼层,单击"确定"按钮。

图 4-67 附加箍筋

②生成吊筋

图纸设计：③轴、⑦轴等次梁与主梁相交处，在主梁上有 2C16 吊筋。

处理方法：如图 4-68 所示，单击"　"，在"生成吊筋"对话框内选择生成位置，输入钢筋信息，生成方式为"选择图元"，单击"确定"按钮，点选或框选相交的梁图元，右击确认，提示"生成吊筋完成"，关闭提示对话框，继续点选或框选其他相交的梁图元，右击确认，完成全部操作，生成的吊筋和次梁加筋信息会同步到梁平法表格中。如图 4-69、图 4-70 所示为①轴 KL9 次梁和首层局部次梁加筋和吊筋。

图 4-68 生成吊筋

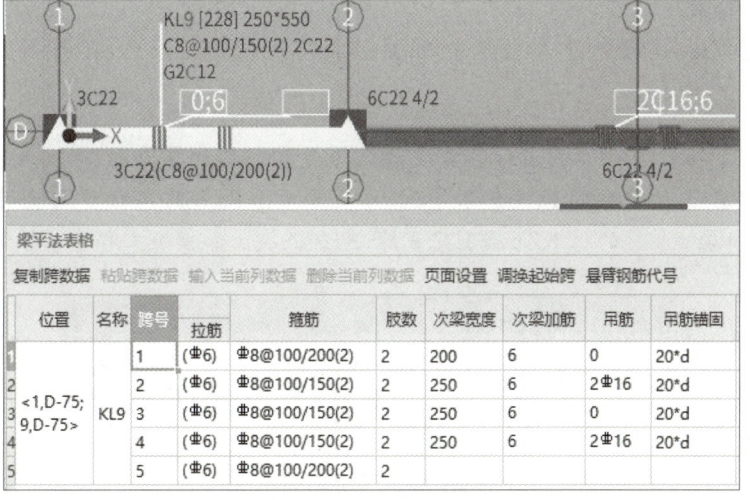

图 4-69 KL9 次梁加筋和吊筋

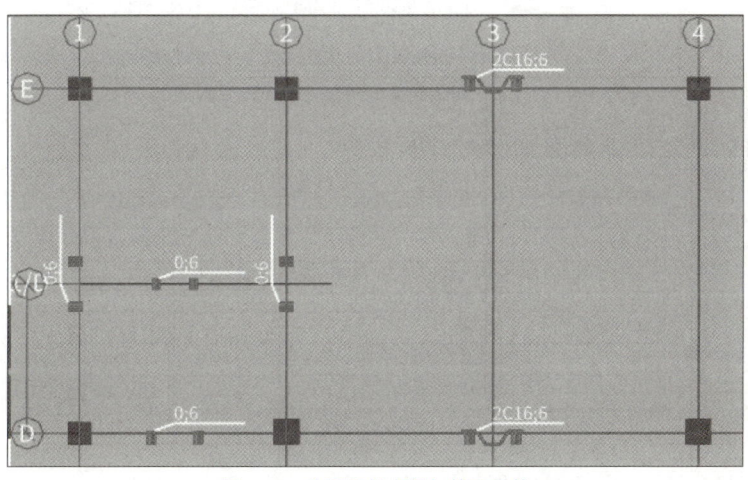

图 4-70 首层局部次梁加筋和吊筋

③绘制完成的首层梁、柱西南轴测图(图 4-71)

注意雨篷部位梁的标高和楼梯间柱的标高。

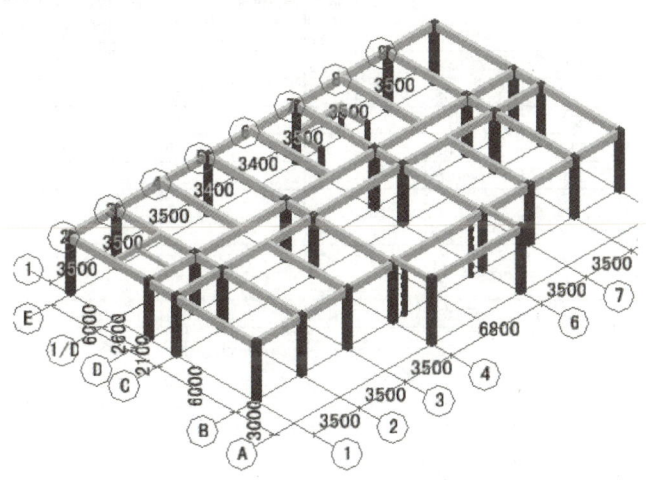

图 4-71 绘制完成的首层梁、柱西南轴测图

### 8.土建工程量

梁模板工程量,需要画上与梁有扣减关系的构件(如板、阳台、雨篷等)后,工程量才准确。

> **注意:** ⑧轴 KL7 的工程量计算需要修改清单和定额计算规则,如图 4-72 所示,将梁模板面积与构造柱的扣减关系修改为"无影响";KL3 的工程量需要将二层⑧轴与④轴和⑥轴相交的柱 KZ1 绘制完成后,KL3 混凝土和模板工程量计算结果才准确。

图 4-72 修改清单和定额模板计算规则

(1)首层框架梁做法工程量如图 4-73 所示。

| | 编码 | 项目名称 | 单位 | 工程量 |
|---|---|---|---|---|
| 1 | 010503002 | 矩形梁 | m3 | 25.8452 |
| 2 | A4-177 HBB9-0003 BB9-0004 | 预拌混凝土(现浇) 单梁连续梁 换为【预拌混凝土 C25】 | 10m3 | 2.58452 |
| 3 | 011702006 | 矩形梁 | m2 | 223.0154 |
| 4 | A12-61 | 现浇混凝土复合木模板 单梁连续梁 | 100m2 | 2.230154 |
| 5 | A12-216 | 对拉螺栓 周转式 | t | 0.4206 |

图 4-73 首层框架梁做法工程量

(2)首层框架梁构件工程量如图 4-74 所示。

| 楼层 | 名称 | 体积(m3) | 模板面积(m2) | 超高模板面积(m2) | 梁净长(m) | 轴线长度(m) |
|---|---|---|---|---|---|---|
| 首层 | KL1 | 1.7875 | 16.19 | 0 | 13 | 14.1 |
| | KL10 | 3.5475 | 32.23 | 0 | 25.8 | 27.8 |
| | KL2 | 1.7738 | 14.775 | 0 | 12.9 | 14.1 |
| | KL3 | 3.9476 | 33.547 | 4 | 30.8 | 34.2 |
| | KL4 | 1.7738 | 14.835 | 0 | 12.9 | 14.1 |
| | KL5 | 1.7875 | 16.25 | 0 | 13 | 14.1 |
| | KL6 | 0.64 | 6.4 | 6.4 | 6.4 | 6.8 |
| | KL7 | 3.5475 | 30.841 | 0 | 25.8 | 27.8 |
| | KL8 | 3.52 | 28.834 | 0 | 25.6 | 27.8 |
| | KL9 | 3.52 | 29.1134 | 0 | 25.6 | 27.8 |
| 合计 | | 25.8452 | 223.0154 | 10.4 | 191.8 | 208.6 |

图 4-74 首层框架梁构件工程量

(3)首层非框架梁做法工程量如图 4-75 所示。

| 编码 | 项目名称 | 单位 | 工程量 |
|---|---|---|---|
| 1 011702006 | 矩形梁 | m2 | 4.09 |
| 2 A12-61 | 现浇混凝土复合木模板 单梁连续梁 | 100m2 | 0.0409 |
| 3 A12-25 | 现浇混凝土组合式钢模板 梁支撑高度超过3.6m每超过1m | 100m2 | 0.0409 |
| 4 010503002 | 矩形梁 | m3 | 4.4695 |
| 5 A4-177 HBB9-0003 BB9-0004 | 预拌混凝土(现浇) 单梁连续梁 换为【预拌混凝土 C25】 | 10m3 | 0.44695 |
| 6 011702006 | 矩形梁 | m2 | 34.3247 |
| 7 A12-61 | 现浇混凝土复合木模板 单梁连续梁 | 100m2 | 0.343247 |
| 8 A12-216 | 对拉螺栓 周转式 | t | 0.0655 |

图 4-75 首层非框架梁做法工程量

(4)首层非框架梁构件工程量如图 4-76 所示。

| 楼层 | 名称 | 工程量名称 | | | | |
|---|---|---|---|---|---|---|
| | | 体积(m3) | 模板面积(m2) | 超高模板面积(m2) | 梁净长(m) | 轴线长度(m) |
| 首层 | L1 | 0.147 | 1.47 | 1.47 | 2.45 | 2.6 |
| | L2 | 3.2452 | 27.14 | 0 | 23.6 | 24 |
| | L3 | 0.8113 | 7.1847 | 0 | 5.9 | 6 |
| | L4 | 0.266 | 2.62 | 2.62 | 3.325 | 3.5 |
| 合计 | | 4.4695 | 38.4147 | 4.09 | 35.275 | 36.1 |

图 4-76 首层非框架梁构件工程量

**9.钢筋工程量**

单击"汇总计算",提示楼层中有未提取跨的梁(即未进行原位标注),单击"是",原位标注全部完成后,重新汇总计算。

(1)编辑钢筋

单击"编辑钢筋",在绘图区域选择构件 KL2,KL2 钢筋工程量计算过程如图 4-77~图 4-79 所示。

| | 筋号 | 直径(mm) | 图形 | 计算公式 | 公式描述 | 长度 | 根数 | 搭接 | 总重(kg) |
|---|---|---|---|---|---|---|---|---|---|
| 1 | 1跨.上通长筋1 | 22 | 330└14350┘330 | 400-25+15*d+13800+400-25+15*d | 支座宽-保护层+弯折+净长+支座宽-保护层+弯折 | 15210 | 2 | 1 | 90.652 |
| 2 | 1跨.左支座筋1 | 22 | 330└2258 | 400-25+15*d+5650/3 | 支座宽-保护层+弯折+搭接 | 2588 | 2 | 0 | 15.424 |
| 3 | 1跨.右支座筋1 | 22 | 6333 | 5650/3+450+1700+450+5550/3 | 搭接+支座宽+净长+支座宽+搭接 | 6333 | 1 | 0 | 18.872 |
| 4 | 1跨.右支座筋2 | 22 | 5401 | 5650/4+450+1700+450+5550/4 | 搭接+支座宽+净长+支座宽+搭接 | 5401 | 2 | 0 | 32.19 |
| 5 | 1跨.侧面构造通长筋1 | 12 | 14160 | 15*d+13800+15*d | 锚固+净长+锚固 | 14160 | 2 | 180 | 25.468 |
| 6 | 1跨.下部钢筋1 | 22 | 330└6949 | 400-25+15*d+5650+42*d | 支座宽-保护层+弯折+净长+直锚 | 7279 | 3 | 0 | 65.073 |
| 7 | 2跨.下部钢筋1 | 18 | 3212 | 42*d+1700+42*d | 直锚+净长+直锚 | 3212 | 3 | 0 | 19.272 |

图 4-77 KL2 钢筋工程量计算过程 1

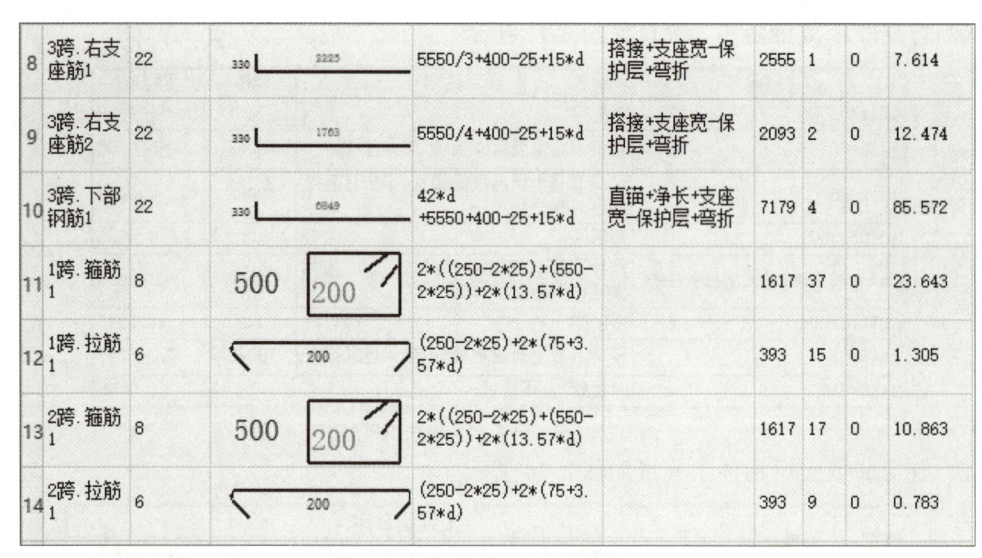

| | | | | | | | | |
|---|---|---|---|---|---|---|---|---|
| 8 | 3跨.右支座筋1 | 22 | 330 ⌐¯2225¯⌐ | 5550/3+400-25+15*d | 搭接+支座宽-保护层+弯折 | 2555 | 1 | 0 | 7.614 |
| 9 | 3跨.右支座筋2 | 22 | 330 ⌐¯1763¯⌐ | 5550/4+400-25+15*d | 搭接+支座宽-保护层+弯折 | 2093 | 2 | 0 | 12.474 |
| 10 | 3跨.下部钢筋1 | 22 | 330 ⌐¯6849¯⌐ | 42*d+5550+400-25+15*d | 直锚+净长+支座宽-保护层+弯折 | 7179 | 4 | 0 | 85.572 |
| 11 | 1跨.箍筋1 | 8 | 500 □200 | 2*((250-2*25)+(550-2*25))+2*(13.57*d) | | 1617 | 37 | 0 | 23.643 |
| 12 | 1跨.拉筋1 | 6 | ⌐200⌐ | (250-2*25)+2*(75+3.57*d) | | 393 | 15 | 0 | 1.305 |
| 13 | 2跨.箍筋1 | 8 | 500 □200 | 2*((250-2*25)+(550-2*25))+2*(13.57*d) | | 1617 | 17 | 0 | 10.863 |
| 14 | 2跨.拉筋1 | 6 | ⌐200⌐ | (250-2*25)+2*(75+3.57*d) | | 393 | 9 | 0 | 0.783 |

图 4-78 KL2 钢筋工程量计算过程 2

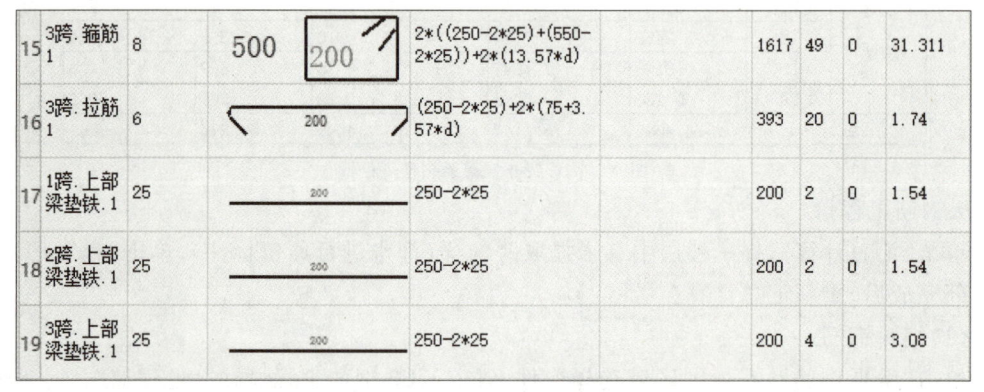

| | | | | | | | | |
|---|---|---|---|---|---|---|---|---|
| 15 | 3跨.箍筋1 | 8 | 500 □200 | 2*((250-2*25)+(550-2*25))+2*(13.57*d) | 1617 | 49 | 0 | 31.311 |
| 16 | 3跨.拉筋1 | 6 | ⌐200⌐ | (250-2*25)+2*(75+3.57*d) | 393 | 20 | 0 | 1.74 |
| 17 | 1跨.上部梁垫铁.1 | 25 | ⌐200⌐ | 250-2*25 | 200 | 2 | 0 | 1.54 |
| 18 | 2跨.上部梁垫铁.1 | 25 | ⌐200⌐ | 250-2*25 | 200 | 2 | 0 | 1.54 |
| 19 | 3跨.上部梁垫铁.1 | 25 | ⌐200⌐ | 250-2*25 | 200 | 4 | 0 | 3.08 |

图 4-79 KL2 钢筋工程量计算过程 3

（2）查看箍筋数量计算过程

在图 4-79 的第 15 行"3 跨.箍筋 1"根数"49"处双击，出现如图 4-80 所示的箍筋数量计算过程。

根数
2*(Ceil(775/100)+1)
+Ceil(3900/150)-1+6

图 4-80 箍筋数量计算过程

（3）钢筋三维

单击"钢筋三维"，在绘图区域选择构件"KL2"，打开轴测图，如图 4-81 所示，在钢筋显示控制面板中选择需要查看的钢筋，即可逐根查看。附加箍筋和吊筋不显示。

（4）查看钢筋量

单击"查看钢筋量"，在绘图区域选择构件"KL2"，可查看该梁钢筋总工程量及各种规格钢筋工程量。

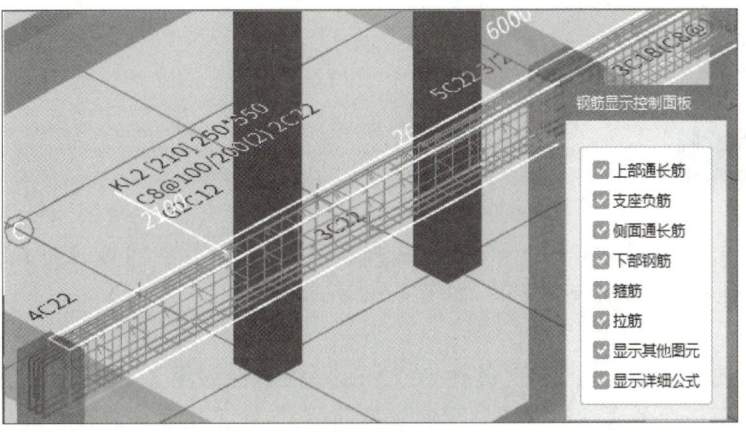

图 4-81　KL2 钢筋三维

(5) 钢筋工程量

分别批量选择框架梁 KL1~KL10 和非框架梁 L1~L4，单击"查看钢筋量"，首层框架梁、非框架梁钢筋总工程量如图 4-82、图 4-83 所示。

钢筋总重量 (kg)：6668.482

| 楼层名称 | 构件名称 | 钢筋总重量(kg) | HRB400 | | | | | | | | |
|---|---|---|---|---|---|---|---|---|---|---|---|
| | | | 6 | 8 | 12 | 16 | 18 | 20 | 22 | 25 | 合计 |
| 首层 | KL1[204] | 413.456 | 3.828 | 67.095 | 25.468 | | 19.272 | 53.463 | 158.86 | 85.47 | 413.456 |
| | KL2[210] | 448.416 | 3.828 | 65.817 | 25.468 | | 19.272 | | 327.871 | 6.16 | 448.416 |
| | KL3[7230] | 436.313 | | 67.769 | | | 42.678 | | 325.866 | | 436.313 |
| | KL3[11322] | 436.313 | | 67.769 | | | 42.678 | | 325.866 | | 436.313 |
| | KL4[221] | 394.234 | 3.045 | 58.149 | 25.468 | | 19.272 | | 288.3 | | 394.234 |
| | KL5[223] | 324.105 | 3.393 | 58.788 | 25.468 | 32.643 | 19.272 | 184.541 | | | 324.105 |
| | KL6[236] | 131.987 | | 22.4 | | | | 109.587 | | | 131.987 |
| | KL7[367] | 907.827 | 4.698 | 119.493 | 37.008 | 15.192 | | 711.416 | | 20.02 | 907.827 |
| | KL8[234] | 1074.247 | 5.568 | 129.717 | 36.744 | 15.192 | | | 867.006 | 20.02 | 1074.247 |
| | KL9[228] | 1134.551 | 7.482 | 142.497 | 49.942 | 15.192 | | | 769.286 | 150.152 | 1134.551 |
| | KL10[225] | 967.033 | 6.177 | 123.327 | 49.942 | 15.192 | | 393.94 | | 378.455 | 967.033 |
| | 合计： | 6668.482 | 38.019 | 922.821 | 275.508 | 93.411 | 162.444 | 1452.947 | 3063.055 | 660.277 | 6668.482 |

图 4-82　首层框架梁钢筋工程量

钢筋总重量 (kg)：955.423

| 楼层名称 | 构件名称 | 钢筋总重量(kg) | HRB400 | | | | | | | | |
|---|---|---|---|---|---|---|---|---|---|---|---|
| | | | 6 | 8 | 12 | 14 | 18 | 20 | 22 | 25 | 合计 |
| 首层 | L1 | 25.12 | | 5.226 | | 7.914 | 11.98 | | | | 25.12 |
| | L2 | 172.984 | 1.392 | 19.17 | 11.118 | 24.2 | | 33.058 | 80.196 | 3.85 | 172.984 |
| | L2 | 172.984 | 1.392 | 19.17 | 11.118 | 24.2 | | 33.058 | 80.196 | 3.85 | 172.984 |
| | L2 | 172.984 | 1.392 | 19.17 | 11.118 | 24.2 | | 33.058 | 80.196 | 3.85 | 172.984 |
| | L2 | 172.984 | 1.392 | 19.17 | 11.118 | 24.2 | | 33.058 | 80.196 | 3.85 | 172.984 |
| | L3 | 180.024 | 1.392 | 19.17 | 11.118 | 24.2 | | | 120.294 | 3.85 | 180.024 |
| | L4 | 58.343 | | 11.063 | | 10.152 | | 37.128 | | | 58.343 |
| | 合计 | 955.423 | 6.96 | 112.139 | 55.59 | 139.066 | 11.98 | 132.232 | 478.206 | 19.25 | 955.423 |

图 4-83　首层非框架梁钢筋工程量

## 4.3 板

### 4.3.1 现浇板

**1. 新建板**

首层门厅上的板厚为 160 mm，其他板厚为 100 mm，卫生间板顶标高为"层顶标高 −0.07"，与其他板不同，需分别定义，如图 4-84 所示。

**2. 板属性**

卫生间板属性如图 4-85 所示，其他 100 mm 厚板属性如图 4-86 所示。为方便绘图，按板厚命名。在钢筋业务属性栏确定马凳筋及拉筋信息，在土建业务属性栏选择模板类型，该工程采用复合木模板。

图 4-84  新建板种类

图 4-85  卫生间 100 mm 厚板属性

钢筋业务属性：如图 4-86 所示，在属性值一栏空白处单击，单击"..."，在马凳筋设置窗口选择马凳筋图形，编辑马凳筋信息，如图 4-87 所示，输入格式按对话框下边提示；在右边图形中根据板厚及板内钢筋情况并结合钢筋施工方案输入马凳筋各方向尺寸，单击"确定"按钮。

图 4-86  其他 100 mm 厚板属性

图 4-87　100 mm 厚板马凳筋设置

### 3. 板做法

板做法如图 4-88 所示。

图 4-88　板做法

### 4. 绘图

(1) 点式画法：当板厚不相同时，可采用点式画法，但必须在封闭的区域内单击才能绘制。选择要绘制的板，在梁包围的范围内依次单击，绘制完成。注意卫生间板顶标高。

(2) 矩形画法：非封闭区域内的矩形板可采用"矩形画法＋Shift 偏移"方法绘制。单击矩形对角线的两点即可绘制。

(3) 直线画法：异形板可采用直线画法。单击"直线画法"，然后逐点画多边形的顶点，当多边形闭合后，就可以画出一个异形板了（本工程中无异形板）。

### 5. 土建工程量

(1) 首层板做法工程量如图 4-89 所示。

| 编码 | 项目名称 | 单位 | 工程量 |
|---|---|---|---|
| 1 010505003 | 平板 | m3 | 37.3736 |
| 2 A4-190 HBB9-0003 BB9-0004 | 预拌混凝土（现浇）平板换为【预拌混凝土 C25】 | 10m3 | 3.73111 |
| 3 011702016 | 平板 | m2 | 349.9509 |
| 4 A12-65 | 现浇混凝土复合木模板 平板 | 100m2 | 3.499509 |
| 5 A12-34 | 现浇混凝土组合式钢模板 板支撑高度超过3.6m，每增加1m 板厚在400mm以内 | 100m2 | 3.499509 |

图 4-89　首层板做法工程量

（2）首层板构件工程量如图4-90所示。

| 楼层 | 名称 | 工程量名称 | | | |
|---|---|---|---|---|---|
| | | 体积(m3) | 底面模板面积(m2) | 侧面模板面积(m2) | 超高模板面积(m2) |
| 首层 | B-100 | 29.3442 | 292.9672 | 0 | 292.9672 |
| | B-100卫生间 | 1.8462 | 18.3862 | 0 | 18.3862 |
| | B-160 | 6.1832 | 38.5975 | 0 | 38.5975 |
| | 小计 | 37.3736 | 349.9509 | 0 | 349.9509 |
| 合计 | | 37.3736 | 349.9509 | 0 | 349.9509 |

图4-90 首层板构件工程量

## 4.3.2 板受力筋

**1.新建板受力筋**

新建板受力筋，如图4-91所示，为方便绘图按钢筋的信息命名。

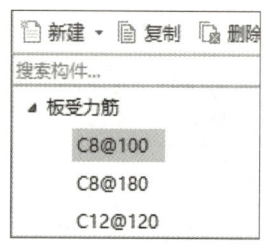

图4-91 新建板受力筋

**2.板受力筋属性**

先在属性栏输入钢筋信息，直接复制钢筋信息粘贴到名称处，选择钢筋类别。以标高为4.1 m的⑧-⑨轴、Ⓓ-Ⓔ轴之间的板为例，水平筋、垂直筋属性如图4-92所示，左右弯折不需要输入，软件根据计算设置进行计算。

图4-92 水平筋、垂直筋属性

**3.绘图**

如图4-93所示，在"板受力筋二次编辑"分组中单击"布置受力筋"。

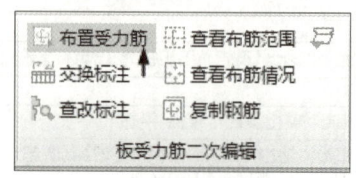

图4-93 布置受力筋

(1)布置水平、垂直筋

选择要画的水平筋,如图 4-94 所示,单击绘图工具条上的"单板"→"水平",在⑧-⑨轴、Ⓓ-Ⓔ轴之间的板内单击,完成水平筋的绘制;选择垂直筋,选择"垂直",在板内单击,右击完成垂直钢筋的绘制。如果不同的板内水平筋或垂直筋相同,可以连续绘制。

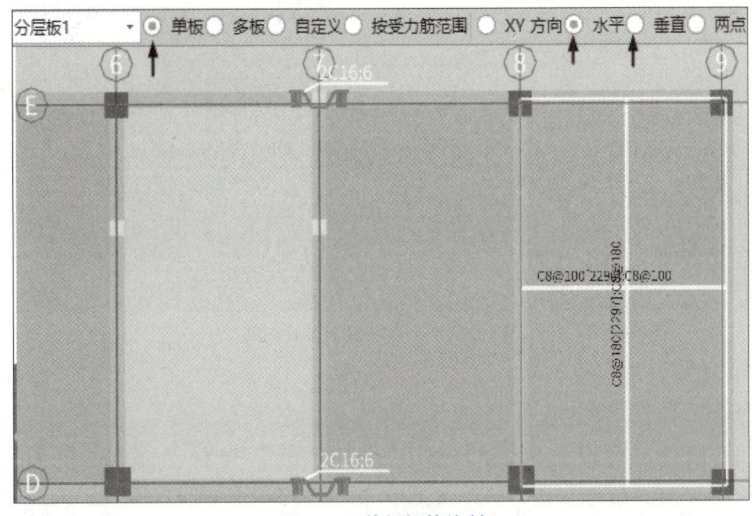

图 4-94 单板钢筋绘制

(2)复制钢筋

复制钢筋是指将当前板内钢筋复制到其他板中。在图 4-93 中,单击"复制钢筋",在绘图区域点选或拉框选择需要复制的钢筋图元,右击确认,然后单击目标板,可连续操作,完成后,右击确认,如图 4-95 所示。

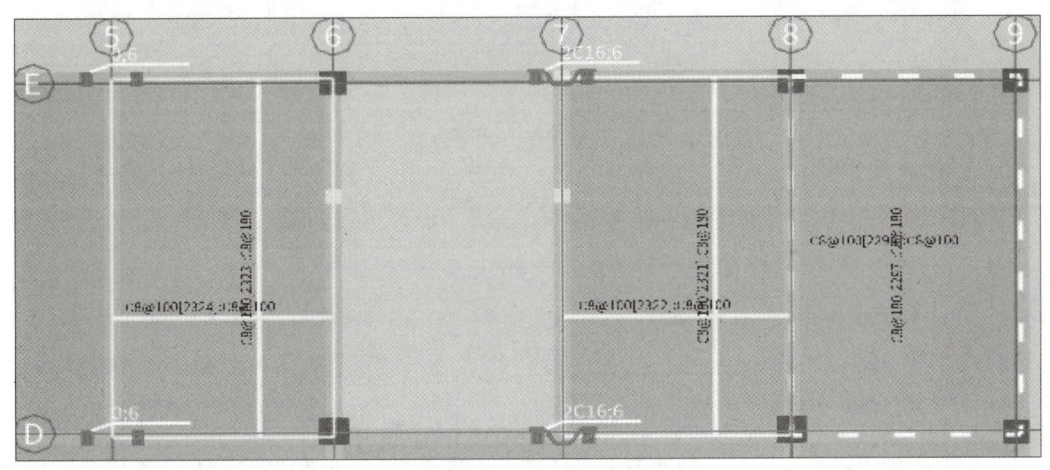

图 4-95 复制钢筋

(3)智能布置双层双向钢筋

按照结构设计说明第八条第四小条的第 2 条第 2 行要求,Ⓑ-Ⓒ轴、④-⑥轴板跨大于 4 m,应在板顶无筋区配置钢筋,与负筋搭接。在图 4-93 中单击"布置受力筋",如图 4-96 所示,单击"单板""XY 方向",选择"双向布置",输入底筋和温度筋的信息,然后在目标板内单击,右击确认,完成。

图 4-96　XY 双层双向布置钢筋

**4. 钢筋计算结果**

（1）编辑钢筋工程量

汇总计算后，选择需要查看的钢筋，单击"编辑钢筋"，查看④-⑥轴、Ⓑ-Ⓒ轴板钢筋工程量，如图 4-97～图 4-100 所示。

> **注意**：板上负筋绘制完成，板顶钢筋工程量才准确。

| 筋号 | 直径(mm) | 级别 | 图形 | 计算公式 | 公式描述 | 长度 | 根数 | 总重(kg) |
|---|---|---|---|---|---|---|---|---|
| C12@120.1 | 12 | Φ | 6800 | 6550+max(250/2,5*d)+max(250/2,5*d) | 净长+设定锚固+设定锚固 | 6800 | 50 | 301.9 |

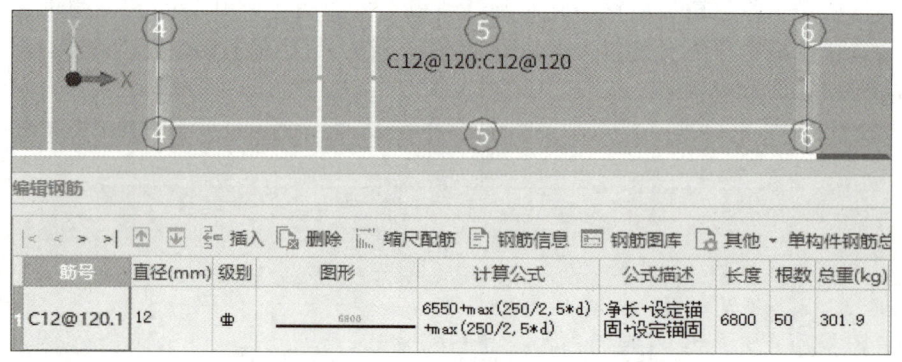

图 4-97　④-⑥轴、Ⓑ-Ⓒ轴板底水平钢筋工程量

| 筋号 | 直径(mm) | 级别 | 图形 | 计算公式 | 公式描述 | 长度 | 根数 | 总重(kg) |
|---|---|---|---|---|---|---|---|---|
| C12@120.1 | 12 | Φ | 6150 | 5900+max(250/2,5*d)+max(250/2,5*d) | 净长+设定锚固+设定锚固 | 6150 | 55 | 300.355 |

图 4-98　④-⑥轴、Ⓑ-Ⓒ轴板底垂直钢筋工程量

| 筋号 | 直径(mm) | 级别 | 图形 | 计算公式 | 公式描述 | 长度 | 根数 | 总重(kg) |
|---|---|---|---|---|---|---|---|---|
| C6@200.1 | 6 | | 4152 | 3480+(56*d)+(56*d) | 净长+搭接+搭接 | 4152 | 15 | 13.83 |

图 4-99　④-⑥轴、Ⓑ-Ⓒ轴板顶水平钢筋工程量

| 筋号 | 直径(mm) | 图形 | 计算公式 | 公式描述 | 长度 | 根数 | 总重(kg) |
|---|---|---|---|---|---|---|---|
| C6@200.1 | 6 | 3502 | 2830+(56*d)+(56*d) | 净长+搭接+搭接 | 3502 | 10 | 13.986 |

图 4-100　④-⑥轴、Ⓑ-Ⓒ轴板顶垂直钢筋工程量

(2)查看钢筋工程量

汇总计算后,单击"批量选择",如图4-101所示,勾选"板受力筋"(不包括跨板负筋),单击"确定"按钮,钢筋被选中,单击"工程量"→"查看钢筋量",首层板受力钢筋(不包括跨板负筋)总工程量如图4-102所示。

图 4-101 批量选择构件

钢筋总重量(kg):2476.767

| 楼层名称 | 构件名称 | 钢筋总重量(kg) | HRB400 | | | | |
|---|---|---|---|---|---|---|---|
| | | | 6 | 8 | 10 | 12 | 合计 |
| 首层 | 合计: | 2476.767 | 27.816 | 1444.458 | 402.238 | 602.255 | 2476.767 |

图 4-102 首层板受力钢筋(不包括跨板负筋)总工程量

### 4.3.3 跨板受力筋

走廊Ⓒ-Ⓓ轴、④-⑥轴的板,垂直方向负筋"Φ12@120",跨过三块板,称为跨板受力筋。

**1.跨板受力筋属性**

跨板受力筋在板受力筋里定义。单击"新建"→"新建跨板受力筋",属性定义方法同板受力筋。Ⓒ-Ⓓ轴、④-⑥轴跨板受力筋属性如图4-103所示。

| | 属性名称 | 属性值 |
|---|---|---|
| 1 | 名称 | KBSLJ-C12@120 |
| 2 | 类别 | 面筋 |
| 3 | 钢筋信息 | Φ12@120 |
| 4 | 左标注(mm) | 1660 |
| 5 | 右标注(mm) | 980 |
| 6 | 马凳筋排数 | 1/1 |
| 7 | 标注长度位置 | (支座中心线) |
| 8 | 左弯折(mm) | (0) |
| 9 | 右弯折(mm) | (0) |
| 10 | 分布钢筋 | (同一板厚的分布筋相同) |

图 4-103 Ⓒ-Ⓓ轴、④-⑥轴跨板受力筋属性

**注意:** 结构设计说明中规定负筋的分布钢筋与板厚有关。

处理方法:属性定义前,在板钢筋计算设置、计算规则里修改板分布钢筋配置,如图4-104、图4-105所示,将软件默认的"A6@250"修改为"同一板厚的分布筋相同",按不同板厚输入分布钢筋信息。

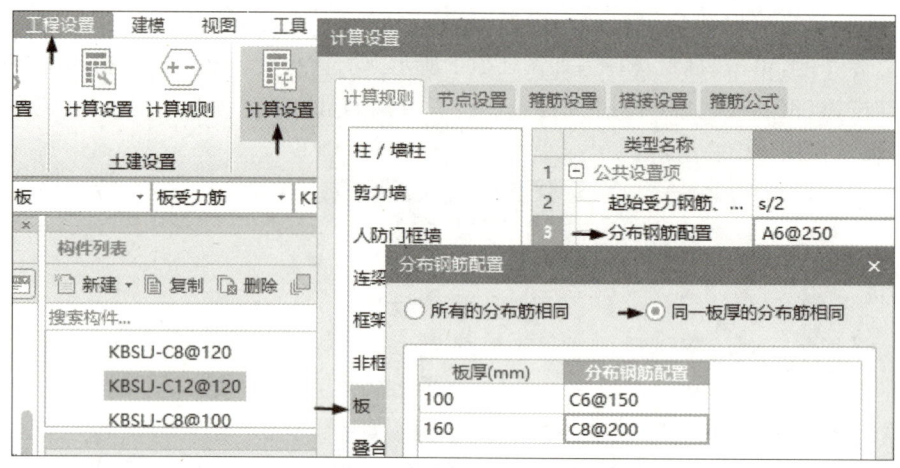

图 4-104 修改分布钢筋计算规则

图 4-105 修改分布钢筋配置

**2. 绘图**

(1) 单板绘图

选择要画的跨板受力筋,单击绘图工具条上的"单板""垂直",在选定的板内单击,右击,完成绘制,如图 4-106 所示。

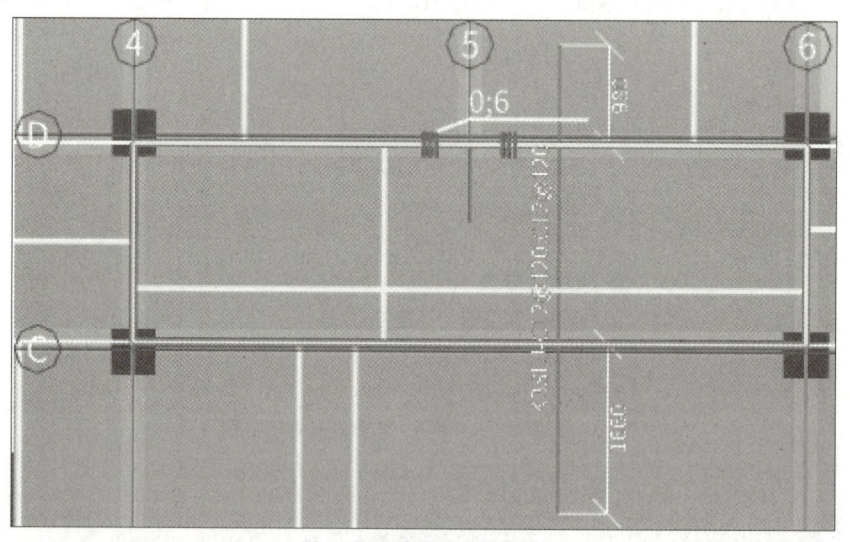

图 4-106 跨板受力筋绘制

(2) 自定义范围绘图

Ⓒ-Ⓓ轴、⑦-⑧轴跨板受力筋采用自定义范围的绘图方法。如图 4-107 所示,单击"自定义""垂直",连续单击 1、2、3、4、1 点选定绘图范围,直到闭合,在选定范围内单击,右击,完成绘制。

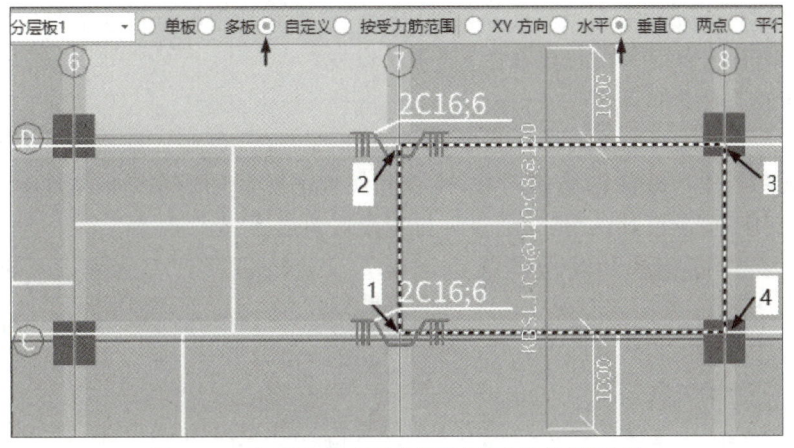

图 4-107 Ⓒ-Ⓓ轴、⑦-⑧轴跨板受力筋自定义范围绘图

绘制完成的局部受力筋及跨板受力筋如图 4-108 所示。跨板受力筋的分布筋工程量需要绘制完成所有负筋后才准确。

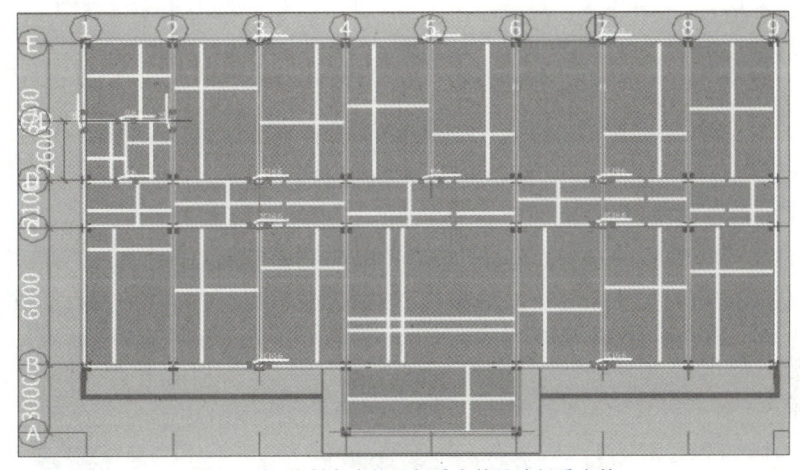

图 4-108 绘制完成的局部受力筋及跨板受力筋

### 4.3.4 板负筋

**1.属性**

（1）单边标注板负筋属性

新建板负筋，首层Ⓔ轴与②-③轴之间板负筋属性如图 4-109 所示。

①名称：按负筋的钢筋信息命名，图中单边标注的"⌀8@200"钢筋有多种长度，只需要先定义其中一种，绘图后用"查改标注"功能统一修改。

②左右标注(mm)：负筋布筋方向上左侧、右侧的尺寸，单边标注的负筋，一侧尺寸为"0"。

③马凳筋排数：设置负筋下部马凳筋的排数，单边标注的一边为"0"，双边标注负筋两边的马凳筋排数不一致时，用"/"隔开。

④单边标注位置：软件默认为支座中心线，应根据图纸设计要求，通过右侧的下拉三角按钮进行选择。本工程按照图纸结构设计说明第八条中第二小条的第 2 条要求按支座内边线标注，如图 4-109 所示。

⑤左右弯折:不需要输入,按"计算设置"中的"负筋在板内的弯折长度"自行计算。
⑥分布钢筋:分布钢筋的信息在 4.3.3 中已设置。

(2)非单边标注板负筋属性

ⓔ轴与Ⓓ-Ⓔ轴之间非单边标注板负筋属性如图 4-110 所示。如出现非单边标注板负筋的规格、间距与单边标注钢筋相同时,可在其属性名称后加后缀,如"C12@150-2"。"非单边标注含支座宽"软件默认"是",通过下拉三角按钮选择"是"或"否"。

| | 属性名称 | 属性值 |
|---|---|---|
| 1 | 名称 | C8@200 |
| 2 | 钢筋信息 | Φ8@200 |
| 3 | 左标注(mm) | 0 |
| 4 | 右标注(mm) | 1110 |
| 5 | 马凳筋排数 | 0/1 |
| 6 | 单边标注位置 | 支座内边线 |
| 7 | 左弯折(mm) | (0) |
| 8 | 右弯折(mm) | (0) |
| 9 | 分布钢筋 | (同一板厚的分布) |

图 4-109  单边标注板负筋属性

| | 属性名称 | 属性值 |
|---|---|---|
| 1 | 名称 | C12@150-2 |
| 2 | 钢筋信息 | Φ12@150 |
| 3 | 左标注(mm) | 1000 |
| 4 | 右标注(mm) | 1000 |
| 5 | 马凳筋排数 | 1/1 |
| 6 | 非单边标注含支座宽 | (是) |
| 7 | 左弯折(mm) | (0) |
| 8 | 右弯折(mm) | (0) |
| 9 | 分布钢筋 | (同一板厚的分布筋相同) |

图 4-110  非单边标注板负筋属性

**2.绘图**

板负筋的绘图方法如图 4-111 所示。

图 4-111  板负筋的绘图方法

(1)按板边布置

单边标注的负筋按板边布置。单击"布置负筋",选择负筋,如图 4-112 所示,选择"按板边布置",将鼠标挪动到需要布置负筋的板边,该板边显示为蓝色,同时显示了板负筋的预览图,单击边线的一侧,则该侧作为负筋的左标注,完成操作。可连续操作,完成后,右击确认。

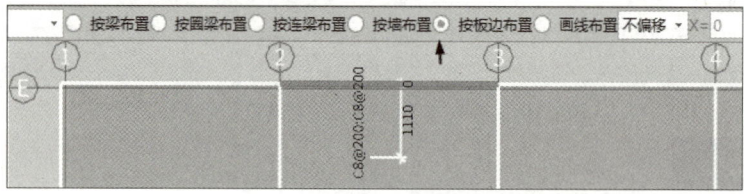

图 4-112  负筋及板边线选择示意图

(2)查改标注

同一规格和间距的负筋,水平段长度不同,定义时可只定义其中一种长度,并按此长度绘图,绘图完成后,用"查改标注"功能统一修改负筋长度。如在该工程 4.1m 结构平面图中,Ⓔ轴"Φ8@200"的负筋都是按照 1110 定义的,既使长度不同也可按此信息绘制,如图 4-113 所示。

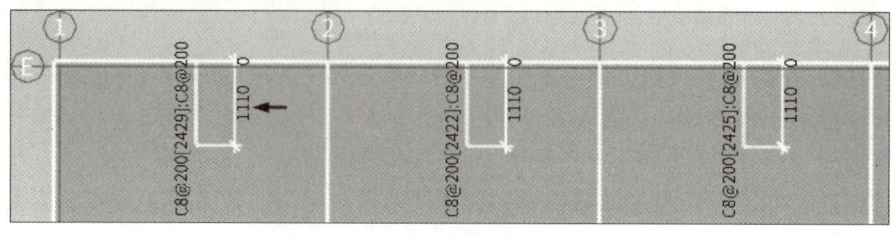

图 4-113  查改标注修改板负筋长度

修改方法：单击"查改标注"，如图4-114所示，单击需要修改的标注(1 110)，在方格内输入正确的标注信息(1 100)，按回车键。修改完成的负筋长度如图4-115所示。

说明：等所有负筋都绘制完成后再一次性查改标注，连续修改完成。

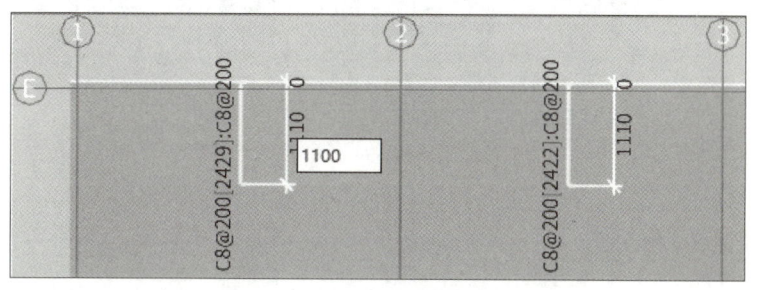

图4-114 修改负筋长度

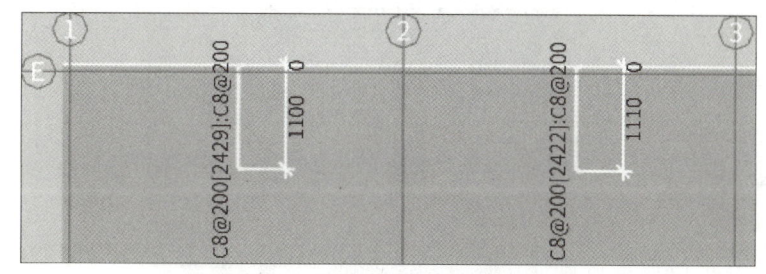

图4-115 修改完成的负筋长度

(3)按梁布置

如图4-116所示，③轴的负筋"按梁布置"。单击"布置负筋"，选择负筋，单击"按梁布置"，将鼠标移动到梁图元上，梁图元显示出负筋的预览图，单击梁的一侧，作为负筋的左标注，右击，完成布筋。

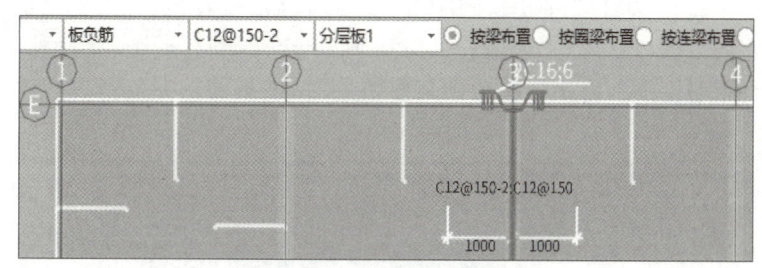

图4-116 按梁布置负筋

(4)画线布置

走廊①-②轴、ⓒ-ⓓ轴之间的板，沿着ⓓ轴的板边标注"720"长的钢筋可采用画线布置。因同一轴线上另一侧还有两种负筋，卫生间的板上"650"长和"710"长的负筋可采用按板边布置。

操作：选择负筋，如图4-117所示，单击"画线布置"，在需要布置板负筋的板边单击两点(1点和2点)，连成一条蓝线，作为画线布置的范围，并显示板负筋的预览图，单击该线的一侧作为负筋的左标注，完成操作。然后修改标注长度，绘制完成的①-②轴、ⓒ-ⓓ轴之间的板负筋如图4-118所示。

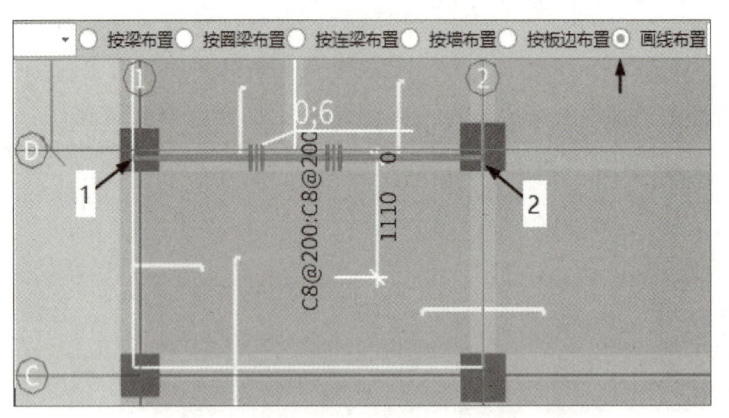

图4-117 画线布置

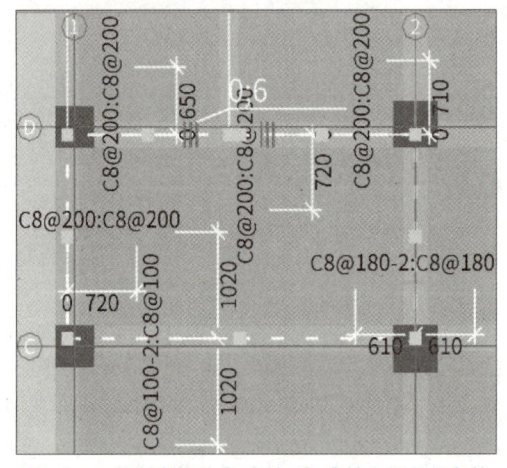

图4-118 绘制完成的①-②轴、Ⓒ-Ⓓ轴之间的板负筋

(5) 查看布筋范围

单击"查看布筋范围",将鼠标移动到某根负筋时,该负筋的布筋范围以浅蓝色显示,如图4-119所示。

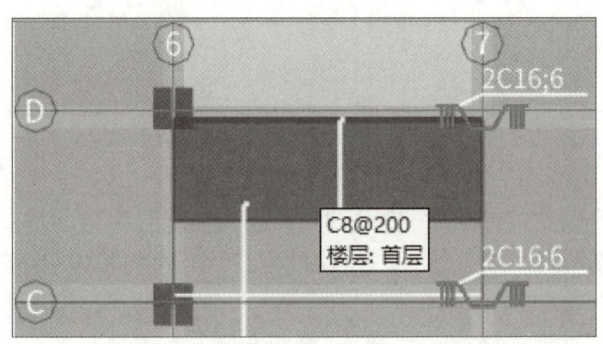

图4-119 查看布筋范围

(6) 交换标注

在实际绘制负筋时,有时会出现负筋左右或上下标注颠倒的情况,这时可使用"交换标注"功能将标注互换。

操作:单击绘图工具条上的"交换标注",单击需要交换标注的负筋,则负筋的左右或上下标注互换。

**3.钢筋计算结果**

板负筋和跨板受力筋全部绘制完成后,工程量才准确。

(1)负筋工程量

①钢筋三维

汇总计算后,单击"钢筋三维",单击⑥轴与Ⓑ-Ⓒ轴之间的负筋,板负筋及分布筋钢筋三维如图 4-120 所示,单击图中某一钢筋,显示计算过程。

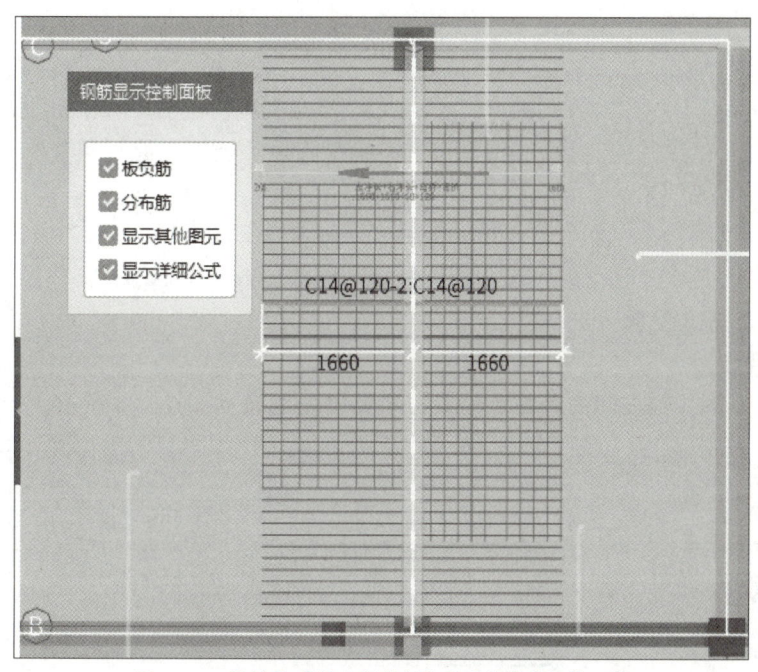

图 4-120　⑥轴Ⓑ-Ⓒ轴之间的板负筋及分布筋钢筋三维

②编辑钢筋

汇总计算后,单击"编辑钢筋",单击绘图区域的某一钢筋,查看负筋及其分布筋的工程量。

Ⓔ轴与③-④轴之间板负筋及分布筋钢筋编辑如图 4-121 所示。

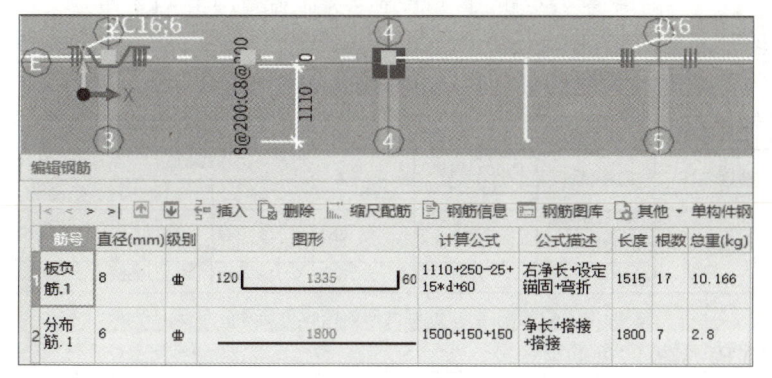

图 4-121　Ⓔ轴与③-④轴之间板负筋及分布筋钢筋编辑

⑥轴与Ⓑ-Ⓒ轴之间的板负筋及分布筋钢筋编辑如图 4-122 所示。

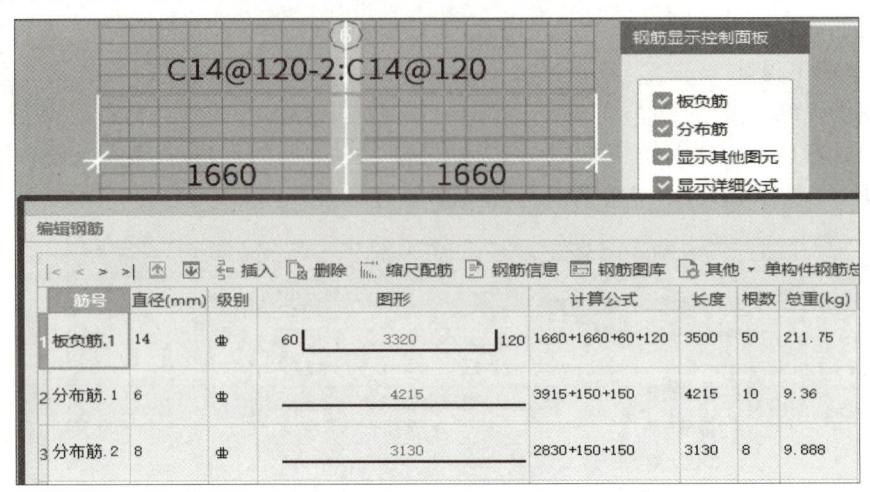

图 4-122　⑥轴与Ⓑ-Ⓒ轴之间的板负筋及分布筋钢筋编辑

(2)跨板负筋工程量

①编辑钢筋

Ⓒ-Ⓓ轴与④-⑥轴之间的跨板负筋及分布筋钢筋编辑如图 4-123 所示。

图 4-123　Ⓒ-Ⓓ轴与④-⑥轴之间的跨板负筋及分布筋钢筋编辑

②查看钢筋量

Ⓒ-Ⓓ轴与④-⑥轴之间的跨板负筋及分布筋工程量如图 4-124 所示。

图 4-124　Ⓒ-Ⓓ轴与④-⑥轴之间的跨板负筋及分布筋工程量

(3)雨篷 YP1 上板的负筋

在绘制 YP1 上板的负筋前,需要先将雨篷周边的悬臂板画出来,再画负筋,绘制完成如图 4-125 所示。

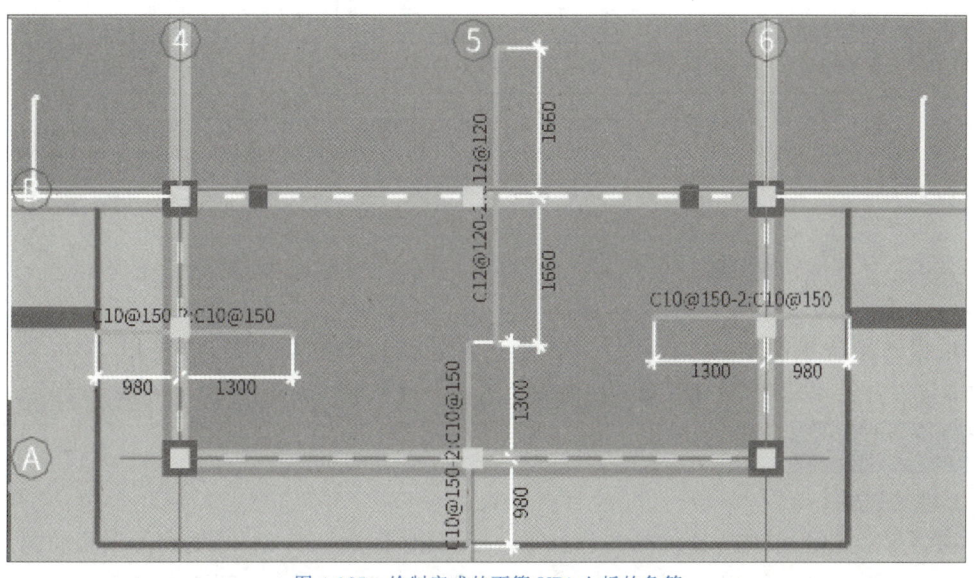

图 4-125 绘制完成的雨篷 YP1 上板的负筋

按照结构施工图结施-7,雨篷 YP1 的节点大样需重新编辑。以④轴上的"C10@150"负筋为例,需要添加悬挑部分的分布筋和角部的放射筋,如图 4-126 所示。此外,还需添加雨篷其余两面悬臂部分负筋的分布筋。雨篷栏板的钢筋在"其他构件""栏板"里定义。

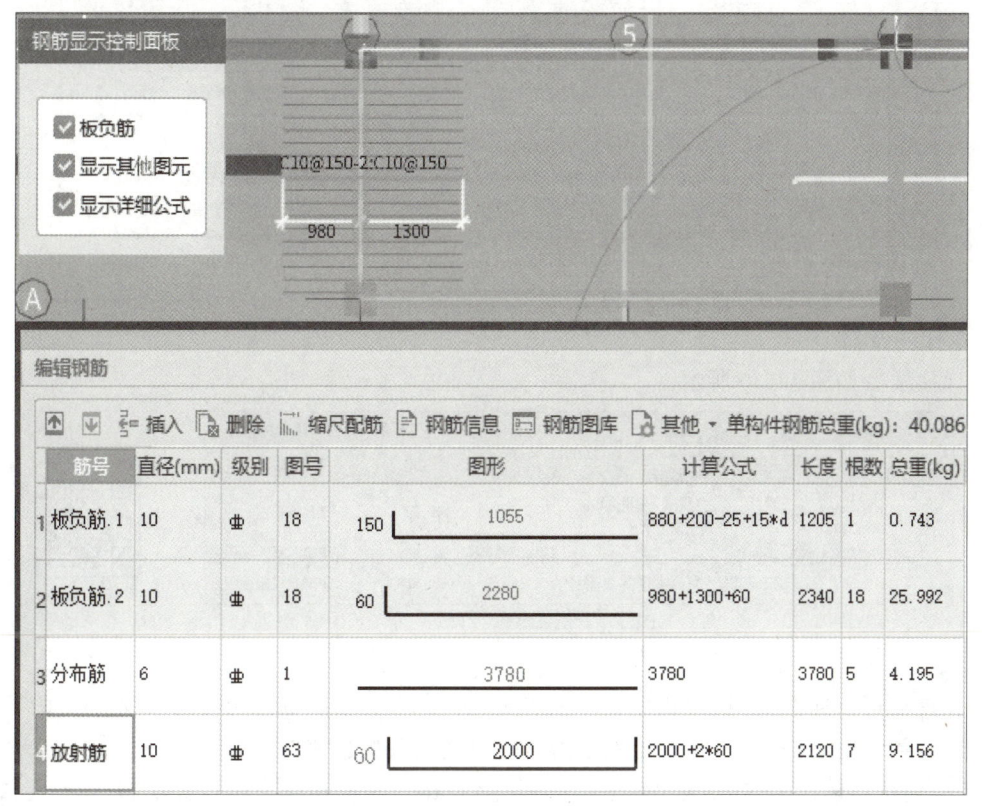

| 筋号 | 直径(mm) | 级别 | 图号 | 图形 | 计算公式 | 长度 | 根数 | 总重(kg) |
|---|---|---|---|---|---|---|---|---|
| 1 板负筋.1 | 10 | Φ | 18 | 150 ⌐ 1055 | 880+200-25+15*d | 1205 | 1 | 0.743 |
| 2 板负筋.2 | 10 | Φ | 18 | 60 ⌐ 2280 | 980+1300+60 | 2340 | 18 | 25.992 |
| 3 分布筋 | 6 | Φ | 1 | 3780 | 3780 | 3780 | 5 | 4.195 |
| 4 放射筋 | 10 | Φ | 63 | 60 ⌐ 2000 | 2000+2*60 | 2120 | 7 | 9.156 |

图 4-126 雨篷分布筋、放射筋长度及根数编辑

(4)查看工程量

首层板全部钢筋工程量如图 4-127 所示。

| 钢筋总重量（kg）：4971.026 | | | | | | | |
|---|---|---|---|---|---|---|---|
| 楼层名称 | 构件名称 | 钢筋总重量（kg） | HRB400 | | | | |
| | | | 6 | 8 | 10 | 12 | 14 | 合计 |
| 首层 | 板钢筋 | 4971.026 | 338.191 | 2076.352 | 539.042 | 1593.941 | 423.5 | 4971.026 |

图 4-127　首层板全部钢筋工程量

## 4.4　楼梯

根据结构施工图结施-11，楼梯间休息平台处设有梯柱及梯梁，应先把 TZ1、TKL2、TKL3 定义并绘制完成，再定义楼梯，TKL1、休息平台和梯段属于楼梯，在楼梯里定义。

### 4.4.1　楼梯间柱

**1. 梯柱属性**

梯梁 TKL1 处的 TZ1 顶标高与休息平台标高相同，为 2.05 m，Ⓔ轴和⑦轴相交的 TZ1 顶标高与 TKL2 顶标高相同，为 2.20 m，TZ1 属性如图 4-128 所示，TZ1-Ⓔ轴部分属性如图 4-128 所示。

| 属性名称 | 属性值 |
|---|---|
| 1　名称 | TZ1 |
| 2　结构类别 | 框架柱 |
| 3　定额类别 | 普通柱 |
| 4　截面宽度(B边)(... | 250 |
| 5　截面高度(H边)(... | 250 |
| 6　全部纵筋 | 4Φ16 |
| 7　角筋 | |
| 8　B边一侧中部筋 | |
| 9　H边一侧中部筋 | |
| 10　箍筋 | Φ8@100/200(2*2) |
| 11　节点区箍筋 | |

| | | |
|---|---|---|
| 12 | 箍筋肢数 | 2*2 |
| 13 | 柱类型 | 中柱 |
| 14 | 材质 | 预拌现浇砼 |
| 15 | 混凝土类型 | (预拌混凝土) |
| 16 | 混凝土强度等级 | (C25) |
| 17 | 混凝土外加剂 | (无) |
| 18 | 泵送类型 | (混凝土泵) |
| 19 | 泵送高度(m) | |
| 20 | 截面面积(m²) | 0.063 |
| 21 | 截面周长 | 1 |
| 22 | 顶标高(m) | 2.05 |
| 23 | 底标高(m) | 层底标高 |

图 4-128　TZ1 属性

| | | |
|---|---|---|
| 12 | 箍筋肢数 | 2*2 |
| 13 | 柱类型 | 中柱 |
| 14 | 材质 | 预拌现浇砼 |
| 15 | 混凝土类型 | (预拌混凝土) |
| 16 | 混凝土强度等级 | (C25) |
| 17 | 混凝土外加剂 | (无) |
| 18 | 泵送类型 | (混凝土泵) |
| 19 | 泵送高度(m) | |
| 20 | 截面面积(m²) | 0.063 |
| 21 | 截面周长 | 1 |
| 22 | 顶标高(m) | 2.2 |
| 23 | 底标高(m) | 层底标高 |

图 4-129　TZ1-Ⓔ轴部分属性

**2. 梯柱做法**

梯柱做法如图 4-130 所示。

| | 编码 | 类别 | 名称 | 项目特征 | 单位 | 工程量表达式 | 表达式说明 |
|---|---|---|---|---|---|---|---|
| 1 | ☐ 010502001 | 项 | 矩形柱 | 1.预拌<br>2.C25 | m3 | TJ | TJ<体积> |
| 2 | A4-172<br>HBB9-0003<br>BB9-0004 | 换 | 预拌混凝土(现浇) 矩形换为<br>【预拌混凝土 C25】 | | m3 | TJ | TJ<体积> |
| 3 | ☐ 011702002 | 项 | 矩形柱 | 模板形式自定 | m2 | MBMJ | MBMJ<模板面积> |
| 4 | A12-58 | 定 | 现浇混凝土复合木模板 矩形柱 | | m2 | MBMJ | MBMJ<模板面积> |

图 4-130　梯柱做法

微课
梯柱、梯梁

**3. 绘图**

休息平台处梯柱采用"点式绘制＋Shift 偏移"方法绘制。选择要画的 TZ1，单击"点式画法"，按住"Shift"键，在参照点 1 处单击，弹出"请输入偏移值"对话框，如图 4-131 所示，选择"正交偏移"，输入偏移值"X""Y"，单击"确定"按钮。Ⓔ轴梯柱采用点式绘制，绘制完成后再与梁外侧对齐。绘制完成的梯柱平面图如图 4-132 所示。

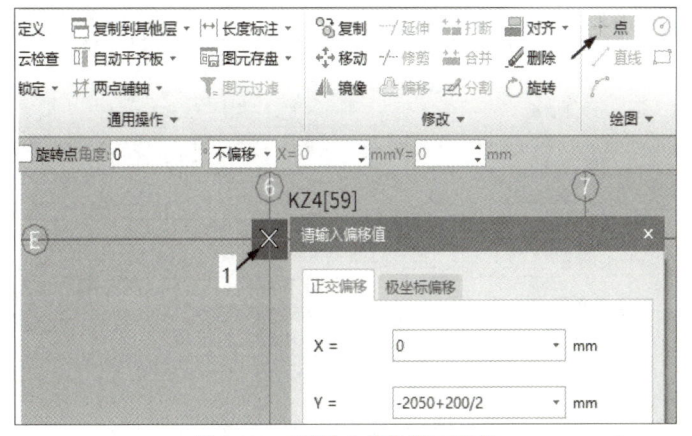

图 4-131 "请输入偏移值"对话框

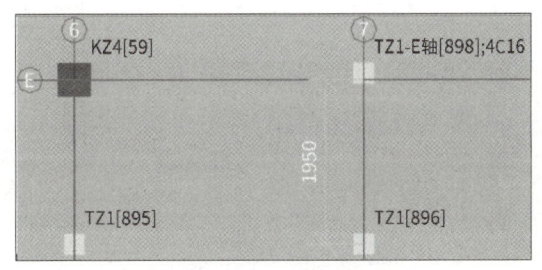

图 4-132 绘制完成的梯柱平面图

### 4.工程量

TZ1 土建工程量如图 4-133 所示,钢筋工程量如图 4-134 所示。

| 编码 | 项目名称 | 单位 | 工程量 |
|---|---|---|---|
| 1 010502001 | 矩形柱 | m3 | 0.3937 |
| 2 A4-172 HBB9-0003 BB9-0004 | 预拌混凝土(现浇) 矩形换为【预拌混凝土 C25】 | 10m3 | 0.03937 |
| 3 TZ1 | | 10m3 | 0.02562 |
| 4 TZ1-E轴 | | 10m3 | 0.01375 |
| 5 011702002 | 矩形柱 | m2 | 5.815 |
| 6 A12-58 | 现浇混凝土复合木模板 矩形柱 | 100m2 | 0.05815 |
| 7 TZ1 | | 100m2 | 0.03795 |
| 8 TZ1-E轴 | | 100m2 | 0.0202 |

图 4-133 TZ1 土建工程量

钢筋总重量(kg): 49.758

| 楼层名称 | 构件名称 | 钢筋总重量(kg) | HRB400 | | |
|---|---|---|---|---|---|
| | | | 8 | 16 | 合计 |
| 首层 | TZ1[895] | 16.002 | 7.236 | 8.766 | 16.002 |
| | TZ1[896] | 16.002 | 7.236 | 8.766 | 16.002 |
| | TZ1-E轴[898] | 17.754 | 8.04 | 9.714 | 17.754 |
| | 合计: | 49.758 | 22.512 | 27.246 | 49.758 |

图 4-134 TZ1 钢筋工程量

## 4.4.2 楼梯间梁

### 1.梯梁属性

楼梯间梁在框架梁里定义,TKL2 顶标高为 2.20 m,属性如图 4-135 所示;TKL3 顶标高为 2.05 m。

图 4-135 TKL2 属性

**2. 梯梁做法**

梯梁做法如图 4-136 所示。

图 4-136 梯梁做法

**3. 绘图**

楼梯间 TKL3 的断面宽度为 200，TZ1 宽度为 250，梁与梯柱在楼梯间一侧平齐。先用直线画法按轴线绘制，然后与梯柱边对齐；单击选择"TKL3"，右击，选择"对齐"，单击 TZ1 边线，再单击 TKL3 边线，依次单击其他需要对齐的线，完成后，右击确认，对齐后的梯梁边线如图 4-137 所示。

**4. 梯梁原位标注**

梯梁绘制完成后，即使没有原位标注信息，也需要进行原位识别。如图 4-138 所示，将图形转换为西南轴测图（为方便选择梯梁，单击 B 键，将板隐藏），单击"原位标注"，连续单击梯梁，右击确认，梯梁由粉色变为绿色，识别完成。

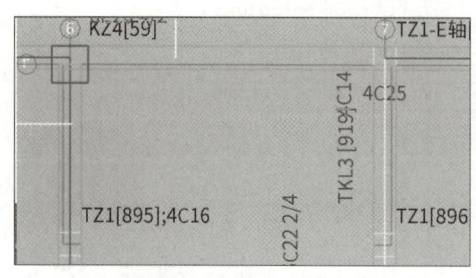

图 4-137 对齐后的梯梁边线

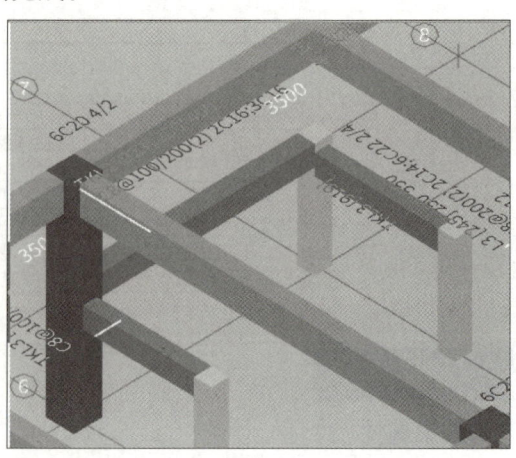

图 4-138 在西南轴测图中选择梯梁

**5.工程量**

> 注意:需要等楼梯、雨篷绘制完成后,才能查看准确的 TKL2、TKL3、TZ1 工程量。

TKL2、TKL3 做法工程量如图 4-139 所示,钢筋工程量如图 4-140 所示。

| | 编码 | 项目名称 | 单位 | 工程量 |
|---|---|---|---|---|
| 1 | 010503002 | 矩形梁 | m3 | 0.5895 |
| 2 | A4-177 HBB9-0003 换 BB9-0004 | 预拌混凝土(现浇)单梁连续梁 换为【预拌混凝土 C25】 | 10m3 | 0.05895 |
| 3 | TKL2 | | 10m3 | 0.03175 |
| 4 | TKL3 | | 10m3 | 0.0272 |
| 5 | 011702006 | 矩形梁 | m2 | 5.7763 |
| 6 | A12-61 | 现浇混凝土复合木模板 单梁连续梁 | 100m2 | 0.057763 |
| 7 | TKL2 | | 100m2 | 0.027163 |
| 8 | TKL3 | | 100m2 | 0.0306 |

图 4-139　TKL2、TKL3 做法工程量

钢筋总重量(kg):86.567

| | 楼层名称 | 构件名称 | 钢筋总重量(kg) | HRB400 | | | |
|---|---|---|---|---|---|---|---|
| | | | | 8 | 14 | 16 | 合计 |
| 1 | 首层 | TKL2[923] | 45.575 | 11.96 | | 33.615 | 45.575 |
| 2 | | TKL3[918] | 20.496 | 7.696 | 12.8 | | 20.496 |
| 3 | | TKL3[919] | 20.496 | 7.696 | 12.8 | | 20.496 |
| 4 | | 合计 | 86.567 | 27.352 | 25.6 | 33.615 | 86.567 |

图 4-140　TKL2、TKL3 钢筋工程量

### 4.4.3　楼梯土建

**1.新建参数化楼梯**

在"导航树"展开楼梯,双击"楼梯",进入"新建"界面,单击"新建"→"新建参数化楼梯",在界面左侧选择参数化图形"标准双跑 1",如图 4-141 所示;在界面右侧按楼梯图纸修改绿色的数值,如图 4-142、图 4-143、图 4-144 所示,修改完成后,单击"确定"按钮。

微课
新建楼梯、楼梯属性

图 4-141　选择参数化图形　　　图 4-142　楼梯图形参数编辑 1

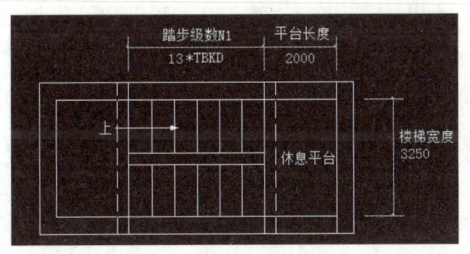

图 4-143　楼梯图形参数编辑 2 　　　图 4-144　楼梯图形参数编辑 3

**2. 楼梯属性**

楼梯属性如图 4-145 所示,注意底标高。

| | 属性名称 | 属性值 |
|---|---|---|
| 1 | 名称 | LT-1 |
| 2 | 截面形状 | 标准双跑I |
| 3 | 建筑面积计算方式 | 不计算 ← |
| 4 | 图元形状 | 直形 |
| 5 | 混凝土强度等级 | (C25) |
| 6 | 底标高(m) → | 层底标高-0.05 |

图 4-145 楼梯属性

> **说明：** 室内楼梯建筑面积已经包含在建筑面积图元内,为避免重复计算,室内楼梯的建筑面积计算方式选择为"不计算";如果是室外楼梯,应根据建筑面积计算规则选择"计算一半"或"计算全部"。

**3. 楼梯做法**

楼梯做法包括楼梯混凝土、模板工程量、装饰装修工程量。其中装饰装修工程量包括楼梯地面装饰,踢脚线,楼梯底面抹灰、粉刷,楼梯井侧面腰线抹灰、粉刷,楼梯栏杆扶手,防滑条等。

单击"当前构件自动套用做法",软件只有楼梯混凝土和模板的清单项,其他的清单项和定额项需要逐一编辑。

(1)选择清单项:在构件做法界面,单击"查询"→"查询清单库"。

(2)在打开的清单库中逐章逐节查询清单项,如在楼地面一章找到踢脚线,在对应的清单项双击鼠标,则该清单被选中到上面表格中,如图 4-146 所示,编辑项目特征。所有清单项编辑完成后,再根据项目特征一一对应选择定额项。

| | 编码 | 类别 | 名称 | 项目特征 | 单位 | 工程量表达式 | 表达式说明 |
|---|---|---|---|---|---|---|---|
| 1 | 010506001 | 项 | 直形楼梯 | 1. 预拌 2. C25 | m2 | TYMJ | TYMJ<水平投影面积> |
| 2 | 011702024 | 项 | 楼梯 | 模板形式自定 | m2 | TYMJ | TYMJ<水平投影面积> |
| 3 | 011106001 | 项 | 石材楼梯面层 | 1. 大理石 2. 青铜板防滑条4*50 | m2 | TYMJ | TYMJ<水平投影面积> |
| 4 | 011105003 | 项 | 块料踢脚线 | 1. 150mm 2. 陶瓷地砖 | m2 | TJXMMJ | TJXMMJ<踢脚线面积（斜）> |
| 5 | 011301001 | 项 | 天棚抹灰 | 天棚抹灰干混砂浆 | m2 | DBMHMJ | DBMHMJ<底部抹灰面积> |
| 6 | 011407002 | 项 | 天棚喷刷涂料 | 内墙涂料三遍成活 | m2 | DBMHMJ | DBMHMJ<底部抹灰面积> |
| 7 | 011203001 | 项 | 梯段侧面零星项目抹灰 | 梯段侧面干混砂浆 | m2 | TDCMMJ | TDCMMJ<梯段侧面积> |
| 8 | 011407004 | 项 | 梯段侧面线条刷涂料 | 梯段侧面涂料三遍 | m | TJXCDX | TJXCDX<踢脚线长度（斜）> |
| 9 | 011503001 | 项 | 金属扶手、栏杆、栏板 | 不锈钢管扶手Φ50*3 | m | LGCD | LGCD<栏杆扶手长度> |

图 4-146 清单库章节查询

(3)选择定额项:如图 4-147 所示,选择清单行,单击"查询匹配定额",在正确的行双击鼠标。该项被插入对应的清单行下面,单击"换算",完成定额换算,如图 4-148 所示。

(4)如果无法使用"查询匹配定额"功能找到需要的定额,则需要查询定额库。装饰装修部分需将定额库由"建筑工程基础定额"切换为"装饰装修工程消耗量定额",如图 4-149 所示。

(5)所有定额都选择完成后,大部分清单项和定额项的工程量表达式需要手动编辑,此处不再赘述。编辑完成后的楼梯做法如图 4-150 所示。

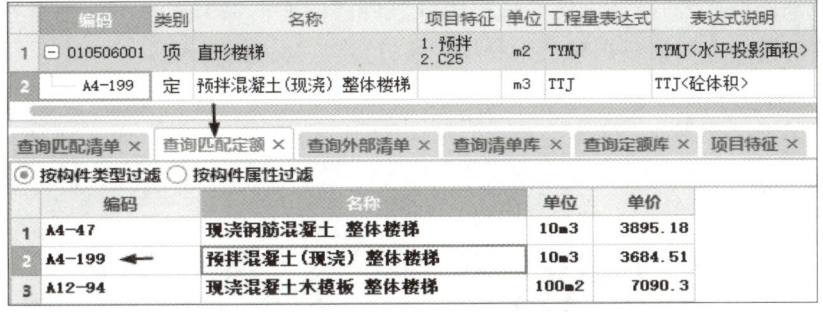

图 4-147 查询匹配定额

图 4-148 定额换算

图 4-149 定额库切换窗口

图 4-150 楼梯做法

混凝土定额换算:选择需要换算的定额行,单击"标准换算",通过下拉三角按钮选择项目特征描述的混凝土类型和标号。用同样方法,可换算楼梯踢脚线。

**4. 绘图**

楼梯采用点式绘制,打开"正交捕捉",单击"点",如图 4-151 所示,单击楼梯与①轴梁边交点 1,右击确认。楼梯西南方向轴测图如图 4-152 所示。楼梯的上下方向与图纸不一致,对工程量计算没有影响。

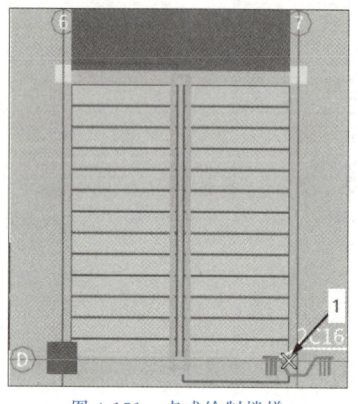

图 4-151  点式绘制楼梯

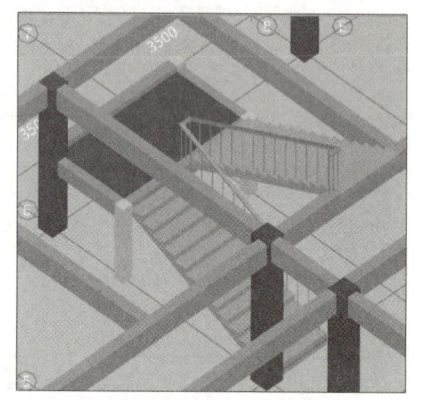

图 4-152  楼梯西南方向轴测图

**5. 工程量**

楼梯做法工程量如图 4-153 所示。

| | 编码 | 项目名称 | 单位 | 工程量 |
|---|---|---|---|---|
| 1 | 010506001 | 直形楼梯 | m2 | 19.175 |
| 2 | A4-199 HBB9-0003 BB9-0004 | 预拌混凝土(现浇)整体楼梯 换为【预拌混凝土 C25】 | 10m3 | 0.3793 |
| 3 | 011702024 | 楼梯 | m2 | 19.175 |
| 4 | A12-94 | 现浇混凝土木模板 整体楼梯 | 100m2 | 0.297284 |
| 5 | 011106001 | 石材楼梯面层 | m2 | 19.175 |
| 6 | B1-489 | 干混砂浆 大理石楼梯 | 100m2 | 0.19175 |
| 7 | B1-421 | 楼梯、台阶踏步防滑条 青铜板(直角)4×50 | 100m | 0.441 |
| 8 | 011105003 | 块料踢脚线 | m2 | 3.5356 |
| 9 | B2-681 | 建筑胶素水泥浆一道 | 100m2 | 0.035356 |
| 10 | B1-481 *1.15 | 干混砂浆 陶瓷地砖踢脚线 用于楼梯 单价*1.15 | 100m2 | 0.035356 |
| 11 | 011301001 | 天棚抹灰 | m2 | 21.4205 |
| 12 | B3-17 | 天棚抹灰干混砂浆混凝土 | 100m2 | 0.214205 |
| 13 | 011407002 | 天棚喷刷涂料 | m2 | 21.4205 |
| 14 | B5-341 | 内墙涂料 二遍成活 | 100m2 | 0.214205 |
| 15 | B5-342 | 内墙涂料 每增减一遍 | 100m2 | 0.214205 |
| 16 | 011203001 | 梯段侧面零星项目抹灰 | m2 | 1.9404 |
| 17 | B2-321 | 干混砂浆普通腰线混凝土 | 100m2 | 0.019404 |
| 18 | 011407004 | 梯段侧面线条刷涂料 | m | 15.9707 |
| 19 | B5-341 | 内墙涂料 二遍成活 | 100m2 | 0.019404 |
| 20 | B5-342 | 内墙涂料 每增减一遍 | 100m2 | 0.019404 |
| 21 | 011503001 | 金属扶手、栏杆、栏板 | m | 9.8715 |
| 22 | B1-348 | 成品不锈钢管栏杆 直线型其他(带扶手) | 10m | 0.98715 |

图 4-153  楼梯做法工程量

## 4.4.4 楼梯钢筋

零星构件(屋面排水工程)、参数化的图集(楼梯、阳台、栏板、集水坑、灌注桩等构件)均可采用表格输入计算工程量。

### 1.新建楼梯

如图 4-154 所示,单击"表格输入",在图 4-155 中单击"节点",新建"节点 1",修改其名称为"楼梯"。

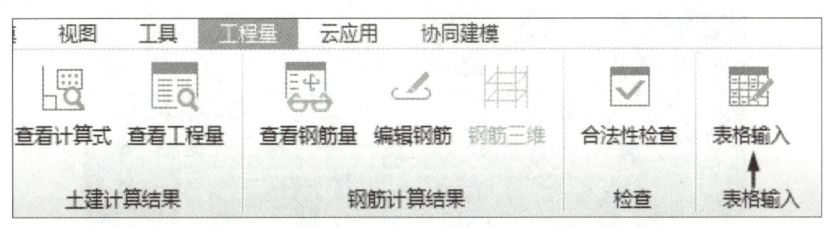

图 4-154 表格输入

在楼梯下单击"构件",在下方属性值栏修改构件名称、数量等信息,如修改构件 1 的名称为"TB-1",单击右侧的"参数输入",如图 4-155 所示。

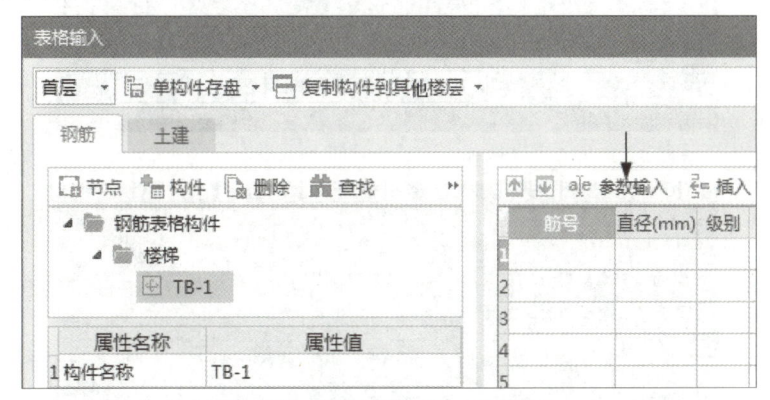

图 4-155 新建楼梯及 TB-1 参数输入

### 2.梯段

(1)梯板类型

如图 4-156 所示,根据图纸设计,在图集列表中选择梯板类型,单击"无休息平台"。

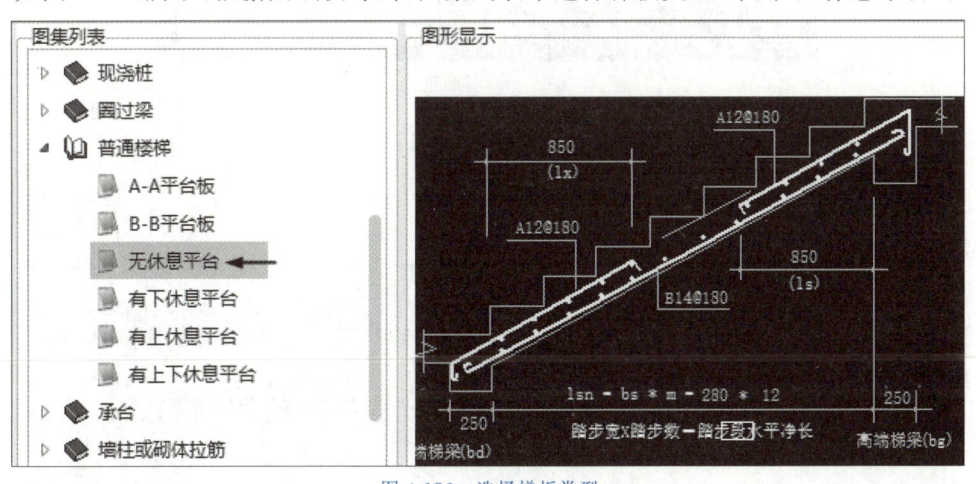

图 4-156 选择梯板类型

(2)编辑钢筋

在图 4-157、图 4-158 中单击绿色数据,根据图纸设计修改。

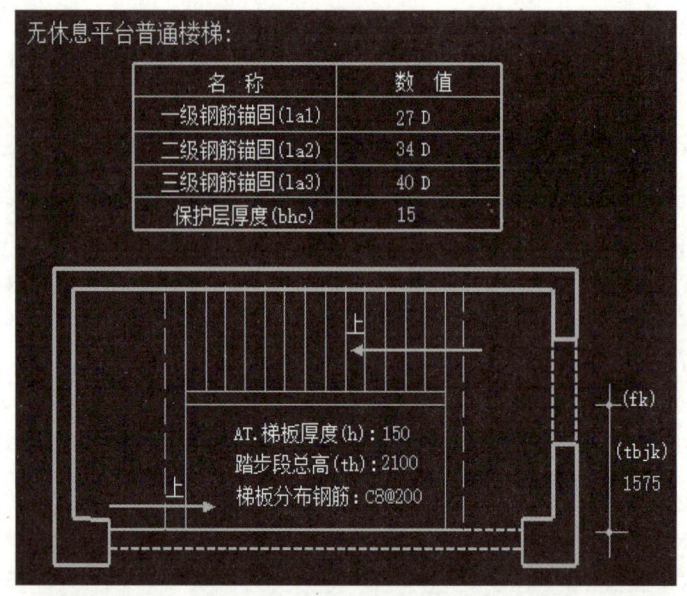

图 4-157　修改梯板平面数据

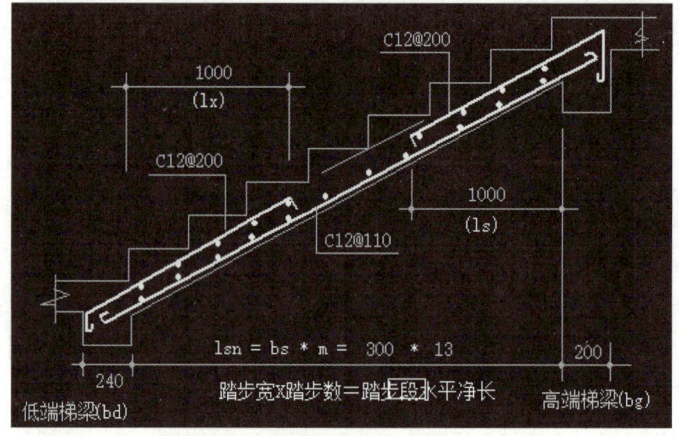

图 4-158　修改梯板剖面数据

（3）工程量

单击"计算保存"，TB-1 工程量如图 4-159 所示。

| 筋号 | 直径(mm) | 级别 | 图形 | 计算公式 | 长度 | 根数 | 总重(kg) |
|---|---|---|---|---|---|---|---|
| 1 梯板下部纵筋 | 12 | Φ | 4660 | 4360+2*150 | 4660 | 16 | 66.208 |
| 2 下梯梁端上部纵筋 | 12 | Φ | 228─1225→1370　120 | 1000*1.118+480+150-2*15 | 1718 | 9 | 13.734 |
| 3 上梯梁端上部纵筋 | 12 | Φ | 228─1185→1325　120 | 1000*1.118+480+150-2*15 | 1718 | 9 | 13.734 |
| 4 梯板分布钢筋 | 8 | Φ | 1545 | 1575-2*15 | 1545 | 37 | 22.57 |

图 4-159　TB-1 工程量

TB-1 的工程量计算完成后，用复制、粘贴的方法快速完成其他梯板。在具体的计算中，只修改不同信息即可，如 TB-2 的底部梯梁宽度为 200，顶部梯梁宽度为 250。

**3.休息平台**

(1)休息平台类型

楼梯休息平台类型如图 4-160 所示。

(2)编辑钢筋

楼梯休息平台标高 2.05m 处参数化输入信息如图 4-161、图 4-162 所示。跨板负筋长度计算到Ⓔ轴梁外边,其余部分在雨篷底板计算。

图 4-160　楼梯休息平台类型　　图 4-161　楼梯休息平台标高 2.05 m 处参数化输入信息 1

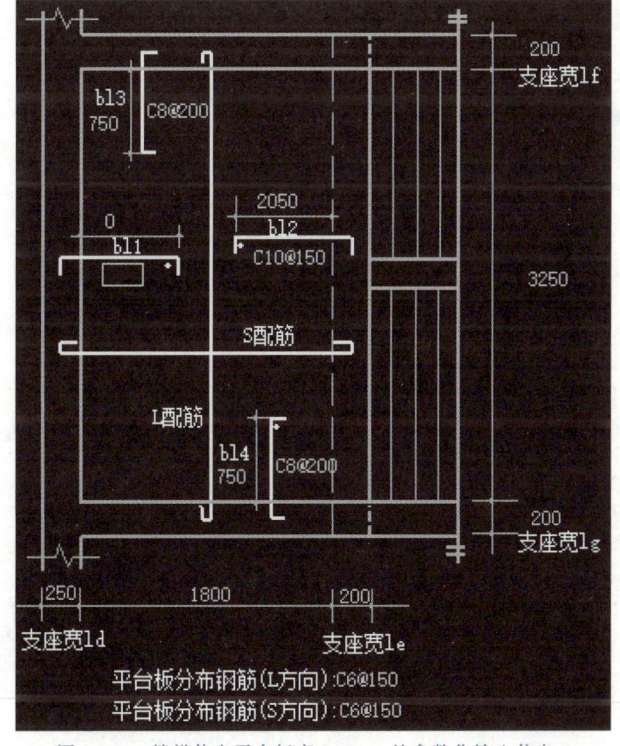

图 4-162　楼梯休息平台标高 2.05 m 处参数化输入信息 2

(3)工程量

楼梯休息平台标高 2.05 m 处钢筋工程量如图 4-163 所示,修改第 5 行跨板负筋左端弯折长度为"0"。

**4.梯梁**

楼梯 TKL1 钢筋工程量应单独计算。

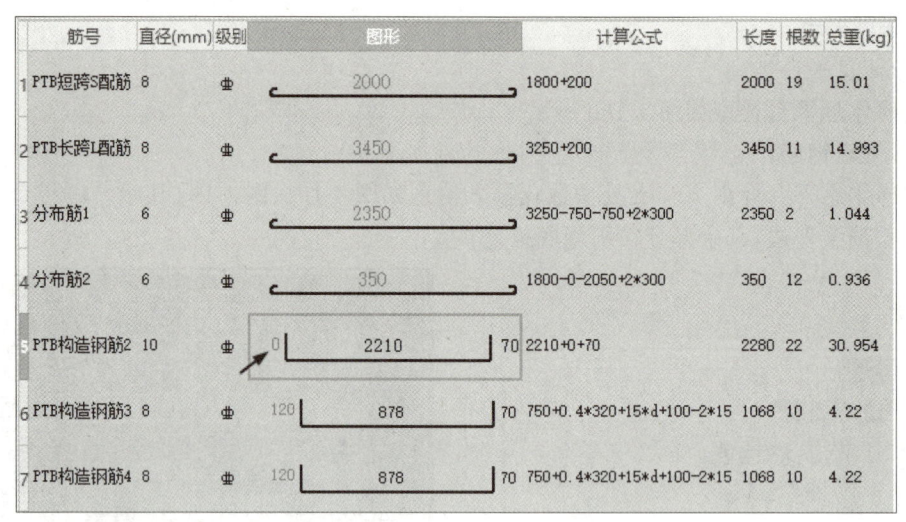

| 筋号 | 直径(mm) | 级别 | 图形 | 计算公式 | 长度 | 根数 | 总重(kg) |
|---|---|---|---|---|---|---|---|
| 1 PTB短跨S配筋 | 8 | Φ | 2000 | 1800+200 | 2000 | 19 | 15.01 |
| 2 PTB长跨L配筋 | 8 | Φ | 3450 | 3250+200 | 3450 | 11 | 14.993 |
| 3 分布筋1 | 6 | Φ | 2350 | 3250-750-750+2*300 | 2350 | 2 | 1.044 |
| 4 分布筋2 | 6 | Φ | 350 | 1800-0-2050+2*300 | 350 | 12 | 0.936 |
| 5 PTB构造钢筋2 | 10 | Φ | 0 2210 70 | 2210+0+70 | 2280 | 22 | 30.954 |
| 6 PTB构造钢筋3 | 8 | Φ | 120 878 70 | 750+0.4*320+15*d+100-2*15 | 1068 | 10 | 4.22 |
| 7 PTB构造钢筋4 | 8 | Φ | 120 878 70 | 750+0.4*320+15*d+100-2*15 | 1068 | 10 | 4.22 |

图 4-163 楼梯休息平台标高 2.05 m 处钢筋工程量

## 4.5 雨篷

雨篷由底板和栏板组成,在其他构件里定义。

### 4.5.1 雨篷底板

**1.雨篷底板属性**

雨篷 YP-1、YP-2 底板属性如图 4-164、图 4-165 所示,其中雨篷 YP-2 底板厚度按平均厚度计算。

| | 属性名称 | 属性值 |
|---|---|---|
| 1 | 名称 | YP-1 |
| 2 | 板厚(mm) | 100 |
| 3 | 材质 | 预拌现浇砼 |
| 4 | 混凝土类型 | (预拌混凝土) |
| 5 | 混凝土强度等级 | (C30) |
| 6 | 顶标高(m) | 层顶标高 |
| 7 | 备注 | |
| 8 | ⊞ 钢筋业务属性 | |
| 11 | ⊟ 土建业务属性 | |
| 12 | 计算设置 | 按默认计算设置 |
| 13 | 计算规则 | 按默认计算规则 |
| 14 | 做法信息 | 按构件做法 |
| 15 | 图元形状 | 直形 |
| 16 | 建筑面积... | 不计算 |
| 17 | 模板类型 | 复合木模板 |

图 4-164 雨篷 YP-1 底板属性

| | 属性名称 | 属性值 |
|---|---|---|
| 1 | 名称 | YP-2 |
| 2 | 板厚(mm) | 100 |
| 3 | 材质 | 预拌现浇砼 |
| 4 | 混凝土类型 | (预拌混凝土) |
| 5 | 混凝土强度等级 | (C30) |
| 6 | 顶标高(m) | 2.05 |
| 7 | 备注 | |
| 8 | ⊞ 钢筋业务属性 | |
| 11 | ⊟ 土建业务属性 | |
| 12 | 计算设置 | 按默认计算设置 |
| 13 | 计算规则 | 按默认计算规则 |
| 14 | 做法信息 | 按构件做法 |
| 15 | 图元形状 | 直形 |
| 16 | 建筑面积... | 不计算 |
| 17 | 模板类型 | 复合木模板 |

图 4-165 雨篷 YP-2 底板属性

**注意**:雨篷 YP-2 顶标高按图纸设计输入,雨篷 YP-1 底板的建筑面积在"建筑面积"构件里计算,在此不计算。

### 2.雨篷底板做法

雨篷底板做法如图 4-166 所示,包括底板混凝土、模板,底面抹灰、粉刷。

| | 编码 | 类别 | 名称 | 项目特征 | 单位 | 工程量表达式 | 表达式说明 |
|---|---|---|---|---|---|---|---|
| 1 | 010505008 | 项 | 雨篷、悬挑板、阳台板 | 预拌C30 | m3 | TJ | TJ〈体积〉 |
| 2 | A4-197 HBB9-0003 BB9-0005 | 换 | 预拌混凝土(现浇)雨篷 直形换为【预拌混凝土 C30】 | | m3 | TJ | TJ〈体积〉 |
| 3 | 011702023 | 项 | 雨篷、悬挑板、阳台板 | 模板形式自定 | m2 | MBMJ | MBMJ〈模板面积〉 |
| 4 | A12-68 | 定 | 现浇混凝土复合木模板 直形雨篷 | | m2 | MBMJ | MBMJ〈模板面积〉 |
| 5 | 011301001 | 项 | 天棚抹灰 | 天棚抹灰干混砂浆 | m2 | YPDMZXMJ | YPDMZXMJ〈雨篷底面装修面积〉 |
| 6 | B3-17 | 借 | 天棚抹灰 干混砂浆 混凝土 | | m2 | YPDMZXMJ | YPDMZXMJ〈雨篷底面装修面积〉 |
| 7 | 011407002 | 项 | 天棚喷刷涂料 | 外墙涂料 | m2 | YPDMZXMJ | YPDMZXMJ〈雨篷底面装修面积〉 |
| 8 | B5-348 | 借 | 外墙涂料 抹灰面 | | m2 | YPDMZXMJ | YPDMZXMJ〈雨篷底面装修面积〉 |

图 4-166 雨篷底板做法

### 3.画图

雨篷 YP-1 底板绘图:选择构件 YP-1,单击"矩形画法",先单击轴线交点 1 号点,按住"Shift"键,单击轴线交点 2 号点(图 4-167),输入偏移值(图 4-168),单击"确定"按钮,完成④轴左侧矩形 3;然后镜像到⑥轴右侧形成矩形 4;最后在Ⓐ轴下边再画一个矩形 5 即可。

> 说明:仅悬臂部分按雨篷计算,Ⓐ—Ⓑ、④—⑥之间部分按板计算。

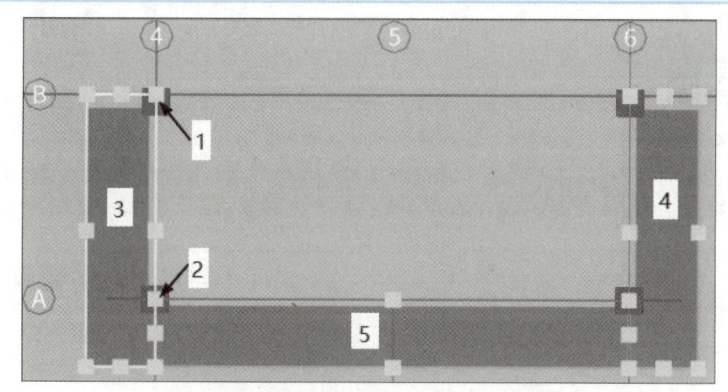

图 4-167 雨篷 YP-1 绘图

图 4-168 输入偏移值

雨篷 YP-2 底板绘图:采用矩形画法,用 Shift 偏移画法定位矩形对角线两点即可。

**4.工程量**

雨篷 YP-1 底板工程量如图 4-169 所示。雨篷 YP-2 底板工程量如图 4-170 所示。

| | 编码 | 项目名称 | 单位 | 工程量 |
|---|---|---|---|---|
| 1 | 010505008 | 雨篷、悬挑板、阳台板 | m3 | 1.314 |
| 2 | A4-197 HBB9-0003 BB9-0005 | 预拌混凝土(现浇) 雨篷 直形换为【预拌混凝土 C30】 | 10m3 | 0.1314 |
| 3 | 011702023 | 雨篷、悬挑板、阳台板 | m2 | 13.14 |
| 4 | A12-68 | 现浇混凝土复合木模板 直形雨篷 | 100m2 | 0.1494 |
| 5 | 011301001 | 天棚抹灰 | m2 | 12.98 |
| 6 | B3-17 | 天棚抹灰 干混砂浆 混凝土 | 100m2 | 0.1298 |
| 7 | 011407002 | 天棚喷刷涂料 | m2 | 12.98 |
| 8 | B5-348 | 外墙涂料 抹灰面 | 100m2 | 0.1298 |

图 4-169 雨篷 YP-1 底板工程量

| | 编码 | 项目名称 | 单位 | 工程量 |
|---|---|---|---|---|
| 1 | 010505008 | 雨篷、悬挑板、阳台板 | m3 | 0.36 |
| 2 | A4-197 HBB9-0003 BB9-0005 | 预拌混凝土(现浇) 雨篷 直形换为【预拌混凝土 C30】 | 10m3 | 0.036 |
| 3 | 011702023 | 雨篷、悬挑板、阳台板 | m2 | 3.6 |
| 4 | A12-68 | 现浇混凝土复合木模板 直形雨篷 | 100m2 | 0.0414 |
| 5 | 011301001 | 天棚抹灰 | m2 | 3.6 |
| 6 | B3-17 | 天棚抹灰 干混砂浆 混凝土 | 100m2 | 0.036 |
| 7 | 011407002 | 天棚喷刷涂料 | m2 | 3.6 |
| 8 | B5-348 | 外墙涂料 抹灰面 | 100m2 | 0.036 |

图 4-170 雨篷 YP-2 底板工程量

### 4.5.2 雨篷栏板

**1.雨篷栏板属性**

在"导航树""其他"里双击"栏板",新建"矩形栏板",雨篷栏板属性如图 4-171、图 4-172 所示。需要注意栏板的起点底标高、终点底标高及截面高度。

| | 属性名称 | 属性值 |
|---|---|---|
| 1 | 名称 | LB-1 |
| 2 | 截面宽度(mm) | 70 |
| 3 | 截面高度(mm) | 600 |
| 4 | 轴线距左边线距离… | (35) |
| 5 | 水平钢筋 | (1)Φ6@200 |
| 6 | 垂直钢筋 | (1)Φ8@200 |
| 7 | 拉筋 | |
| 8 | 材质 | 预拌现浇砼 |
| 9 | 混凝土类型 | (预拌混凝土) |
| 10 | 混凝土强度等级 | (C30) |
| 11 | 截面面积(m²) | 0.042 |
| 12 | 起点底标高(m) | 层顶标高(4.1) |
| 13 | 终点底标高(m) | 层顶标高(4.1) |

| | 属性名称 | 属性值 |
|---|---|---|
| 1 | 名称 | LB-2 |
| 2 | 截面宽度(mm) | 70 |
| 3 | 截面高度(mm) | 320 |
| 4 | 轴线距左边线距离… | (35) |
| 5 | 水平钢筋 | (1)Φ8@200 |
| 6 | 垂直钢筋 | (1)Φ10@150 |
| 7 | 拉筋 | |
| 8 | 材质 | 预拌现浇砼 |
| 9 | 混凝土类型 | (预拌混凝土) |
| 10 | 混凝土强度等级 | (C30) |
| 11 | 截面面积(m²) | 0.022 |
| 12 | 起点底标高(m) | 2.05 |
| 13 | 终点底标高(m) | 2.05 |

图 4-171 雨篷 YP-1 栏板 LB-1 属性    图 4-172 雨篷 YP-2 栏板 LB-2 属性

### 2.雨篷栏板做法

雨篷栏板 LB-1 做法如图 4-173 所示,注意栏板清单混凝土计量单位。栏板内侧、外侧及顶面装饰工程量均需在工程量表达式中自行编辑。

| | 编码 | 类别 | 名称 | 项目特征 | 单位 | 工程量表达式 | 表达式说明 |
|---|---|---|---|---|---|---|---|
| 1 | 010505006 | 项 | 栏板 | 预拌C30 | m3 | TJ | TJ<体积> |
| 2 | A4-203 HBB9-0003 BB9-0005 | 换 | 预拌混凝土(现浇) 栏板 直形换为【预拌混凝土C30】 | | m3 | TJ | TJ<体积> |
| 3 | 011702021 | 项 | 栏板 | 模板形式自定 | m2 | MBMJ | MBMJ<模板面积> |
| 4 | A12-69 | 定 | 现浇混凝土复合木模板 栏板 直形 | | m2 | MBMJ | MBMJ<模板面积> |
| 5 | 011206002 | 项 | 块料零星项目 | 底板、栏板外侧及顶面外墙面砖 | m2 | WBXCD*(0.6+0.1)+ZXXCD*0.07 | WBXCD<外边线长度>*(0.6+0.1)+ZXXCD<中心线长度>*0.07 |
| 6 | B2-462 | 借 | 干混砂浆 零星项目 外墙面砖 | | m2 | WBXCD*(0.6+0.1)+ZXXCD*0.07 | WBXCD<外边线长度>*(0.6+0.1)+ZXXCD<中心线长度>*0.07 |
| 7 | 011201001 | 项 | 墙面一般抹灰 | 栏板内侧干混砂浆 | m2 | NBXCD*0.6 | NBXCD<内边线长度>*0.6 |
| 8 | B2-267 | 借 | 干混砂浆 墙面 混凝土 | | m2 | NBXCD*0.6 | NBXCD<内边线长度>*0.6 |
| 9 | 011407001 | 项 | 墙面喷刷涂料 | 外墙涂料 | m2 | NBXCD*0.6 | NBXCD<内边线长度>*0.6 |
| 10 | B5-348 | 借 | 外墙涂料 抹灰面 | | m2 | NBXCD*0.6 | NBXCD<内边线长度>*0.6 |

图 4-173 雨篷栏板 LB-1 做法

### 3.画图

绘制雨篷栏板时,需要将绘图下方的"交点捕捉"功能键开启。

雨篷栏板 LB-1 采用"矩形画法＋Shift 偏移"方法绘制:选择构件 LB-1,单击"矩形画法",按住"Shift"键,如图 4-174 所示,在Ⓑ轴梁与雨篷底板的交点 1 号点处单击,输入偏移值,单击"确定"按钮;然后按住"Shift"键,单击 2 号点,输入偏移值,如图 4-175 所示,单击"确定"按钮。绘制完成后,将靠墙一边的栏板删除,绘制完成的雨篷栏板 LB-1 轴测图如图 4-176 所示。

图 4-174 输入偏移值 1

图 4-175 输入偏移值 2

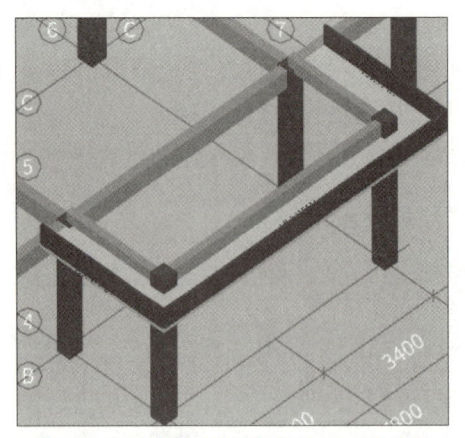

图 4-176　绘制完成的雨篷栏板 LB-1 轴测图

**4. 工程量**

YP-1 栏板土建工程量如图 4-177 所示。YP-2 栏板土建工程量如图 4-178 所示。

| | 编码 | 项目名称 | 单位 | 工程量 |
|---|---|---|---|---|
| 1 | 010505006 | 栏板 | m3 | 0.6829 |
| 2 | A4-203 HBB9-0003 BB9-0005 | 预拌混凝土(现浇) 栏板 直形换为【预拌混凝土 C30】 | 10m3 | 0.06829 |
| 3 | 011702021 | 栏板 | m2 | 19.512 |
| 4 | A12-69 | 现浇混凝土复合木模板 栏板 直形 | 100m2 | 0.19512 |
| 5 | 011206002 | 块料零星项目 | m2 | 12.6181 |
| 6 | B2-462 | 干混砂浆 零星项目 外墙面砖 | 100m2 | 0.126181 |
| 7 | 011201001 | 墙面一般抹灰 | m2 | 9.672 |
| 8 | B2-267 | 干混砂浆 墙面 混凝土 | 100m2 | 0.09672 |
| 9 | 011407001 | 墙面喷刷涂料 | m2 | 9.672 |
| 10 | B5-348 | 外墙涂料 抹灰面 | 100m2 | 0.09672 |

图 4-177　YP-1 栏板土建工程量

| | 编码 | 项目名称 | 单位 | 工程量 |
|---|---|---|---|---|
| 1 | 010505006 | 栏板 | m3 | 0.1178 |
| 2 | A4-203 HBB9-0003 BB9-0005 | 预拌混凝土(现浇) 栏板 直形换为【预拌混凝土 C30】 | 10m3 | 0.01178 |
| 3 | 011702021 | 栏板 | m2 | 3.3664 |
| 4 | A12-69 | 现浇混凝土复合木模板 栏板 直形 | 100m2 | 0.033664 |
| 5 | 011206002 | 块料零星项目 | m2 | 2.5283 |
| 6 | B2-462 | 干混砂浆 零星项目 外墙面砖 | 100m2 | 0.025283 |
| 7 | 011201001 | 墙面一般抹灰 | m2 | 1.6384 |
| 8 | B2-267 | 干混砂浆 墙面 混凝土 | 100m2 | 0.016384 |
| 9 | 011407001 | 墙面喷刷涂料 | m2 | 1.6384 |
| 10 | B5-348 | 外墙涂料 抹灰面 | 100m2 | 0.016384 |

图 4-178　YP-2 栏板土建工程量

雨篷栏板钢筋工程量如图 4-179 所示。

| 钢筋总重量（kg）：49.54 | | | | | | |
|---|---|---|---|---|---|---|
| 楼层名称 | 构件名称 | 钢筋总重量(kg) | HRB400 | | | |
| | | | 6 | 8 | 10 | 合计 |
| 首层 | LB-1[1551] | 18.889 | 8.044 | 10.845 | | 18.889 |
| | LB-1[1552] | 8.184 | 3.364 | 4.82 | | 8.184 |
| | LB-1[1554] | 8.184 | 3.364 | 4.82 | | 8.184 |
| | LB-2[1516] | 3.246 | | 1.41 | 1.836 | 3.246 |
| | LB-2[1518] | 3.246 | | 1.41 | 1.836 | 3.246 |
| | LB-2[1519] | 7.791 | | 3.507 | 4.284 | 7.791 |
| | 合计： | 49.54 | 14.772 | 26.812 | 7.956 | 49.54 |

图 4-179　雨篷栏板钢筋工程量

# 模块 5　二次结构工程

## 5.1　墙体

因为门、窗、过梁等均属于墙体的附属构件,所以在绘图时应先绘制墙体,然后再绘制附属构件。

**1. 新建墙**

在"导航树"中选择构件"墙",双击构件类型"砌体墙",单击"新建"→"新建外墙",修改名称。

**2. 墙体属性**

首层墙体属性如图 5-1、图 5-2 所示,卫生间墙体属性同其他内墙。

| | 属性名称 | 属性值 |
|---|---|---|
| 1 | 名称 | QTQ-外墙 |
| 2 | 厚度(mm) | 250 |
| 3 | 轴线距左墙皮… | (125) |
| 4 | 砌体通长筋 | |
| 5 | 横向短筋 | |
| 6 | 材质 | 加气混凝土砌块 |
| 7 | 砂浆类型 | (预拌砂浆) |
| 8 | 砂浆标号 | (M5.0) |
| 9 | 内/外墙标志 | 外墙 |
| 10 | 类别 | 砌块墙 |
| 11 | 起点顶标高(m) | 层顶标高 |
| 12 | 终点顶标高(m) | 层顶标高 |
| 13 | 起点底标高(m) | 层底标高 |
| 14 | 终点底标高(m) | 层底标高 |

图 5-1　首层外墙属性

| | 属性名称 | 属性值 |
|---|---|---|
| 1 | 名称 | QTQ-其他内墙 |
| 2 | 厚度(mm) | 200 |
| 3 | 轴线距左墙皮距离(mm) | (100) |
| 4 | 砌体通长筋 | |
| 5 | 横向短筋 | |
| 6 | 材质 | 加气混凝土砌块 |
| 7 | 砂浆类型 | (预拌砂浆) |
| 8 | 砂浆标号 | (M5.0) |
| 9 | 内/外墙标志 | 内墙 |
| 10 | 类别 | 砌块墙 |
| 11 | 起点顶标高(m) | 层顶标高 |
| 12 | 终点顶标高(m) | 层顶标高 |
| 13 | 起点底标高(m) | 层底标高 |
| 14 | 终点底标高(m) | 层底标高 |

图 5-2　首层其他内墙属性

微课 墙体

(1)墙体材质:用鼠标点取下拉三角按钮进行选择。不同材质的墙,在图中显示为不同的颜色。

(2)底标高、顶标高:其含义如图 5-3 所示。对于平屋顶,软件默认"层底标高"和"层顶标高",不要随意改动,软件会自动扣减墙上的梁和板的工程量,只有斜墙才需修改。

> **注意:** 对于砖混结构,墙厚一砖半 370 标准砖墙,可直接选择"370",软件自动按 365 处理。

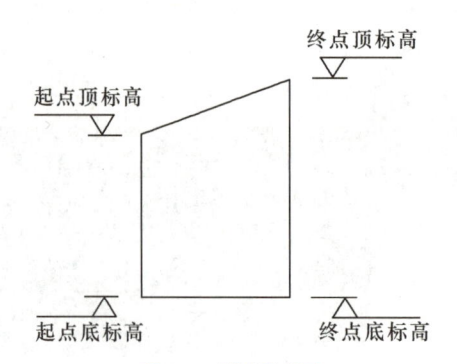

图 5-3　斜墙示意图

（3）轴线距左墙皮距离：是指沿顺时针方向绘图时墙体轴线到墙左边线（或上边线）的距离。软件默认墙厚的一半，不需要修改，绘图时先按墙居中绘制，再采用与柱对齐的方法准确定位。

**3.墙体做法**

单击工具栏"当前构件自动套做法"，完善项目特征；单击"标准换算"，完成定额砂浆换算；补充脚手架项，首层外墙做法如图 5-4 所示。

| | 编码 | 类别 | 名称 | 项目特征 | 单位 | 工程量表达式 | 表达式说明 |
|---|---|---|---|---|---|---|---|
| 1 | 010402001 | 项 | 砌块墙 | 1.加气混凝土砌块 2.干混砌筑砂浆DMM5 | m3 | TJ | TJ〈体积〉 |
| 2 | A3-102 HZF2-2003 ZF2-2001 | 换 | 干混砂浆 砌块墙 加气混凝土砌块 换为【干混砌筑砂浆DMM5】 | | m3 | TJ | TJ〈体积〉 |
| 3 | 011701002 | 项 | 外脚手架 | 外墙脚手架 双排 | m2 | WQWJSJMJDS | WQWJSJMJDS〈外墙外脚手架面积〉 |
| 4 | A11-6 | 定 | 外墙脚手架 外墙高度在15m以内 双排 | | m2 | WQWJSJMJDS | WQWJSJMJDS〈外墙外脚手架面积〉 |

图 5-4　首层外墙做法

卫生间墙高度大于 3.6 m，脚手架应处理，首层卫生间内墙做法如图 5-5 所示。

| | 编码 | 类别 | 名称 | 项目特征 | 单位 | 工程量表达式 | 表达式说明 |
|---|---|---|---|---|---|---|---|
| 1 | 010402001 | 项 | 砌块墙 | 1.加气混凝土砌块 2.干混砌筑砂浆DMM5 | m3 | TJ | TJ〈体积〉 |
| 2 | A3-102 HZF2-2003 ZF2-2001 | 换 | 干混砂浆 砌块墙 加气混凝土砌块 换为【干混砌筑砂浆DMM5】 | | m3 | TJ | TJ〈体积〉 |
| 3 | 011701003 | 项 | 里脚手架 | 卫生间脚手架 | m2 | NQQZJSJMJ | NQQZJSJMJ〈内墙砌筑脚手架面积〉 |
| 4 | A11-1 *0.6 | 换 | 外墙脚手架 外墙高度在5m以内 单排 单价*0.6 | | m2 | NQQZJSJMJ | NQQZJSJMJ〈内墙砌筑脚手架面积〉 |

图 5-5　首层卫生间内墙做法

首层其他内墙做法如图 5-6 所示。台阶挡墙做法如图 5-7 所示。

| | 编码 | 类别 | 名称 | 项目特征 | 单位 | 工程量表达式 | 表达式说明 |
|---|---|---|---|---|---|---|---|
| 1 | 010402001 | 项 | 砌块墙 | 1.加气混凝土砌块 2.干混砌筑砂浆DMM5 | m3 | TJ | TJ〈体积〉 |
| 2 | A3-102 HZF2-2003 ZF2-2001 | 换 | 干混砂浆 砌块墙 加气混凝土砌块 换为【干混砌筑砂浆DMM5】 | | m3 | TJ | TJ〈体积〉 |
| 3 | 011701003 | 项 | 里脚手架 | 形式自定 | m2 | NQQZJSJMJ | NQQZJSJMJ〈内墙砌筑脚手架面积〉 |
| 4 | A11-20 | 定 | 内墙砌筑脚手架 3.6m以内里脚手架 | | m2 | NQQZJSJMJ | NQQZJSJMJ〈内墙砌筑脚手架面积〉 |

图 5-6　首层其他内墙做法

| | 编码 | 类别 | 名称 | 项目特征 | 单位 | 工程量表达式 | 表达式说明 |
|---|---|---|---|---|---|---|---|
| 1 | 010401003001 | 项 | 实心砖墙 | 1.混凝土实心砖 2.干混砌筑砂浆DMM5 | m3 | TJ | TJ〈体积〉 |
| 2 | A3-88 | 定 | 干混砂浆 砖砌内外墙（1墙厚）一砖 | | m3 | TJ | TJ〈体积〉 |

图 5-7　台阶挡墙做法

**4.绘图**

绘图前,打开"垂点捕捉"和"正交"功能,关闭其他捕捉方式,以便精准捕捉到轴线交点。按"L"键,将梁隐藏。所有墙按轴线绘制完成后,再以梁或柱为参照,采用对齐的方法一次性准确定位。

(1)矩形画法:矩形画法是外墙常用的绘制方法。单击"矩形",在轴线的交点处点取矩形对角线上的两点(如①轴和Ⓔ轴交点、⑨轴和Ⓑ轴交点),一次性画出建筑物外边的四道实体墙。

(2)直线画法:直线画法是内墙、单墙常用的绘图方法。单击"直线",在轴线的交点处用鼠标点取墙的起点,然后点取墙的终点,右击完成,画出一道墙。

(3)画男、女卫生间之间的隔墙:按"L"键,将梁显示出来,方便绘制。

(4)墙体准确定位:用对齐的方法将墙与柱或梁对齐,Ⓑ轴墙参照梁对齐,其余墙参照柱对齐。楼梯间⑥轴和⑦轴的墙与楼梯间柱对齐后如图5-8所示。

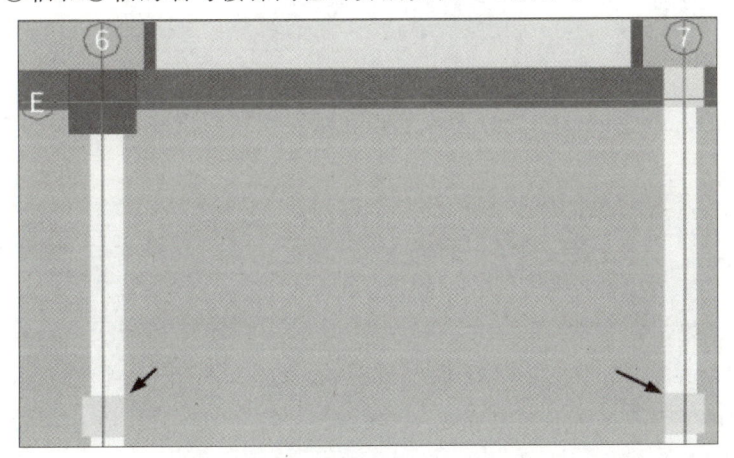

图5-8 楼梯间墙与柱对齐

**注意**:对齐后,⑦轴和Ⓓ轴墙相交处未闭合,如图5-9所示,因为此处没有柱,而且⑦轴墙偏轴,所以需要处理。如图5-10所示,单击选择⑦轴墙,单击A点进行拖拽,单击B点,按"Esc"键取消选择,处理后如图5-11所示。

图5-9 未闭合墙体

图5-10 拖拽墙体

图 5-11 闭合后的墙体

(5)台阶挡墙

①用 Shift 偏移的方法绘制:先绘制出挡墙左侧,如图 5-12 所示,再镜像到右边挡墙即可。

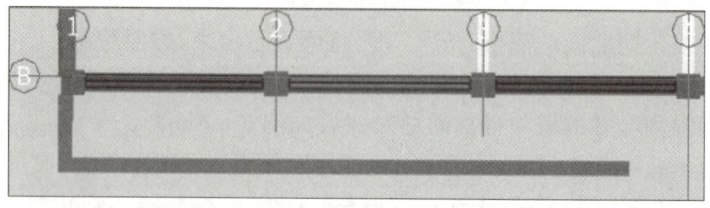

图 5-12 台阶挡墙左侧绘制

②参照 CAD 原图绘制:将 CAD 图纸管理和图层管理调出来,用描图的方法绘制,如图 5-13 所示。

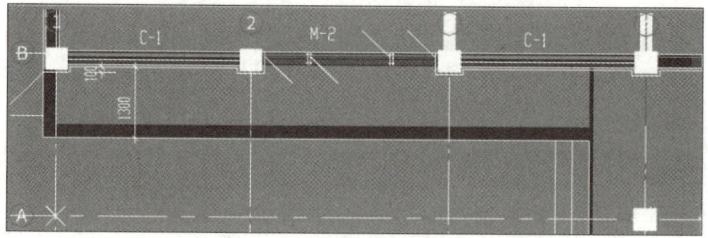

图 5-13 参照 CAD 原图绘制

**5.工程量**

只有当墙的依附构件门、窗、过梁及构造柱、圈梁等构件均绘制完成,发生扣减关系后,墙体工程量计算结果才准确。所以应先画完上述构件,再查看工程量。

(1)查看工程量

汇总计算后,单击"查看工程量",批量选择构件,首层内、外墙做法工程量如图 5-14 所示(已扣减门、窗、过梁、构造柱)。台阶挡墙室外地坪以上部分做法工程量如图 5-15 所示。

| | 编码 | 项目名称 | 单位 | 工程量 |
|---|---|---|---|---|
| 1 | 010402001 | 砌块墙 | m3 | 111.5364 |
| 2 | A3-102 HZF2-20 03 ZF2-2001 | 干混砂浆 砌块墙 加气混凝土砌块 换为【干混砌筑砂浆 DMM5】 | 10m3 | 11.15302 |
| 3 | QTQ-外墙 | | 10m3 | 3.91307 |
| 4 | QTQ-卫生间内墙 | | 10m3 | 0.33375 |
| 5 | QTQ-其他内墙 | | 10m3 | 6.9062 |
| 6 | 011701002 | 外脚手架 | m2 | 390.39 |
| 7 | A11-6 | 外墙脚手架 外墙高度在 15m以内 双排 | 100m2 | 3.9039 |
| 8 | QTQ-外墙 | | 100m2 | 3.9039 |
| 9 | 011701003 | 里脚手架 | m2 | 21.895 |
| 10 | A11-1 *0.6 | 外墙脚手架 外墙高度在 5m以内 单排 单价*0.6 | 100m2 | 0.21895 |
| 11 | QTQ-卫生间内墙 | | 100m2 | 0.21895 |
| 12 | 011701003 | 里脚手架 | m2 | 394.0501 |
| 13 | A11-20 | 内墙砌筑脚手架 3.6m以内里脚手架 | 100m2 | 3.940501 |
| 14 | QTQ-其他内墙 | | 100m2 | 3.940501 |

图 5-14 首层内、外墙做法工程量

| 编码 | 项目名称 | 单位 | 工程量 |
|---|---|---|---|
| 1 010401003 | 实心砖墙 | m3 | 2.04 |
| 2 A3-88 | 干混砂浆 砖砌内外墙(墙厚) 一砖 | 10m3 | 0.204 |

图 5-15　台阶挡墙室外地坪以上部分做法工程量

（2）查看工程量计算式

汇总计算后,单击"查看计算式"→要查看的墙体→"显示详细计算式"。首层①-②轴之间 1/①轴的墙体工程量详细计算式如图 5-16 所示。

```
计算机算量

长度=3.35m
墙高=4.1m
墙厚=0.2m
体积=(3.35<长度>*4.1<墙高>*0.2<墙厚>)-0.9*0.2*1.3<扣窗>-0.9*0.2*2.1<扣门>
     -3.325*0.2*0.4<扣梁>-1.4*0.2*0.1<扣砼过梁>=1.841m3
```

图 5-16　工程量详细计算式

## 5.2　门窗

**1.门**

（1）门属性定义

该工程铝合金门 M-1、M-3 和木门 M-4 属性如图 5-17、图 5-18、图 5-19 所示。

| | 属性名称 | 属性值 |
|---|---|---|
| 1 | 名称 | M-1 |
| 2 | 洞口宽度(mm) | 4800 |
| 3 | 洞口高度(mm) | 3550 |
| 4 | 离地高度(mm) | 0 |
| 5 | 框厚(mm) | 0 |
| 6 | 立樘距离(mm) | 0 |
| 7 | 洞口面积(m²) | 17.04 |
| 8 | 框外围面积(m²) | (17.04) |
| 9 | 框上下扣尺寸(mm) | 0 |
| 10 | 框左右扣尺寸(mm) | 0 |

图 5-17　M-1 属性

| | 属性名称 | 属性值 |
|---|---|---|
| 1 | 名称 | M-3 |
| 2 | 洞口宽度(mm) | 2000 |
| 3 | 洞口高度(mm) | 2100 |
| 4 | 离地高度(mm) | -300 |
| 5 | 框厚(mm) | 0 |
| 6 | 立樘距离(mm) | 0 |
| 7 | 洞口面积(m²) | 4.2 |
| 8 | 框外围面积(m²) | (4.2) |
| 9 | 框上下扣尺寸(... | 0 |
| 10 | 框左右扣尺寸(... | 0 |

图 5-18　M-3 属性

| | 属性名称 | 属性值 |
|---|---|---|
| 1 | 名称 | M-4 |
| 2 | 洞口宽度(mm) | 1000 |
| 3 | 洞口高度(mm) | 2100 |
| 4 | 离地高度(mm) | 0 |
| 5 | 框厚(mm) | 0 |
| 6 | 立樘距离(mm) | 0 |
| 7 | 洞口面积(m²) | 2.1 |
| 8 | 框外围面积(m²) | (2.1) |
| 9 | 框上下扣尺寸(... | 0 |
| 10 | 框左右扣尺寸(... | 0 |

图 5-19　M-4 属性

①洞口宽度与高度:矩形门,直接输入数据;参数化门和异形门,宽度取洞口外接矩形的尺寸。

②离地高度:洞口底部距楼地面的高度。注意 M-3 离地高度为－300 mm。

③框上下、左右扣尺寸:铝合金、塑钢门窗按洞口尺寸计算,扣减尺寸为"0";该工程木门为成品装饰门,工程量按樘计算,不需要计算框长度和扇面积,所以框上下、左右扣尺寸不需要输入。

④框厚:影响门窗洞口侧面装饰工程量,结合当地定额要求,如河北定额不考虑,输入"0"。

⑤立樘距离:门窗框与墙中心线的偏差,居中安装为"0";非居中安装的,画图时调整。

(2)门做法

①金属门

a.选择清单:如图 5-20 所示,单击"查询匹配清单",双击符合要求的清单项;添加项目特征,M-1 清单项及单位选择如图 5-21 所示,修改单位使其与表达式一致:单击"樘"右侧的下拉三角按钮,选择"m2"。

| 编码 | 名称 | 单位 |
| --- | --- | --- |
| 4 010801004 | 木质防火门 | 樘/m2 |
| 5 010801005 | 木门框 | 樘/m |
| 6 010801006 | 门锁安装 | 个/套 |
| 7 010802001 | 金属(塑钢)门 | 樘/m2 |

图 5-20　查询匹配清单

| | 编码 | 类别 | 名称 | 项目特征 | 单位 | 工程量表达式 | 表达式说明 |
| --- | --- | --- | --- | --- | --- | --- | --- |
| 1 | 010802001 | 项 | 金属(塑钢)门 | 铝合金地弹门 | 樘 | DKMJ | DKMJ〈洞口面积〉 |
| | | | | | 樘 | | |
| | | | | | m2 | | |

图 5-21　M-1 清单项及单位选择

b.选择定额:单击"查询定额库",如图 5-22 所示,单击定额库右侧的下拉三角按钮,选择"全国统一建筑装饰装修工程消耗量定额河北省消耗量定额(2012)"。

图 5-22　定额库切换

c.如图 5-23 所示,在"门窗工程"→"金属门"→"成品金属门安装"里查询对应的定额"B4-118"后,双击。

图 5-23　定额选择

d.铝合金 M-1 做法如图 5-24 所示。类别处显示"借",因为软件开始选择的是建筑工程基础定额,所以以后出现的非建筑工程基础定额均以"借"的形式出现。

| | 编码 | 类别 | 名称 | 项目特征 | 单位 | 工程量表达式 | 表达式说明 |
| --- | --- | --- | --- | --- | --- | --- | --- |
| 1 | — 010802001 | 项 | 金属(塑钢)门 | 铝合金地弹门 | m2 | DKMJ | DKMJ〈洞口面积〉 |
| 2 | B4-118 | 借 | 成品铝合金门安装 地弹门 | | m2 | DKMJ | DKMJ〈洞口面积〉 |
| 3 | BM-3 | 借 | 铝合金门(制作)五金配件 四扇地弹门 | | 樘 | SL | SL〈数量〉 |

图 5-24　M-1 做法

e.用复制的方法快速完成铝合金地弹门 M-2、平开门 M-3 的属性编辑和做法,修改洞口尺寸和 M-3 的做法。M-3 做法如图 5-25 所示。

|   | 编码 | 类别 | 名称 | 项目特征 | 单位 | 工程量表达式 | 表达式说明 |
|---|---|---|---|---|---|---|---|
| 1 | 010802001 | 项 | 金属(塑钢)门 | 铝合金平开门 | m2 | DKMJ | DKMJ<洞口面积> |
| 2 | B4-119 | 借 | 成品铝合金门安装 平开门 | | m2 | DKMJ | DKMJ<洞口面积> |
| 3 | BM-4 | 借 | 铝合金门(制作)五金配件 单扇平开门 | | 樘 | SL*2 | SL<数量>*2 |

图 5-25　M-3 做法

③木门

M-4、M-5 为成品装饰门带门套，清单定额选取后，工程量表达式需要编辑，如图 5-26 所示。装饰门的单位是"扇"，单击"工程量表达式"右侧下拉三角按钮下的"更多…"，双击代码列表对应的工程量代码"数量"，单击"确定"按钮。

|   | 编码 | 类别 | 名称 | 项目特征 | 单位 | 工程量表达式 | 表达式说明 |
|---|---|---|---|---|---|---|---|
| 1 | 010801002 | 项 | 木质门带套M-4 | 成品装饰门带门套 | m2 | DKMJ | DKMJ<洞口面积> |
| 2 | B4-270 | 借 | 门套(成品)安装 300mm以内 | | m | DKSMCD | DKSMCD<洞口三面长度> |
| 3 | B4-87 | 借 | 装饰门扇 | | 扇 | | SL<数量> |

图 5-26　工程量表达式

完成后的 M-4 做法及工程量表达式如图 5-27 所示。

> **注意**：门扇的定额计量单位为数量，M-4 和 M-5 宽度不同，单扇的价钱不同，使用同一编码，工程量汇总时会合并同类项，所以需在名称处注明门的编号或在项目特征处描述洞口尺寸。

|   | 编码 | 类别 | 名称 | 项目特征 | 单位 | 工程量表达式 | 表达式说明 |
|---|---|---|---|---|---|---|---|
| 1 | 010801002 | 项 | 木质门带套M-4 | 成品装饰门带门套 | m2 | DKMJ | DKMJ<洞口面积> |
| 2 | B4-270 | 借 | 门套(成品)安装 300mm以内 | | m | DKSMCD | DKSMCD<洞口三面长度> |
| 3 | B4-87 | 借 | 装饰门扇 | | 扇 | SL | SL<数量> |

图 5-27　M-4 做法及工程量表达式

M-5 采用复制的方法，修改门宽度，快速完成属性编辑和构件做法。

**2.窗**

（1）窗属性定义

窗的定义方法同门。塑钢窗 C-1 属性如图 5-28 所示，输入离地高度，顶标高自动生成。铝合金固定窗 C-2 属性如图 5-29 所示。

|   | 属性名称 | 属性值 |
|---|---|---|
| 1 | 名称 | C-1 |
| 2 | 类别 | 普通窗 |
| 3 | 顶标高(m) | 层底标高+3.55 |
| 4 | 洞口宽度(mm) | 3100 |
| 5 | 洞口高度(mm) | 2650 |
| 6 | 离地高度(mm) | 900 |
| 7 | 框厚(mm) | 0 |
| 8 | 立樘距离(mm) | 0 |
| 9 | 洞口面积(m²) | 8.215 |
| 10 | 框外围面积(m²) | (8.215) |
| 11 | 框上下扣尺寸(... | 0 |
| 12 | 框左右扣尺寸(... | 0 |

|   | 属性名称 | 属性值 |
|---|---|---|
| 1 | 名称 | C-2 |
| 2 | 类别 | 普通窗 |
| 3 | 顶标高(m) | 层底标高+3.7 |
| 4 | 洞口宽度(mm) | 900 |
| 5 | 洞口高度(mm) | 1300 |
| 6 | 离地高度(mm) | 2400 |
| 7 | 框厚(mm) | 0 |
| 8 | 立樘距离(mm) | 0 |
| 9 | 洞口面积(m²) | 1.17 |
| 10 | 框外围面积(m²) | (1.17) |
| 11 | 框上下扣尺寸(mm) | 0 |
| 12 | 框左右扣尺寸(mm) | 0 |

图 5-28　塑钢窗 C-1 属性　　　图 5-29　铝合金固定窗 C-2 属性

(2) 窗做法

C-1 做法如图 5-30 所示,图纸设计南、北向外窗玻璃不同,在计价软件中进行调价处理。C-1 完成,用复制方法快速完成其他窗。修改项目特征描述、洞口尺寸、离地高度等不同的信息。

| 编码 | 类别 | 名称 | 项目特征 | 单位 | 工程量表达式 | 表达式说明 |
|---|---|---|---|---|---|---|
| 1 010807001 | 项 | 金属(塑钢、断桥)窗 | 塑钢中空热反射玻璃窗带纱扇 平开 | m2 | DKMJ | DKMJ〈洞口面积〉 |
| 2 B4-259 | 借 | 塑钢窗安装带纱扇 平开 | | m2 | DKMJ | DKMJ〈洞口面积〉 |

图 5-30 塑钢窗 C-1 做法

卫生间铝合金固定窗 C-2 各层高度不同,一层为 1 300,二层为 700,三层为 1 100。铝合金固定窗 C-2 做法如图 5-31 所示。

| 编码 | 类别 | 名称 | 项目特征 | 单位 | 工程量表达式 | 表达式说明 |
|---|---|---|---|---|---|---|
| 1 010807001 | 项 | 金属(塑钢、断桥)窗 | 铝合金固定窗 | m2 | DKMJ | DKMJ〈洞口面积〉 |
| 2 B4-225 | 借 | 铝合金固定窗安装 | | m2 | DKMJ | DKMJ〈洞口面积〉 |

图 5-31 铝合金固定窗 C-2 做法

### 3. 墙洞

卫生间入口处洞口在"墙洞"中定义。砌块墙或砖墙上的洞口只产生扣减关系,不需要定义做法,混凝土墙上的洞口需根据洞口尺寸按照工程量计算规则计算模板的工程量。

### 4. 绘图

(1) 智能布置绘图

外门窗的水平位置大部分居墙段中间位置,首选"智能布置→墙段中点"的方法快速绘图,但需要预先将墙打断。

① 墙打断

单击需要打断的"墙",右击确认,如图 5-32 所示,单击"打断"。

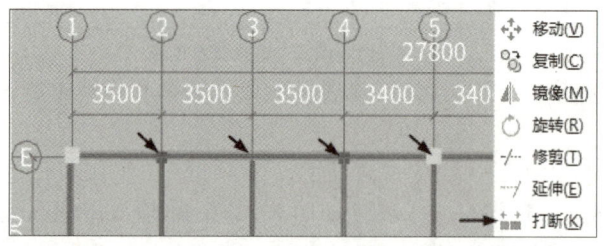

图 5-32 墙打断

如图 5-33 所示,连续单击打断点,右击确认,提示"打断完成",选中的墙被打断成单个图元。

图 5-33 墙打断点

② 智能布置

以Ⓔ轴 C-3 为例,在构件列表中选择"C-3",如图 5-34 所示,单击"智能布置"→"墙段中点"。

单击或拉框选择 C-3 所在的墙段,如图 5-35 所示,右击确认,绘制完

图 5-34 智能布置墙段中点

成的Ⓔ轴 C-3 如图 5-36 所示。用同样方法绘制外墙其他门窗。

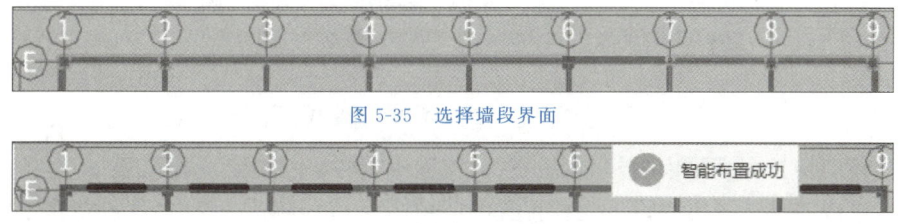

图 5-35 选择墙段界面

图 5-36 绘制完成的Ⓔ轴 C-3

③精确布置

绘图前,单击"工具"→"选项"→"绘图设置",打开指针输入,单击"确定"按钮。

该工程内门需要准确定位,此处需考虑门上过梁的施工方法是采用预制还是现浇。以女卫生间 M-5 为例,在构件列表选择"M-5",单击"门二次编辑"栏的"精确布置",在需要精确布置的墙体上单击参照点作为精确布置的起点,如图 5-37 所示;移动鼠标选择绘图方向,在输入框中输入偏移距离,该数值为门边线距离参照点的距离,按回车键完成精确布置。

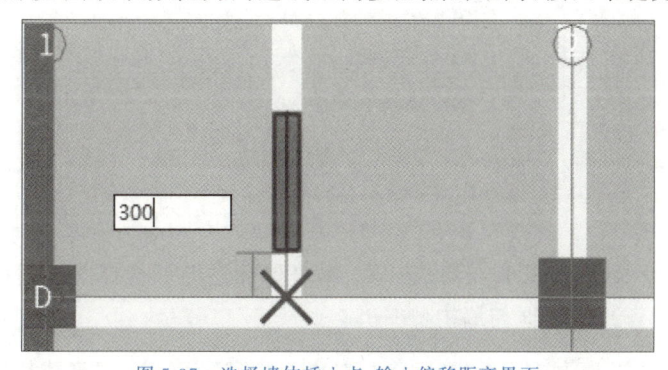

图 5-37 选择墙体插入点、输入偏移距离界面

用同样方法精确布置内墙其他门。绘制完成的门局部平面如图 5-38 所示。

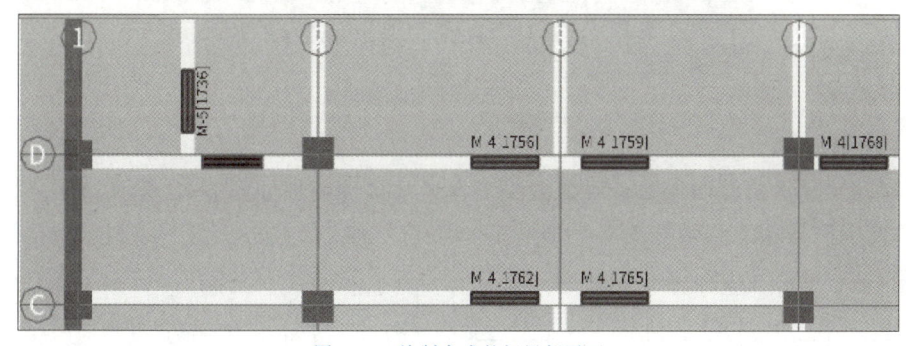

图 5-38 绘制完成的门局部平面

(2)点式画法

用鼠标左键在墙的大概位置单击,完成绘制(位置稍有误差,不影响工程量计算,只产生扣减关系)。

(4)设置门窗立樘位置

门窗立樘位置影响两侧墙体装修的工作量,软件默认门窗在墙厚的中间位置,如图 5-39 所示。如果门窗的位置不是居中的,如 M-2、M-3,则需要准确设置立樘位置使其与墙内侧平齐。

图 5-39 软件默认门窗立樘位置

①先将门窗按立樘居中画好，然后在"门二次编辑"档中选择"立樘位置"。

②点选或拉框选择需要设置立樘位置的门窗图元，右击确认，弹出"设置立樘位置"对话框，如图 5-40 所示，选择对齐方式"框边线对齐墙边线"，单击"确定"按钮。

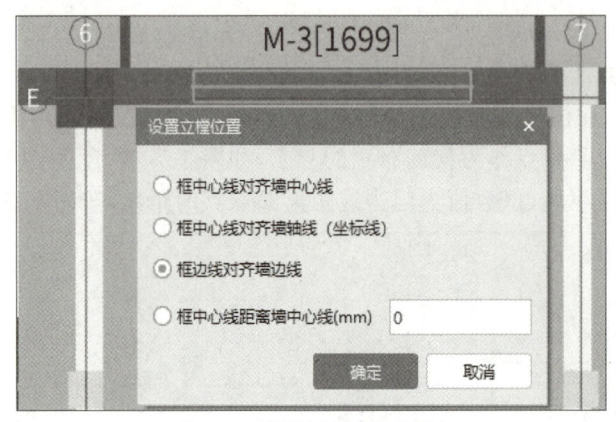

图 5-40 设置立樘位置对话框

③如图 5-41 所示，在该框所在墙的一侧，单击鼠标左键可选择立樘偏移方向（即决定与墙的哪一侧边线对齐），M-3 框与墙内侧平齐。

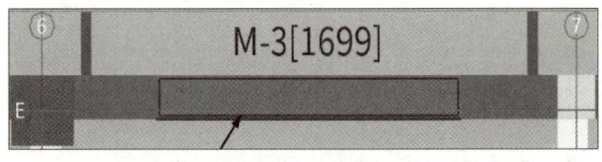

图 5-41 完成后的 M-3 框位置

### 5.工程量

(1)单击"显示构件明细"，首层窗做法工程量及构件明细如图 5-42 所示。

(2)首层门做法工程量如图 5-43 所示。

| | 编码 | 项目名称 | 单位 | 工程量 |
|---|---|---|---|---|
| 1 | 010807001 | 金属（塑钢、断桥）窗 | m2 | 32.86 |
| 2 | B4-259 | 塑钢窗安装 带纱扇 平开 | 100m2 | 0.3286 |
| 3 | C-1 | | 100m2 | 0.3286 |
| 4 | 010807001 | 金属（塑钢、断桥）窗 | m2 | 1.17 |
| 5 | B4-225 | 铝合金固定窗安装 | 100m2 | 0.0117 |
| 6 | C-2 | | 100m2 | 0.0117 |
| 7 | 010807001 | 金属（塑钢、断桥）窗 | m2 | 37.1 |
| 8 | B4-259 | 塑钢窗安装 带纱扇 平开 | 100m2 | 0.371 |
| 9 | C-3 | | 100m2 | 0.371 |

图 5-42 首层窗做法工程量及构件明细

| | 编码 | 项目名称 | 单位 | 工程量 |
|---|---|---|---|---|
| 1 | 010802001 | 金属（塑钢）门 | m2 | 39.05 |
| 2 | B4-118 | 成品铝合金门安装 地弹门 | 100m2 | 0.3905 |
| 3 | BM-3 | 铝合金门（制作）五金配件 四扇地弹门 | 樘 | 3 |
| 4 | 010802001 | 金属（塑钢）门 | m2 | 4.2 |
| 5 | B4-119 | 成品铝合金门安装 平开门 | 100m2 | 0.042 |
| 6 | BM-4 | 铝合金门（制作）五金配件 单扇平开门 | 樘 | 2 |
| 7 | 010801002 | 木质门带套M-4 | m2 | 21 |
| 8 | B4-270 | 门套(成品)安装 300mm以内 | 100m | 0.52 |
| 9 | B4-87 | 装饰门扇 | 10扇 | 1 |
| 10 | 010801002 | 木质门带套M-5 | m2 | 3.78 |
| 11 | B4-270 | 门套(成品)安装 300mm以内 | 100m | 0.102 |
| 12 | B4-87 | 装饰门扇 | 10扇 | 0.2 |

图 5-43 首层门做法工程量

## 5.3 过梁

定义前,先判断哪些门窗洞口处需要设置过梁,是采用预制过梁还是现浇过梁。

本工程内门及卫生间门洞口需要设置过梁,其余不需要。D-1和女厕所M-5过梁产生冲突,①轴与④轴、⑥轴、⑧轴相交处的M-4旁边有框架柱,所以采用现浇过梁;男厕所M-5和其余的M-4采用预制过梁。

**1.新建过梁及属性**

新建"预制过梁"和"现浇过梁"两种类型。按图纸结构设计说明第八条的第(五)小条的第4条要求,该工程过梁高度为100 mm。

M-4预制过梁属性如图5-44所示(M-5过梁箍筋数量为8根),现浇过梁属性如图5-45所示,长度为两端的支撑长度之和,截面宽度与所在墙的厚度相同,不需定义。

| | 属性名称 | 属性值 | | | |
|---|---|---|---|---|---|
| 1 | 名称 | GL-1预制 | 11 | 混凝土类型 | (预拌混凝土) |
| 2 | 截面宽度(mm) | | 12 | 混凝土强度等级 | (C20) |
| 3 | 截面高度(mm) | 100 | 13 | 混凝土外加剂 | (无) |
| 4 | 中心线距左墙… | (0) | 14 | 泵送类型 | (混凝土泵) |
| 5 | 全部纵筋 | 2⏀6 | 15 | 泵送高度(m) | |
| 6 | 上部纵筋 | | 16 | 位置 | 洞口上方 |
| 7 | 下部纵筋 | | 17 | 顶标高 | 洞口顶标高加过梁高度 |
| 8 | 箍筋 | 9⏀4 | 18 | 起点伸入墙内… | 250 |
| 9 | 肢数 | 1 | 19 | 终点伸入墙内… | 250 |
| 10 | 材质 | 预拌预制砼 | 20 | 长度(mm) | (500) |
| | | | 21 | 截面周长(m) | 0.2 |

图5-44 预制过梁属性

| | | | | 属性名称 | 属性值 |
|---|---|---|---|---|---|
| 11 | 混凝土类型 | (预拌混凝土) | 1 | 名称 | GL-2现浇 |
| 12 | 混凝土强度等级 | (C20) | 2 | 截面宽度(mm) | |
| 13 | 混凝土外加剂 | (无) | 3 | 截面高度(mm) | 100 |
| 14 | 泵送类型 | (混凝土泵) | 4 | 中心线距左墙… | (0) |
| 15 | 泵送高度(m) | | 5 | 全部纵筋 | 2⏀6 |
| 16 | 位置 | 洞口上方 | 6 | 上部纵筋 | |
| 17 | 顶标高 | 洞口顶标高加过梁高度 | 7 | 下部纵筋 | |
| 18 | 起点伸入墙内… | 250 | 8 | 箍筋 | 8⏀4 |
| 19 | 终点伸入墙内… | 250 | 9 | 肢数 | 1 |
| 20 | 长度(mm) | (500) | 10 | 材质 | 预拌现浇砼 |
| 21 | 截面周长(m) | 0.2 | | | |

图5-45 现浇过梁属性

**2.过梁做法**

(1)预制过梁做法如图5-46所示,需考虑过梁的安装及拼装定额子目。混凝土、模板工程量表达式需要自行编辑。

| | 编码 | 类别 | 名称 | 项目特征 | 单位 | 工程量表达式 | 表达式说明 |
|---|---|---|---|---|---|---|---|
| 1 | 010510003 | 项 | 过梁 | 1.C20预拌预制 | m3 | CD*KD*GD | CD<长度>*KD<宽度>*GD<高度> |
| 2 | A4-292 HBB9-0005 BB9-0003 | 换 | 预拌混凝土(预制)过梁 换为【预拌混凝土 C20】 | | m3 | CD*KD*GD | CD<长度>*KD<宽度>*GD<高度> |
| 3 | A9-121 | 定 | 混凝土构件安装及拼装过梁塔式起重机干混砂浆 | | m3 | CD*KD*GD | CD<长度>*KD<宽度>*GD<高度> |
| 4 | 011702009 | 项 | 过梁 | 过梁模板 | m2 | (CD+KD)*2*GD +CD*KD | (CD<长度>+KD<宽度>)*2*GD<高度>+CD<长度>*KD<宽度> |
| 5 | A12-111 | 定 | 预制混凝土木模板 过梁 | | m2 | (CD+KD)*2*GD +CD*KD | (CD<长度>+KD<宽度>)*2*GD<高度>+CD<长度>*KD<宽度> |

图5-46 预制过梁做法

(2)现浇过梁做法如图 5-47 所示。

| | 编码 | 类别 | 名称 | 项目特征 | 单位 | 工程量表达式 | 表达式说明 |
|---|---|---|---|---|---|---|---|
| 1 | – 010510003 | 项 | 过梁 | 1.C20预拌现浇 | m3 | TJ | TJ<体积> |
| 2 | A4-180 | 定 | 预拌混凝土(现浇) 过梁 | | m3 | TJ | TJ<体积> |
| 3 | – 011702009 | 项 | 过梁 | 过梁模板 | m2 | MBMJ | MBMJ<模板面积> |
| 4 | A12-23 | 定 | 现浇混凝土组合式钢模板 过梁 | | m2 | MBMJ | MBMJ<模板面积> |

图 5-47 现浇过梁做法

### 3. 绘图

点式画法:选择过梁,在有过梁的门窗洞口位置单击,如图 5-48 所示。注意男卫生间 M-5 上部过梁顶标高,绘制完成后,选择过梁,将其顶标高属性修改为 2.2 m。

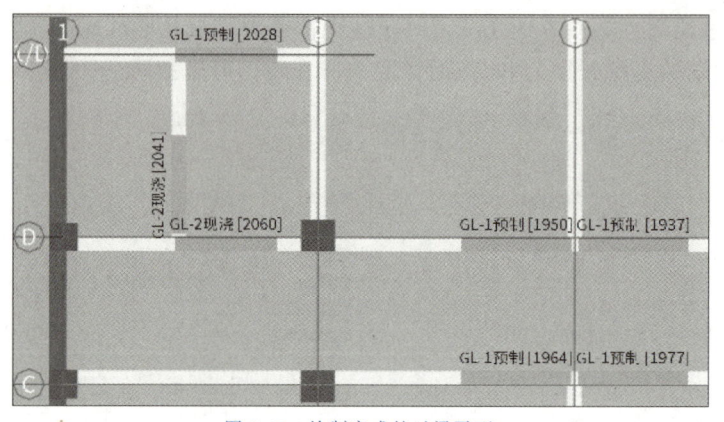

图 5-48 绘制完成的过梁平面

### 4. 工程量

(1)土建工程量

单击"汇总计算"→"查看工程量",首层过梁做法工程量如图 5-49 所示。

| | 编码 | 项目名称 | 单位 | 工程量 |
|---|---|---|---|---|
| 1 | 010510003 | 过梁 | m3 | 0.238 |
| 2 | A4-292 HBB9-0005 BB9-0003 | 预拌混凝土(预制) 过梁 换为【预拌混凝土 C20】 | 10m3 | 0.0238 |
| 3 | A9-121 | 混凝土构件安装及拼装过梁塔式起重机干混砂浆 | 10m3 | 0.0238 |
| 4 | 011702009 | 过梁 | m2 | 5.08 |
| 5 | A12-111 | 预制混凝土木模板 过梁 | 100m2 | 0.0508 |
| 6 | 010510003 | 过梁 | m3 | 0.1355 |
| 7 | A4-180 | 预拌混凝土(现浇) 过梁 | 10m3 | 0.01355 |
| 8 | 011702009 | 过梁 | m2 | 2.29 |
| 9 | A12-23 | 现浇混凝土组合式钢模板 过梁 | 100m2 | 0.0229 |

图 5-49 首层过梁做法工程量

(2)钢筋工程量

①轴与③轴相交处的预制过梁 GL-1 钢筋工程量如图 5-50 所示,①轴与④轴相交处的现浇过梁 GL-2 钢筋工程量如图 5-51 所示,2 号钢筋的图号为"1",在计算长度时需要手动修改,完成后锁定。

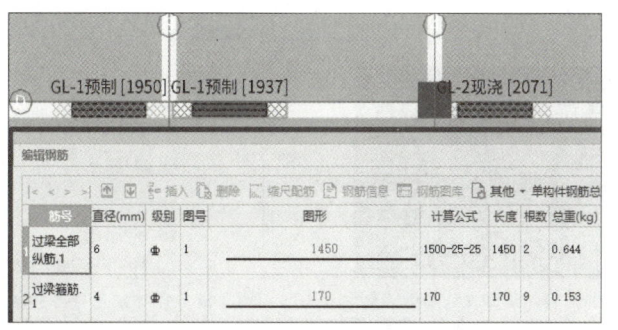

图 5-50 预制过梁 GL-1 钢筋工程量

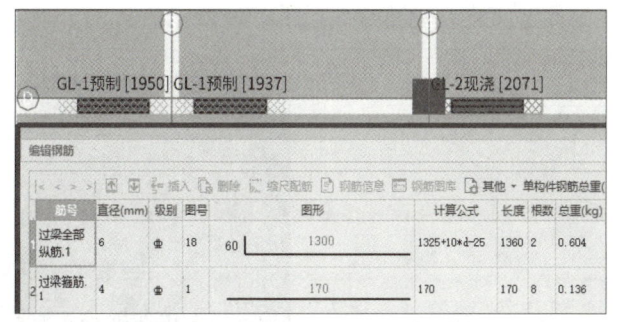

图 5-51 现浇过梁 GL-2 钢筋工程量

## 5.4 砌体加筋

**1. 生成砌体加筋**

砌体加筋采用自动生成的功能完成。整栋楼墙、柱全部绘制完成后，在"导航树"切换到"墙"→"砌体加筋"，如图 5-52 所示，单击"生成砌体加筋"，在弹出的对话框中选择节点类型。

图 5-52 生成砌体加筋

如图 5-53 所示，针对不同的设置条件，单击"加筋形式"，逐一选择，在下方的节点示意图中输入参数，包括尺寸和钢筋信息，如图 5-54 所示，勾选"生成方式"；在右侧选择楼层，如图 5-55 所示，单击"确定"按钮，提示"生成完成"。本工程框架柱采用植筋的方法，构造柱采用预埋的方法。

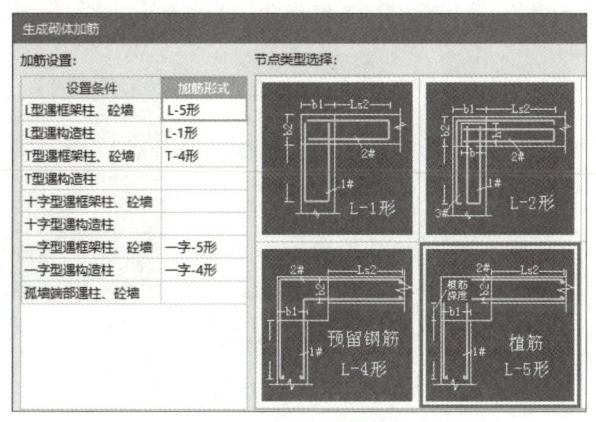

图 5-53 节点类型选择

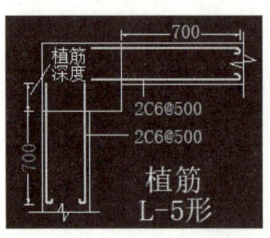

图 5-54 砌体加筋参数设置　　　图 5-55 砌体加筋选择楼层

**2. 砌体加筋属性**

砌体加筋属性在构件定义栏自动生成,如图 5-56 所示。

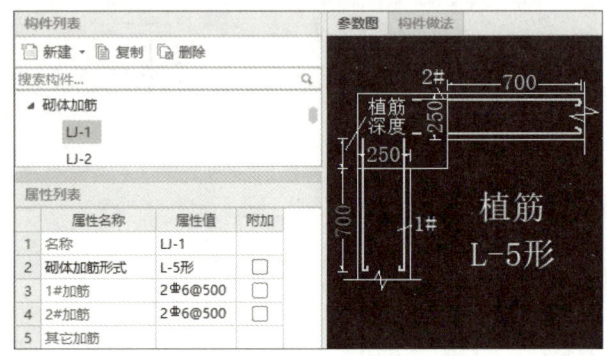

图 5-56 砌体加筋属性

**3. 编辑砌体加筋**

单击"汇总计算"→"编辑钢筋",首层Ⓔ轴和①轴相交处框架柱砌体加筋工程量如图 5-57 所示。Ⓒ轴和④轴相交处框架柱砌体加筋工程量如图 5-58 所示。

另:混凝土内植筋钻孔工程量应单独计算,在计价软件中输入。

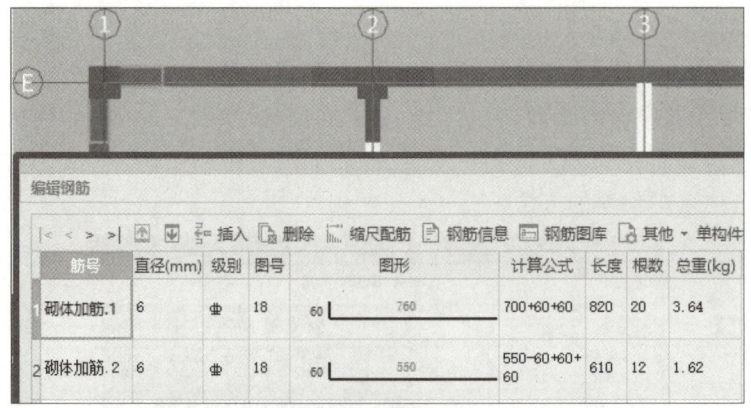

图 5-57 首层Ⓔ轴和①轴相交处框架柱砌体加筋工程量

图 5-58 首层Ⓒ轴和④轴相交处框架柱砌体加筋工程量

# 模块 6

## 首层其他构件

### 6.1 建筑面积

按照河北省定额,垂直运输的工程量就是建筑面积,所以在每一层均应绘图。

**1.属性**

首层建筑面积属性如图 6-1 所示,YP-1 建筑面积属性如图 6-2 所示,雨篷 YP-1 计算一半建筑面积。

| | 属性名称 | 属性值 |
| --- | --- | --- |
| 1 | 名称 | JZMJ-1 |
| 2 | 底标高(m) | 层底标高 |
| 3 | 建筑面积计算方式 | 计算全部 |

图 6-1　首层建筑面积属性

| | 属性名称 | 属性值 |
| --- | --- | --- |
| 1 | 名称 | JZMJ-YP-1 |
| 2 | 底标高(m) | 层底标高 |
| 3 | 建筑面积计算方式 | 计算一半 |

图 6-2　YP-1 建筑面积属性

**2.做法**

建筑面积做法如图 6-3 所示。装饰装修垂直运输工程量在计价软件中考虑。

| | 编码 | 类别 | 名称 | 项目特征 | 单位 | 工程量表达式 | 表达式说明 |
| --- | --- | --- | --- | --- | --- | --- | --- |
| 1 | − 011703001 | 项 | 垂直运输 | 主体垂直运输 | m2 | MJ | MJ<面积> |
| 2 | A13-7 | 定 | 建筑物垂直运输 ±0.00m以上,20m(6层)以内 现浇框架 | | m2 | MJ | MJ<面积> |

图 6-3　建筑面积做法

**3.绘图**

外墙外围范围内采用点式绘制,在外墙封闭的区域单击即可;雨篷 YP-1 部分采用矩形画法,首先按"P"键,将画好的雨篷显示出来,然后单击对角线上的两点即可。

**4.工程量计算式**

建筑面积工程量计算式如图 6-4 所示。注意工程量表达式"MJ 面积"和"YSMJ 原始面积"的区别。

查看工程量计算式

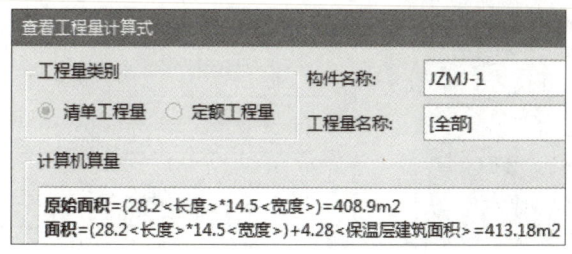

工程量类别　　　　　　构件名称　JZMJ-1
○清单工程量　○定额工程量　　工程量名称　[全部]
计算机算量
原始面积=(28.2<长度>*14.5<宽度>)=408.9m2
面积=(28.2<长度>*14.5<宽度>)+4.28<保温层建筑面积>=413.18m2

图 6-4　建筑面积工程量计算式

**5.工程量**

首层主体垂直运输(建筑面积)构件工程量和做法工程量如图6-5、图6-6所示。墙保温层绘制完成后,建筑面积工程量才准确。

| 楼层 | 名称 | 工程量名称 | | | |
|---|---|---|---|---|---|
| | | 原始面积(m2) | 面积(m2) | 周长(m) | 综合脚手架面积(m2) |
| 首层 | JZMJ-1 | 408.9 | 413.18 | 85.4 | 413.18 |
| | JZMJ-雨篷 | 33 | 16.5 | 25.1 | 16.5 |
| | 小计 | 441.9 | 429.68 | 110.5 | 429.68 |
| 合计 | | 441.9 | 429.68 | 110.5 | 429.68 |

图6-5　垂直运输构件工程量

| 编码 | 项目名称 | 单位 | 工程量 |
|---|---|---|---|
| 011703001 | 垂直运输 | m2 | 429.68 |
| A13-7 | 建筑物垂直运输 ±0.00m以上,20m(6层)以内 现浇框架 | 100m2 | 4.2968 |

图6-6　垂直运输做法工程量

## 6.2 平整场地

**1.做法**

平整场地做法如图6-7所示。

| 编码 | 类别 | 名称 | 项目特征 | 单位 | 工程量表达式 | 表达式说明 |
|---|---|---|---|---|---|---|
| 010101001 | 项 | 平整场地 | 二类土 | m2 | MJ | MJ<面积> |
| A1-39 | 定 | 人工 平整场地 | | m2 | MJ | MJ<面积> |

图6-7　平整场地做法

**2.绘图**

平整场地工程量表达式中的面积是外墙外围所包围的面积,没有包含保温层的面积。在绘图时要注意,应捕捉包含保温层的外墙的两个角点进行绘制。

绘图方法采用点式画法整体向外偏移50 mm,或"矩形画法＋Shift偏移"方法,先以①轴和Ⓔ轴交点为参照点,输入偏移值,如图6-8所示,画出矩形对角线的一个点;再以Ⓑ轴和⑨轴交点为参照点,输入偏移值,如图6-9所示,画出矩形对角线的另一个点。绘制有基础的雨篷时,应计算平整场地工程量,沿雨篷柱外围采用矩形方法绘制,注意与外墙保温层所包围的范围吻合。

图6-8　输入偏移值1

图 6-9　输入偏移值 2

### 3. 工程量

平整场地工程量如图 6-10 所示。

| 编码 | 项目名称 | 单位 | 工程量 |
|---|---|---|---|
| 1 010101001 | 平整场地 | m2 | 434.42 |
| 2 A1-39 | 人工 平整场地 | 100m2 | 4.3442 |

图 6-10　平整场地工程量

## 6.3　台阶

### 1. 属性

台阶属性如图 6-11～图 6-14 所示。

| 属性名称 | 属性值 |
|---|---|
| 1 名称 | TAIJ-南台阶 |
| 2 台阶高度(mm) | 450 |
| 3 踏步高度(mm) | 450 |
| 4 材质 | 预拌现浇砼 |
| 5 混凝土强度等级 | C15 |
| 6 顶标高(m) | 层底标高 |

图 6-11　南台阶属性

| 属性名称 | 属性值 |
|---|---|
| 1 名称 | TAIJ-北台阶 |
| 2 台阶高度(mm) | 150 |
| 3 踏步高度(mm) | 150 |
| 4 材质 | 预拌现浇砼 |
| 5 混凝土强度等级 | C15 |
| 6 顶标高(m) | 层底标高-0.3 |

图 6-12　北台阶属性

| 属性名称 | 属性值 |
|---|---|
| 1 名称 | TAIJ-南面大平台 |
| 2 台阶高度(mm) | 450 |
| 3 踏步高度(mm) | 450 |
| 4 材质 | 预拌现浇砼 |
| 5 混凝土强度等级 | C15 |
| 6 顶标高(m) | 层底标高 |

图 6-13　台阶南面大平台属性

| 属性名称 | 属性值 |
|---|---|
| 1 名称 | TAIJ-内台阶 |
| 2 台阶高度(mm) | 300 |
| 3 踏步高度(mm) | 300 |
| 4 材质 | 预拌现浇砼 |
| 5 混凝土强度等级 | C15 |
| 6 顶标高(m) | 层底标高 |

图 6-14　内台阶属性

### 2. 做法

台阶定义时，需分别定义踏步和平台的做法，如图 6-15～图 6-17 所示。

| | 编码 | 类别 | 名称 | 项目特征 | 单位 | 工程量表达式 | 表达式说明 |
|---|---|---|---|---|---|---|---|
| 1 | 010507004 | 项 | 台阶混凝土基层 | 1.预拌<br>2.C15 | m2 | TBSPTYMJ | TBSPTYMJ<踏步水平投影面积> |
| 2 | A4-218 | 定 | 预拌混凝土(现浇)台阶混凝土基层 | | m2水平投影面积 | TBSPTYMJ | TBSPTYMJ<踏步水平投影面积> |
| 3 | 011702027 | 项 | 台阶 | 台阶模板 | m2 | (1.45*2+1.3*4+6.8)*0.15 | 2.235 |
| 4 | A12-100 | 定 | 现浇混凝土木模板 台阶 | | m2 | (1.45*2+1.3*4+6.8)*0.15 | 2.235 |
| 5 | 011107002 | 项 | 块料台阶面 | 预制水磨石板25mm厚 | m2 | TBSPTYMJ | TBSPTYMJ<踏步水平投影面积> |
| 6 | B1-508 | 借 | 干混砂浆 预制水磨石台阶 | | m2 | TBSPTYMJ | TBSPTYMJ<踏步水平投影面积> |
| 7 | 011102003 | 项 | 平台部分块料楼地面 | 预制水磨石板25mm厚 | m2 | PTSPTYMJ | PTSPTYMJ<平台水平投影面积> |
| 8 | B1-468 | 借 | 干混砂浆 预制水磨石板楼地面 | | m2 | PTSPTYMJ | PTSPTYMJ<平台水平投影面积> |
| 9 | 010501001 | 项 | 平台部分垫层 | 60厚C15混凝土预拌<br>300厚3:7灰土<br>素土夯实 | m3 | PTSPTYMJ*0.06 | PTSPTYMJ<平台水平投影面积>*0.06 |
| 10 | B1-25 | 借 | 垫层 预拌混凝土 | | m3 | PTSPTYMJ*0.06 | PTSPTYMJ<平台水平投影面积>*0.06 |
| 11 | B1-2 | 借 | 垫层 灰土 3:7 | | m3 | PTSPTYMJ*0.3 | PTSPTYMJ<平台水平投影面积>*0.3 |
| 12 | B1-1 | 借 | 垫层 素土 | | m3 | PTSPTYMJ*(0.45-0.025-0.03-0.06-0.3) | PTSPTYMJ<平台水平投影面积>*(0.45-0.025-0.03-0.06-0.3) |

图 6-15 南台阶做法

| | 编码 | 类别 | 名称 | 项目特征 | 单位 | 工程量表达式 | 表达式说明 |
|---|---|---|---|---|---|---|---|
| 1 | 011102003 | 项 | 平台部分块料楼地面 | 预制水磨石板25mm厚 | m2 | 28.3*1.35 | 38.205 |
| 2 | B1-468 | 借 | 干混砂浆预制水磨石板楼地面 | | m2 | 28.3*1.35 | 38.205 |
| 3 | 010501001 | 项 | 平台部分垫层 | 60厚C15混凝土预拌<br>300厚3:7灰土<br>素土夯实 | m3 | PTSPTYMJ*0.06 | PTSPTYMJ<平台水平投影面积>*0.06 |
| 4 | B1-25 | 借 | 垫层 预拌混凝土 | | m3 | PTSPTYMJ*0.06 | PTSPTYMJ<平台水平投影面积>*0.06 |
| 5 | B1-2 | 借 | 垫层 灰土 3:7 | | m3 | PTSPTYMJ*0.3 | PTSPTYMJ<平台水平投影面积>*0.3 |
| 6 | B1-1 | 借 | 垫层 素土 | | m3 | PTSPTYMJ*(0.45-0.025-0.03-0.06-0.3) | PTSPTYMJ<平台水平投影面积>*(0.45-0.025-0.03-0.06-0.3) |

图 6-16 台阶南面大平台做法

> 说明：计算台阶南面大平台面积时，面层和基层的范围不同，面层应包括台阶挡墙部分。绘图时，按基层绘制（台阶挡墙以内部分），面层在工程量表达式中自行编辑。

| | 编码 | 类别 | 名称 | 项目特征 | 单位 | 工程量表达式 | 表达式说明 |
|---|---|---|---|---|---|---|---|
| 1 | 010507004 | 项 | 台阶混凝土基层 | 1.预拌<br>2.C15 | m2 | TBSPTYMJ | TBSPTYMJ<踏步水平投影面积> |
| 2 | A4-218 | 定 | 预拌混凝土(现浇)台阶混凝土基层 | | m2水平投影面积 | TBSPTYMJ | TBSPTYMJ<踏步水平投影面积> |
| 3 | 011702027 | 项 | 台阶 | 台阶模板 | m2 | 1.575*2*0.15 | 0.4725 |
| 4 | A12-100 | 定 | 现浇混凝土木模板 台阶 | | m2 | 1.575*2*0.15 | 0.4725 |
| 5 | 011107001 | 项 | 石材台阶面 | 干混砂浆 大理石台阶 | m2 | TBSPTYMJ | TBSPTYMJ<踏步水平投影面积> |
| 6 | B1-500 | 借 | 干混砂浆 大理石台阶 | | m2 | TBSPTYMJ | TBSPTYMJ<踏步水平投影面积> |

图 6-17 内楼梯处台阶做法

### 3.绘图

(1)画出台阶范围

台阶南面大平台采用"矩形画法＋Shift 偏移"的方法。如图 6-18 所示，单击"▭"，先以 1 点作为参照点，输入偏移值，单击"确定"按钮；再以 2 点作为参照点，如图 6-19 所示，输入偏移值，单击"确定"按钮。

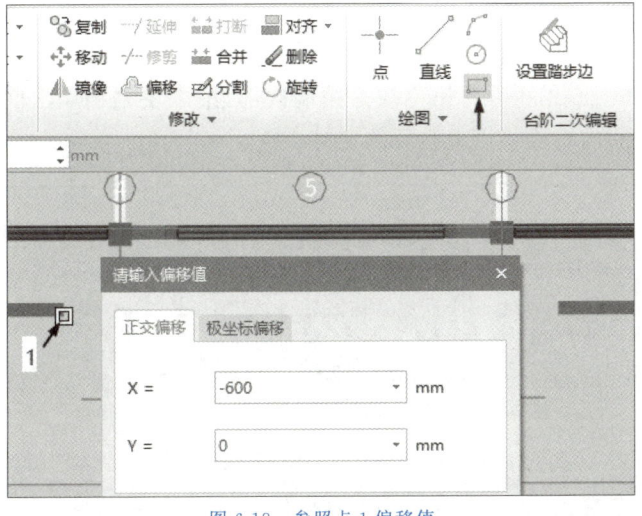

图 6-18　参照点 1 偏移值

图 6-19　参照点 2 偏移值

(2)设置踏步边

如图 6-20 所示,单击"设置踏步边",单击箭头所示的踏步三个边(选中的踏步边变为绿色),右击确认,输入踏步个数和踏步宽度,单击"确定"按钮。

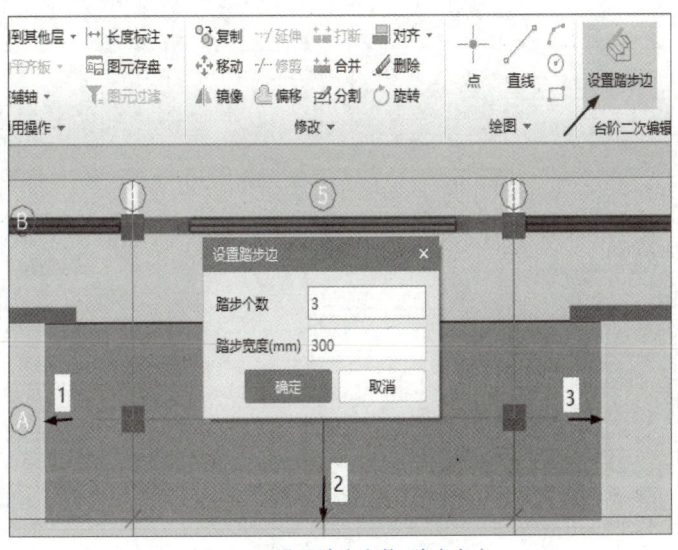

图 6-20　设置踏步个数、踏步宽度

(3)南面大平台

台阶南面大平台地面采用矩形画法,先分成两块分别绘制再合并,绘制完成的台阶南面大平台和南台阶,如图 6-21 所示,第 1 块是挡墙内部,第 2 块是挡墙之间部分,合并后如图 6-22 所示。北台阶和内台阶绘图此处不再赘述。

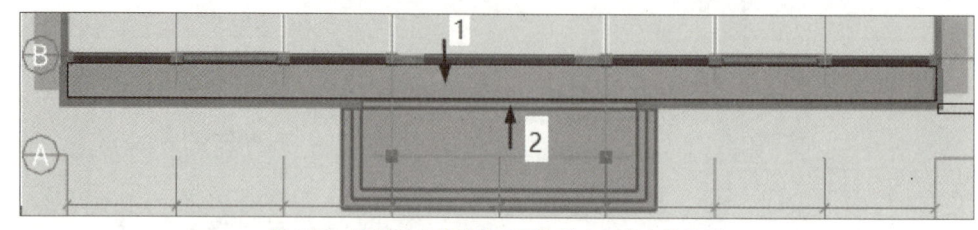

图 6-21 绘制完成的台阶南面大平台和南台阶平面

图 6-22 合并后的台阶南面大平台

**说明:** 因软件绘制的楼梯的上下方向与图纸相反,所以绘制室内两步台阶时,将其画在右边,对工程量计算没有影响。

(4)采用描图的方法绘制台阶

单击"图纸管理",双击"首层平面图",在图层管理界面勾选"CAD 原始图层",将原 CAD 图纸展示在绘图界面,然后参照原 CAD 图纸中台阶位置描图绘制。

南台阶采用矩形画法,如图 6-23 所示,单击箭头所示矩形对角线上的两点即可。

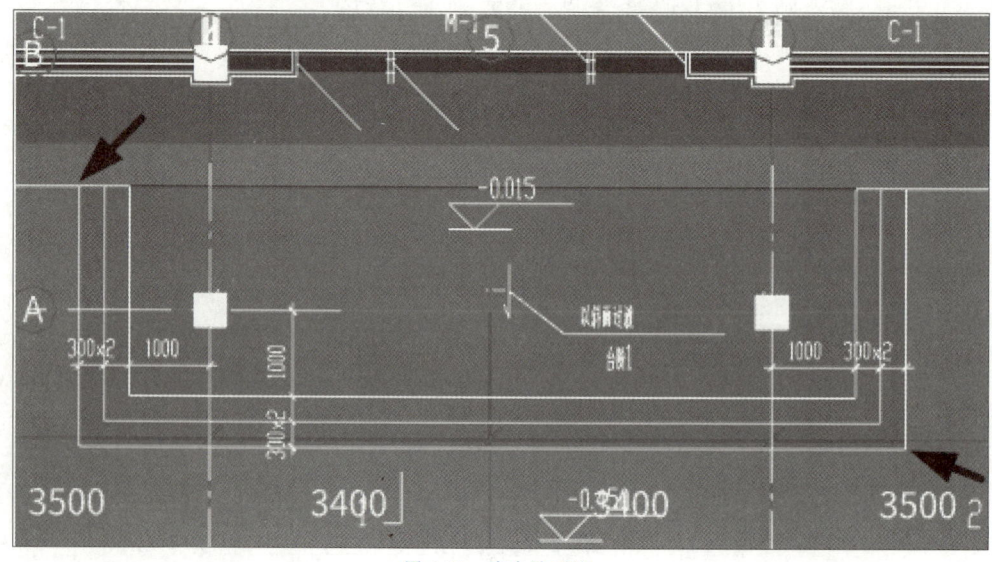

图 6-23 南台阶画法

### 4.工程量

南台阶工程量如图 6-24 所示,北台阶工程量如图 6-25 所示,内楼梯处台阶工程量如图 6-26 所示,台阶南面大平台工程量如图 6-27 所示。

| | 编码 | 项目名称 | 单位 | 工程量 |
|---|---|---|---|---|
| 1 | 010507004 | 台阶混凝土基层 | m2 | 12.87 |
| 2 | A4-218 | 预拌混凝土(现浇) 台阶 混凝土基层 | 100m2水平投影面积 | 0.1287 |
| 3 | 011702027 | 台阶 | m2 | 2.235 |
| 4 | A12-100 | 现浇混凝土木模板 台阶 | 100m2 | 0.02235 |
| 5 | 011107002 | 块料台阶面 | m2 | 12.87 |
| 6 | B1-508 | 干混砂浆 预制水磨石台阶 | 100m2 | 0.1287 |
| 7 | 011102003 | 平台部分块料楼地面 | m2 | 17.63 |
| 8 | B1-468 | 干混砂浆 预制水磨石板楼地面 | 100m2 | 0.1763 |
| 9 | 010501001 | 平台部分垫层 | m3 | 1.0578 |
| 10 | B1-25 | 垫层 预拌混凝土 | 10m3 | 0.10578 |
| 11 | B1-2 | 垫层 灰土 3:7 | 10m3 | 0.5289 |
| 12 | B1-1 | 垫层 素土 | 10m3 | 0.06171 |

图 6-24　南台阶工程量

| | 编码 | 项目名称 | 单位 | 工程量 |
|---|---|---|---|---|
| 1 | 011702027 | 台阶 | m2 | 0.825 |
| 2 | A12-100 | 现浇混凝土木模板 台阶 | 100m2 | 0.00825 |
| 3 | 011102003 | 块料楼地面 | m2 | 3.75 |
| 4 | B1-468 | 干混砂浆 预制水磨石板楼地面 | 100m2 | 0.0375 |
| 5 | 010501001 | 垫层 | m3 | 0.225 |
| 6 | B1-25 | 垫层 预拌混凝土 | 10m3 | 0.0225 |
| 7 | B1-2 | 垫层 灰土 3:7 | 10m3 | 0.1125 |

图 6-25　北台阶工程量

| | 编码 | 项目名称 | 单位 | 工程量 |
|---|---|---|---|---|
| 1 | 010507004 | 台阶混凝土基层 | m2 | 0.945 |
| 2 | A4-218 | 预拌混凝土(现浇) 台阶 混凝土基层 | 100m2水平投影面积 | 0.00945 |
| 3 | 011702027 | 台阶 | m2 | 0.4725 |
| 4 | A12-100 | 现浇混凝土木模板 台阶 | 100m2 | 0.004725 |
| 5 | 011107001 | 石材台阶面 | m2 | 0.945 |
| 6 | B1-500 | 干混砂浆 大理石台阶 | 100m2 | 0.00945 |

图 6-26　内楼梯处台阶工程量

| | 编码 | 项目名称 | 单位 | 工程量 |
|---|---|---|---|---|
| 1 | 011102003 | 平台部分块料楼地面 | m2 | 38.205 |
| 2 | B1-468 | 干混砂浆 预制水磨石板楼地面 | 100m2 | 0.38205 |
| 3 | 010501001 | 平台部分垫层 | m3 | 1.9792 |
| 4 | B1-25 | 垫层 预拌混凝土 | 10m3 | 0.19792 |
| 5 | B1-2 | 垫层 灰土 3:7 | 10m3 | 0.9896 |
| 6 | B1-1 | 垫层 素土 | 10m3 | 0.11545 |

图 6-27　台阶南面大平台工程量

## 6.4 散水

**1. 属性**

散水属性如图 6-28 所示。

图 6-28 散水属性

| | 属性名称 | 属性值 |
|---|---|---|
| 1 | 名称 | SS-1 |
| 2 | 厚度(mm) | 50 |
| 3 | 材质 | 预拌现浇砼 |
| 4 | 混凝土强度等级 | C15 |
| 5 | 底标高(m) | (-0.45) |

**2. 做法**

散水做法如图 6-29 所示。

| | 编码 | 类别 | 名称 | 项目特征 | 单位 | 工程量表达式 | 表达式说明 |
|---|---|---|---|---|---|---|---|
| 1 | 010507001 | 项 | 散水、坡道 | 50厚C15混凝土预拌 | m2 | MJ | MJ〈面积〉 |
| 2 | A4-213 HBB9-0003 BB9-0002 | 换 | 预拌混凝土(现浇) 散水 混凝土一次抹光水泥砂浆 换为【预拌混凝土 C15】 | | m2 | MJ | MJ〈面积〉 |
| 3 | 011702029 | 项 | 散水 | 模板自行考虑 | m2 | MBMJ | MBMJ〈模板面积〉 |
| 4 | A12-77 | 定 | 现浇混凝土木模板 混凝土基础垫层 | | m2 | MBMJ | MBMJ〈模板面积〉 |

图 6-29 散水做法

**3. 绘图**

散水沿建筑物外墙外围设置，采用智能布置的画法。单击"散水二次编辑"→"智能布置"下拉三角按钮→"外墙外边线"，拉框选择"外墙"，右击确认，输入散水宽度（图 6-30），单击"确定"按钮，提示"智能布置成功"。其中，软件会自动扣减与台阶相交的部分。

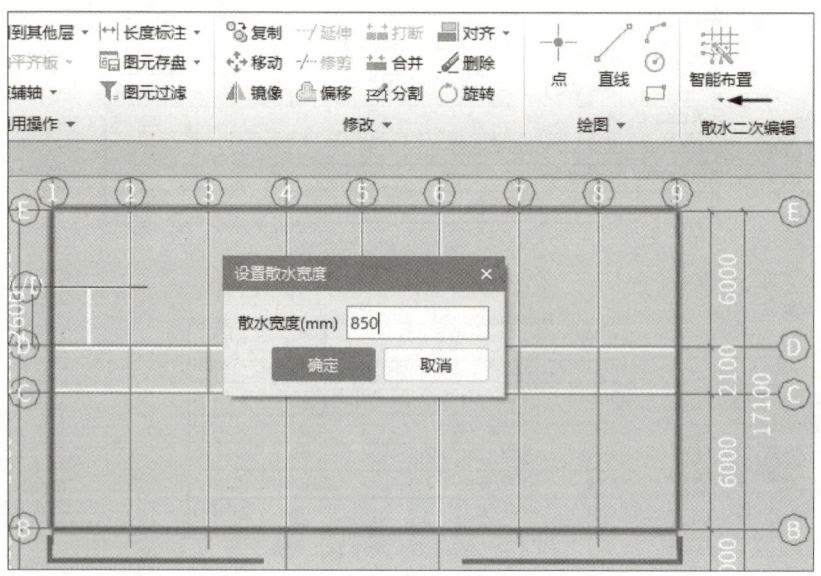

图 6-30 散水智能布置

**4. 工程量**

散水工程量如图 6-31 所示。

| 编码 | 项目名称 | 单位 | 工程量 |
|---|---|---|---|
| 1 010507001 | 散水、坡道 | m2 | 49.283 |
| 2 A4-213 HBB9-0003 BB9-0002 | 预拌混凝土(现浇) 散水 混凝土一次抹光水泥砂浆 换为【预拌混凝土 C15】 | 100m2 | 0.49283 |
| 3 011702029 | 散水 | m2 | 4.534 |
| 4 A12-77 | 现浇混凝土木模板 混凝土基础垫层 | 100m2 | 0.04534 |

图 6-31 散水工程量

## 6.5 外墙保温层

### 1.属性

外墙保温层在"导航树"的"其他"→"保温层"里定义,聚苯板厚度为 50 mm。

### 2.做法

外墙保温层做法如图 6-32、图 6-33 所示,该版本软件计算南立面工程量时未考虑扣减室内、外高差部分,需要手动处理。

| | 编码 | 类别 | 名称 | 项目特征 | 单位 | 工程量表达式 | 表达式说明 |
|---|---|---|---|---|---|---|---|
| 1 | 011001003 | 项 | 保温隔热墙面 | 聚苯板厚度50mm | m2 | MJ-28.2*0.45 | MJ<面积>-28.2*0.45 |
| 2 | A8-265 | 定 | 墙体保温 外墙粘贴 聚苯板 | | m2 | MJ-28.2*0.45 | MJ<面积>-28.2*0.45 |

图 6-32 外墙保温层南立面做法

| | 编码 | 类别 | 名称 | 项目特征 | 单位 | 工程量表达式 | 表达式说明 |
|---|---|---|---|---|---|---|---|
| 1 | 011001003 | 项 | 保温隔热墙面 | 聚苯板厚度50mm | m2 | MJ | MJ<面积> |
| 2 | A8-265 | 定 | 墙体保温 外墙粘贴 聚苯板 | | m2 | MJ | MJ<面积> |

图 6-33 外墙保温层其余三面做法

### 3.绘图

如图 6-34 所示,单击"保温层二次编辑"处的"智能布置"→"外墙外边线",选择要布置的楼层(首层),单击"确定"按钮,提示"智能布置成功"。软件会自动计算与墙相连的混凝土梁柱外侧保温层。外墙局部保温层如图 6-35 所示。

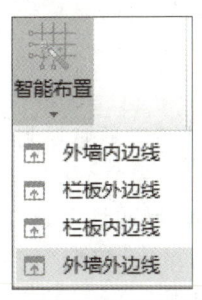

图 6-34 外墙保温层绘图方法选择    图 6-35 外墙局部保温层

### 4.工程量

首层外墙保温层工程量如图 6-36 所示。

| | 编码 | 项目名称 | 单位 | 工程量 |
|---|---|---|---|---|
| 1 | 011001003 | 保温隔热墙面 | m2 | 292.5687 |
| 2 | A8-265 | 墙体保温 外墙粘贴 聚苯板 | 100m2 | 2.925487 |

图 6-36 首层外墙保温层工程量

# 模块 7

# 基础工程

如果其他楼层的构件图元与首层的构件图元及做法基本相同,可以使用"从其他层复制"的功能,将其他楼层的构件图元选择性地复制到当前楼层,然后再修改或添加个别不同的构件图元。该工程基础层柱与首层柱基本相同。

## 7.1 基础柱

**1. 从其他层复制柱到基础层**

如图 7-1 所示,选择"基础层",单击"复制到其他层"的下拉三角按钮→"从其他层复制"。

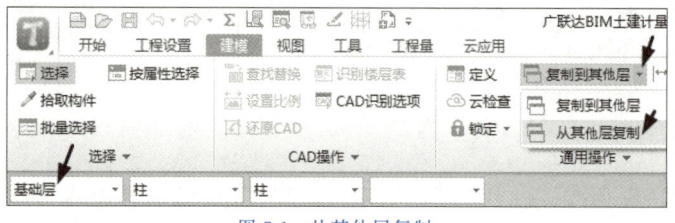

图 7-1 从其他层复制

在"源楼层"首层中选择需要复制的"图元"(KZ1、KZ2、KZ4、KZ5 和构造柱 GZ1、GZ2),在"目标楼层"选择"基础层",单击"确定"按钮,提示"复制成功",再次单击"确定"按钮。(通过"属性"编辑器修改 GZ2 底标高为-0.3。)

**2. 其他柱**

KZ3 和 TZ1 在基础层顶标高是层顶标高,但在首层顶标高是具体数字,不能复制,需要在基础层重新定义并绘图。

如图 7-2 所示,在"新建"界面单击"层间复制构件"→"从其他楼层复制构件",选择源楼层"首层",勾选要复制的构件(KZ3、TZ1),勾选"同时复制构件做法",单击"确定"按钮,提示"复制完成"。修改顶标高属性为"层顶标高",修改 TZ1 柱类型为"中柱"。

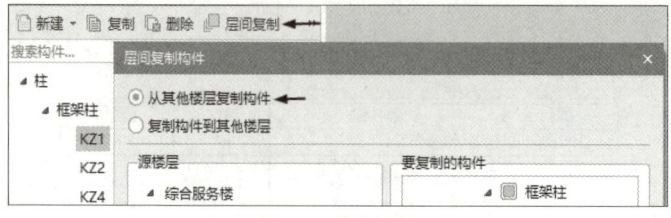

图 7-2 层间复制

**3.柱做法**

修改 KZ1 柱做法,包括项目特征和换算(混凝土强度 C30),基础柱做法如图 7-3 所示。

| | 编码 | 类别 | 名称 | 项目特征 | 单位 | 工程量表达式 | 表达式说明 |
|---|---|---|---|---|---|---|---|
| 1 | 010502001 | 项 | 矩形柱 | 1.预拌<br>2.C30 | m3 | TJ | TJ<体积> |
| 2 | A4-172<br>HBB9-0003<br>BB9-0005 | 换 | 预拌混凝土(现浇) 矩形柱 换为【预拌混凝土 C30】 | | m3 | TJ | TJ<体积> |
| 3 | 011702002 | 项 | 矩形柱 | 模板形式自定 | m2 | MBMJ | MBMJ<模板面积> |
| 4 | A12-58 | 定 | 现浇混凝土复合木模板 矩形柱 | | m2 | MBMJ | MBMJ<模板面积> |

图 7-3 基础柱做法

用做法刷将 KZ1 的做法刷到其他柱。单击图 7-3 中"编码"左侧的方格,选中 KZ1 的全部清单和定额项,然后单击"做法刷",在"做法刷"界面,先勾选构件——基础层 KZ2、KZ3、KZ4、KZ5、TZ1,再选择左上角的"覆盖",单击"确定"按钮,提示"做法刷操作成功",单击"确定"按钮。

**4.画图**

KZ3 和 TZ1 的绘图方法此处不再赘述。

**5.土建工程量**

独立基础和有梁条形基础绘制完成后,基础层柱做法土建工程量才准确,如图 7-4 所示。

| | 编码 | 项目名称 | 单位 | 工程量 |
|---|---|---|---|---|
| 1 | 010502001 | 矩形柱 | m3 | 5.3596 |
| 2 | A4-172 HBB9-0003 BB9-0005 | 预拌混凝土(现浇) 矩形柱 换为【预拌混凝土 C30】 | 10m3 | 0.53596 |
| 3 | 011702002 | 矩形柱 | m2 | 53.213 |
| 4 | A12-58 | 现浇混凝土复合木模板 矩形柱 | 100m2 | 0.53213 |

图 7-4 基础层柱做法土建工程量

**6.钢筋工程量**

(1)编辑钢筋工程量

①Ⓑ轴和①轴相交的柱 KZ5 钢筋工程量如图 7-5 所示。

| | | | | | 其他 ▼ 单构件钢筋总重(kg):120.180 |
|---|---|---|---|---|---|
| 筋号 | 直径(mm) | 级别 | 图形 | 计算公式 | 长度 根数 总重(kg) |
| 1 角筋插筋.1 | 25 | Φ | 150 3143 | 3550/3+2000-40+max(6*d,150) | 3293 4 50.712 |
| 2 H边插筋.1 | 25 | Φ | 150 4018 | 3550/3+1*35*d<br>+2000-40+max(6*d,150) | 4168 2 32.094 |
| 3 B边插筋.1 | 25 | Φ | 150 4018 | 3550/3+1*35*d<br>+2000-40+max(6*d,150) | 4168 2 32.094 |
| 4 箍筋.1 | 10 | Φ | 360 360 | 2*(360+360)+2*(13.57*d) | 1711 5 5.28 |

图 7-5 Ⓑ轴和①轴相交的柱 KZ5 钢筋工程量

②独立基础上的柱 KZ3 钢筋工程量如图 7-6 所示。

| | | | | | 其他 ▼ 单构件钢筋总重(kg):62.574 |
|---|---|---|---|---|---|
| 筋号 | 直径(mm) | 级别 | 图形 | 计算公式 | 长度 根数 总重(kg) |
| 1 角筋插筋.1 | 22 | Φ | 200 2293 | 5500/3+500-40+200 | 2493 4 29.716 |
| 2 H边插筋.1 | 20 | Φ | 200 2993 | 5500/3+1*max(35*d,500)+500-40+200 | 3193 2 15.774 |
| 3 B边插筋.1 | 20 | Φ | 200 2993 | 5500/3+1*max(35*d,500)+500-40+200 | 3193 2 15.774 |
| 4 箍筋.1 | 8 | Φ | 360 360 | 2*(360+360)+2*(13.57*d) | 1657 2 1.31 |

图 7-6 独立基础上的柱 KZ3 钢筋工程量

**说明：**按图纸要求，独立基础 ZJ-1 柱基根部插筋弯折长度为 200 mm，需要在“钢筋业务属性”→“节点设置”里修改，将基础插筋“弯折长度 a”修改为“200”，如图 7-7、图 7-8 所示。

| | | |
|---|---|---|
| 25 | ⊟ 钢筋业务属性 | |
| 26 | 其他钢筋 | |
| 27 | 其他箍筋 | |
| 28 | 抗震等级 | (三级抗震) |
| 29 | 锚固搭接 | 按默认锚固搭接计算 |
| 30 | 计算设置 | 按默认计算设置计算 |
| 31 | 节点设置 | 按默认节点设置计算 ··· |
| 32 | 搭接设置 | 按默认搭接设置计算 |

图 7-7 节点设置

节点设置

| | 名称 | 节点图 |
|---|---|---|
| 1 | 顶层边角柱外侧纵筋 | 顶层边柱C-2 |
| 2 | 顶层边角柱内侧纵筋 | 节点1 |
| 3 | 顶层中柱 | 顶层中柱节点1 |
| 4 | 边角柱柱顶等截面伸出时纵向钢筋构造 | 节点1 |
| 5 | 中柱柱顶等截面伸出时纵向钢筋构造 | 节点1 |
| 6 | 转换柱柱顶构造 | 节点1 |
| 7 | 基础插筋 | 基础插筋节点1 ··· |
| 8 | 桩上柱插筋节点 | 桩上柱插筋节点1 |

图 7-8 柱基础插筋节点设置

(2)查看钢筋工程量

分类批量选择柱，单击“查看钢筋量”，基础层梯柱、构造柱、框架柱钢筋工程量如图 7-9、图 7-10、图 7-11 所示。(注：软件计算的构造柱 GZ1 钢筋工程量不完整，缺少箍筋量，需手动处理。)

钢筋总重量(kg)：62.016

| | 楼层名称 | 构件名称 | 钢筋总重量(kg) | HRB400 | | |
|---|---|---|---|---|---|---|
| | | | | 8 | 16 | 合计 |
| 1 | 基础层 | TZ1[4109] | 20.672 | 2.09 | 18.582 | 20.672 |
| 2 | | TZ1[4110] | 20.672 | 2.09 | 18.582 | 20.672 |
| 3 | | TZ1-E轴[4095] | 20.672 | 2.09 | 18.582 | 20.672 |
| 4 | | 合计: | 62.016 | 6.27 | 55.746 | 62.016 |

图 7-9 基础层梯柱钢筋工程量

钢筋总重量(kg)：42.412

| | 楼层名称 | 构件名称 | 钢筋总重量(kg) | HRB400 | | | |
|---|---|---|---|---|---|---|---|
| | | | | 6 | 12 | 16 | 合计 |
| 1 | 基础层 | GZ1[4071] | 14.816 | | | 14.816 | 14.816 |
| 2 | | GZ1[4074] | 14.816 | | | 14.816 | 14.816 |
| 3 | | GZ2[12724] | 6.39 | 0.594 | 5.796 | | 6.39 |
| 4 | | GZ2[12725] | 6.39 | 0.594 | 5.796 | | 6.39 |
| 5 | | 合计: | 42.412 | 1.188 | 11.592 | 29.632 | 42.412 |

图 7-10 基础层构造柱钢筋工程量

钢筋总重量(kg)：3386.808

| | 楼层名称 | 构件名称 | 钢筋总重量(kg) | HRB400 | | | | | |
|---|---|---|---|---|---|---|---|---|---|
| | | | | 8 | 10 | 20 | 22 | 25 | 合计 |
| 1 | 基础层 | KZ1[3304] | 120.18 | | 5.28 | | | 114.9 | 120.18 |
| 2 | | KZ1[3307] | 120.18 | | 5.28 | | | 114.9 | 120.18 |
| 3 | | KZ1[3309] | 102.42 | | 3.168 | | | 99.252 | 102.42 |
| 4 | | KZ1[3310] | 120.18 | | 5.28 | | | 114.9 | 120.18 |
| 5 | | KZ1[3311] | 120.18 | | 5.28 | | | 114.9 | 120.18 |
| 6 | | KZ1[3315] | 120.18 | | 5.28 | | | 114.9 | 120.18 |
| 7 | | KZ1[3316] | 120.18 | | 5.28 | | | 114.9 | 120.18 |
| 8 | | KZ1[3318] | 102.42 | | 3.168 | | | 99.252 | 102.42 |
| 9 | | KZ1[3322] | 120.18 | | 5.28 | | | 114.9 | 120.18 |
| 10 | | KZ1[3325] | 120.18 | | 5.28 | | | 114.9 | 120.18 |
| 11 | | KZ1[3328] | 120.18 | | 5.28 | | | 114.9 | 120.18 |
| 12 | | KZ1[3329] | 120.18 | | 5.28 | | | 114.9 | 120.18 |
| 13 | | KZ2[3303] | 178.245 | | 5.895 | | | 172.35 | 178.245 |
| 14 | | KZ2[3306] | 178.245 | | 5.895 | | | 172.35 | 178.245 |
| 15 | | KZ2[3308] | 178.245 | | 5.895 | | | 172.35 | 178.245 |
| 16 | | KZ2[3312] | 152.415 | | 3.537 | | | 148.878 | 152.415 |
| 17 | | KZ2[3320] | 178.245 | | 5.895 | | | 172.35 | 178.245 |
| 18 | | KZ2[3321] | 152.415 | | 3.537 | | | 148.878 | 152.415 |
| 19 | | KZ2[3323] | 178.245 | | 5.895 | | | 172.35 | 178.245 |
| 20 | | KZ2[3324] | 178.245 | | 5.895 | | | 172.35 | 178.245 |
| 21 | | KZ4[3302] | 120.18 | | 5.28 | | | 114.9 | 120.18 |
| 22 | | KZ4[3327] | 120.18 | | 5.28 | | | 114.9 | 120.18 |
| 23 | | KZ5[3305] | 120.18 | | 5.28 | | | 114.9 | 120.18 |
| 24 | | KZ5[3319] | 120.18 | | 5.28 | | | 114.9 | 120.18 |
| 25 | | KZ3[3341] | 62.574 | 1.31 | | 31.548 | 29.716 | | 62.574 |
| 26 | | KZ3[3342] | 62.574 | 1.31 | | 31.548 | 29.716 | | 62.574 |
| 27 | | 合计: | 3386.808 | 2.62 | 122.7 | 63.096 | 59.432 | 3138.96 | 3386.808 |

图 7-11 基础层框架柱钢筋工程量

## 7.2 独立基础

**1.新建独立基础**

(1)选择基础层,在"导航树"打开"基础"下拉菜单,双击"独立基础",进入"新建"界面,先新建独立基础,后新建独立基础单元。如图7-12所示,单击"新建独立基础",在属性栏修改名称为"ZJ-1"。

(2)如图7-13所示,选择"ZJ-1",右击→"新建参数化独立基础单元"。

图7-12 新建独立基础　　图7-13 新建参数化独立基础单元

(3)如图7-14所示,选择四棱锥台形独立基础,在右侧输入基础尺寸,如图7-15、图7-16所示,完成后,单击"确定"按钮。

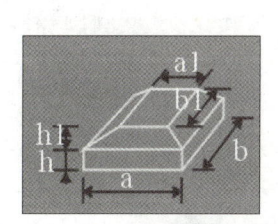

图7-14 选择四棱锥台形独立基础　　图7-15 基础尺寸相关参数1

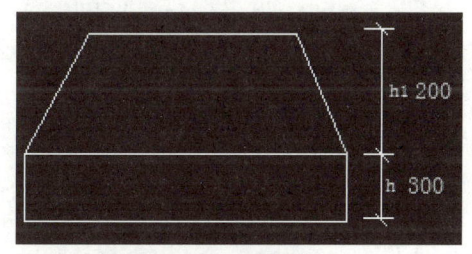

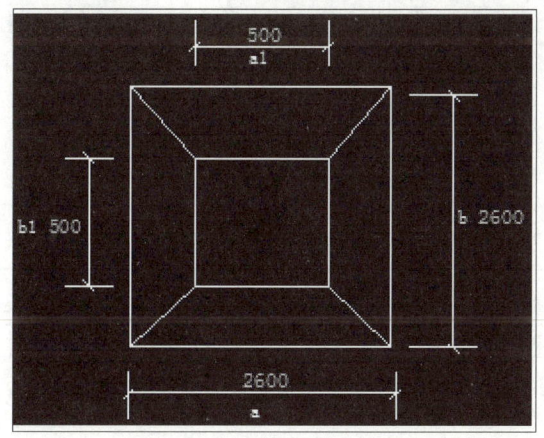

图7-16 基础尺寸相关参数2

**2.独立基础属性**

雨篷柱下独立基础ZJ-1和楼梯处柱下独立基础ZJ-2单元属性如图7-17、图7-18所示,相对底标高按默认。如需修改相关参数,在截面形状属性值处单击,出现"……",单击"……",

进入截面编辑界面修改。

| 独立基础 ZJ-1 (底)ZJ-1-1 属性列表 | |
|---|---|
| 属性名称 | 属性值 |
| 1 名称 | ZJ-1-1 |
| 2 截面形状 | 四棱锥台形独立基础 |
| 3 截面长度(mm) | 2600 |
| 4 截面宽度(mm) | 2600 |
| 5 高度(mm) | 500 |
| 6 横向受力筋 | Φ12@150 |
| 7 纵向受力筋 | Φ12@150 |

图 7-17 独立基础 ZJ-1 单元属性

| ZJ-2 (底)ZJ-2-1 属性列表 | |
|---|---|
| 属性名称 | 属性值 |
| 1 名称 | ZJ-2-1 |
| 2 截面长度(mm) | 900 |
| 3 截面宽度(mm) | 900 |
| 4 高度(mm) | 300 |
| 5 横向受力筋 | Φ10@160 |
| 6 纵向受力筋 | Φ10@160 |
| 7 短向加强筋 | |

图 7-18 独立基础 ZJ-2 单元属性

**3.独立基础做法**

柱基 ZJ-1-1 独立基础单元做法如图 7-19 所示，ZJ-2-1 单元做法不需要脚手架子目，其余同 ZJ-1-1。

| | 编码 | 类别 | 名称 | 项目特征 | 单位 | 工程量表达式 | 表达式说明 |
|---|---|---|---|---|---|---|---|
| 1 | 010501003 | 项 | 独立基础 | 1.预拌<br>2.C30 | m3 | TJ | TJ〈体积〉 |
| 2 | A4-165<br>HBB9-0003<br>BB9-0005 | 换 | 预拌混凝土(现浇)独立基础 混凝土 换为【预拌混凝土 C30】 | | m3 | TJ | TJ〈体积〉 |
| 3 | 011702001 | 项 | 基础 | 模板自定 | m2 | MBMJ | MBMJ〈模板面积〉 |
| 4 | A12-48 | 定 | 现浇混凝土复合木模板 独立基础(混凝土) | | m2 | MBMJ | MBMJ〈模板面积〉 |
| 5 | 011701006 | 项 | 满堂脚手架 | 形式自定 | m2 | DMMJ | DMMJ〈底面积〉 |
| 6 | B7-15 *0.5 | 借换 | 满堂脚手架 高度在(5.2m以内) 用于基础 单价*0.5 | | m2 | DMMJ | DMMJ〈底面积〉 |

图 7-19 柱基 ZJ-1-1 独立基础单元做法

**4.画图**

采用智能布置的画法，选择"构件(ZJ-1)"→"智能布置"→"柱"，拉框选择"柱(KZ3)"→右击确认，布置成功。用同样方法布置梯柱下独基 ZJ-2，Ⓔ轴上的梯柱在 ZJL4 上生根。

**5.土建工程量**

独立基础土建工程量如图 7-20 所示。

| | 编码 | 项目名称 | 单位 | 工程量 |
|---|---|---|---|---|
| 1 | 010501003 | 独立基础 | m3 | 5.65 |
| 2 | A4-165 HBB9-0003 BB9-0005 | 预拌混凝土(现浇)独立基础 混凝土 换为【预拌混凝土 C30】 | 10m3 | 0.565 |
| 3 | 011702001 | 基础 | m2 | 8.4 |
| 4 | A12-48 | 现浇混凝土复合木模板 独立基础(混凝土) | 100m2 | 0.084 |
| 5 | 011701006 | 满堂脚手架 | m2 | 13.52 |
| 6 | B7-15 *0.5 | 满堂脚手架 高度在(5.2m以内) 单价*0.5 | 100m2 | 0.1352 |

图 7-20 独立基础土建工程量

**6.钢筋工程量**

独立基础 ZJ-1 钢筋编辑如图 7-21 所示，钢筋总工程量如图 7-22 所示。

| 筋号 | 直径(mm) | 级别 | 图形 | 计算公式 | 公式描述 | 长度 | 根数 | 总重(kg) |
|---|---|---|---|---|---|---|---|---|
| 1 | 横向底筋.1 | 12 | ⊕ | 2520 | 2600-40-40 | 净长-保护层-保护层 | 2520 | 2 | 4.476 |
| 2 | 横向底筋.2 | 12 | ⊕ | 2340 | 0.9*2600 | 0.9*基础底长 | 2340 | 16 | 33.248 |
| 3 | 纵向底筋.1 | 12 | ⊕ | 2520 | 2600-40-40 | 净长-保护层-保护层 | 2520 | 2 | 4.476 |
| 4 | 纵向底筋.2 | 12 | ⊕ | 2340 | 0.9*2600 | 0.9*基础底宽 | 2340 | 16 | 33.248 |

图 7-21 独立基础 ZJ-1 钢筋编辑

钢筋总重量(kg)：163.04

| | | | HRB400 | | |
|---|---|---|---|---|---|
| 楼层名称 | 构件名称 | 钢筋总重量(kg) | 10 | 12 | 合计 |
| 基础层 | ZJ-1[4115] | 75.448 | | 75.448 | 75.448 |
| | ZJ-1[4117] | 75.448 | | 75.448 | 75.448 |
| | ZJ-2[4121] | 6.072 | 6.072 | | 6.072 |
| | ZJ-2[4123] | 6.072 | 6.072 | | 6.072 |
| | 合计： | 163.04 | 12.144 | 150.896 | 163.04 |

图 7-22 独立基础 ZJ-1 钢筋总工程量

## 7.3 基础梁钢筋

基础梁混凝土、模板在有梁条形基础里计算，在此只计算基础梁的钢筋。

### 1.基础梁属性

新建矩形基础梁，输入集中标注信息，基础梁 JZL1 属性如图 7-23 所示，拉筋只输入钢筋直径，间距不输入，软件自动按箍筋间距的两倍计算，起点和终点顶标高按默认。其他基础梁用复制的方法快速新建。

| | 属性名称 | 属性值 |
|---|---|---|
| 1 | 名称 | JZL1 |
| 2 | 类别 | 基础主梁 |
| 3 | 截面宽度(mm) | 400 |
| 4 | 截面高度(mm) | 900 |
| 5 | 轴线距梁左边… | (200) |
| 6 | 跨数量 | |
| 7 | 箍筋 | ⊕10@200(4) |
| 8 | 肢数 | 4 |
| 9 | 下部通长筋 | 4⊕25 |
| 10 | 上部通长筋 | |
| 11 | 侧面构造或受… | N4⊕25 |
| 12 | 拉筋 | ⊕10 |

图 7-23 基础梁 JZL1 属性

### 2.基础梁绘图

⑧轴基础梁绘图方法采用沿轴线"直线绘制＋对齐"的方法，其他轴基础梁采用沿轴线"直线绘制"的方法。直线绘制的起点为①轴柱的左边线，终点为⑨轴柱的右边线。

### 3.基础梁钢筋原位标注

在绘图界面选择基础梁"JZL1"，单击基础梁二次编辑处"平法表格"，打开"平法表格输入"，如图 7-24、图 7-25 所示，在相应位置输入钢筋原位标注信息，如下部右支座钢筋、上部钢筋，修改箍筋信息，拉筋间距不需要输入。

| 跨号 | 标高 起点标高 | 标高 终点标高 | 构件尺寸(mm) 跨长 | 构件尺寸(mm) 截面(B*H) | 下通长筋 | 下部钢筋 右支座钢筋 | 上部钢筋 | 侧面钢筋 侧面通长筋 | 侧面钢筋 拉筋 | 箍筋 | 肢数 |
|---|---|---|---|---|---|---|---|---|---|---|---|
| 1 | -1.1 | -1.1 | (3700) | (400*900) | 4Φ25 | 5Φ25 | 4Φ20 | N4Φ25 | (Φ10) | Φ10@200(4) | 4 |
| 2 | -1.1 | -1.1 | (7000) | (400*900) | | 8Φ25 2/6 | 5Φ25 | | (Φ10) | Φ10@100(4) | 4 |
| 3 | -1.1 | -1.1 | (6800) | (400*900) | | 8Φ25 2/6 | 4Φ25 | | (Φ10) | Φ10@120(4) | 4 |
| 4 | -1.1 | -1.1 | (7000) | (400*900) | | 5Φ25 | 4Φ25 | | (Φ10) | Φ10@100(4) | 4 |
| 5 | -1.1 | -1.1 | (3700) | (400*900) | | | 4Φ20 | | (Φ10) | Φ10@200(4) | 4 |

图 7-24 基础梁 JZL1 平法表格输入 1

| 跨号 | 标高 起点标高 | 标高 终点标高 | 构件尺寸(mm) 跨长 | 构件尺寸(mm) 截面(B*H) | 下通长筋 | 下部钢筋 右支座钢筋 | 上部钢筋 | 侧面钢筋 侧面通长筋 | 侧面钢筋 拉筋 | 箍筋 |
|---|---|---|---|---|---|---|---|---|---|---|
| 1 | -1.1 | -1.1 | (3700) | (400*900) | 4Φ25 | 5Φ25 | 4Φ22 | N4Φ25 | (Φ12) | Φ12@200(4) |
| 2 | -1.1 | -1.1 | (7000) | (400*900) | | 8Φ25 2/6 | 6Φ25 | | (Φ12) | Φ12@100(4) |
| 3 | -1.1 | -1.1 | (6800) | (400*900) | | 8Φ25 2/6 | 5Φ25 | | (Φ12) | Φ12@150(4) |
| 4 | -1.1 | -1.1 | (7000) | (400*900) | | 5Φ25 | 6Φ25 | | (Φ12) | Φ12@100(4) |
| 5 | -1.1 | -1.1 | (3700) | (400*900) | | | 4Φ22 | | (Φ12) | Φ12@200(4) |

图 7-25 基础梁 JZL1 平法表格输入 2

"梁平法表格"输入法比"原位标注"法速度快,建议操作熟练后采用此法。其他梁绘制此处不再赘述。

### 4.梁跨数据复制

Ⓑ、Ⓓ、Ⓔ三轴上的梁原位标注钢筋信息大部分相同,可采用梁跨数据复制功能快速完成,再局部修改。

### 5.删除支座

在对基础梁 JZL4 进行表格输入时,软件默认的是 6 跨,这是由楼梯间⑦轴上的柱 TZ1 造成的,应先删除支座。

如图 7-26 所示,单击"重提梁跨"→"删除支座",在需要删除支座的黄色点处单击,如图 7-27 所示,该支座变为红色,右击确认,弹出提示对话框,单击"是"按钮,修改完成,再输入原位标注信息。

图 7-26 删除支座　　　图 7-27 删除支座选择

### 6.基础梁钢筋工程量

基础梁钢筋工程量如图 7-28 所示。

钢筋总重量(kg):9544.789

| 楼层名称 | 构件名称 | 钢筋总重量(kg) | HRB400 10 | HRB400 12 | HRB400 20 | HRB400 22 | HRB400 25 | HRB400 合计 |
|---|---|---|---|---|---|---|---|---|
| 基础层 | JZL1[7394] | 2410.114 | 771.788 | | 88.92 | | 1549.406 | 2410.114 |
| | JZL2[7397] | 2850.266 | | 1097.148 | | 109.16 | 1643.958 | 2850.266 |
| | JZL3[7399] | 2374.78 | 738.648 | | 88.424 | | 1547.708 | 2374.78 |
| | JZL4[7402] | 1909.629 | 538.803 | | 88.92 | | 1281.906 | 1909.629 |
| | 合计: | 9544.789 | 2049.239 | 1097.148 | 266.264 | 109.16 | 6022.978 | 9544.789 |

图 7-28 基础梁钢筋工程量

## 7.4 有梁条形基础

**1.新建有梁条形基础**

(1)选择基础层,在"导航树"打开"基础"下拉菜单→双击"条形基础",进入新建条形基础界面,先新建条形基础,后新建条形基础单元。构成条形基础的单元有:矩形条形基础单元、参数化条形基础单元、异形条形基础单元。

(2)如图7-29所示,单击"新建"→"新建条形基础",修改条形基础名称为"JZL1"。

(3)如图7-30所示,选中"JZL1",右击→"新建参数化条形基础单元"。

图7-29 新建条形基础　　图7-30 新建参数化条形基础单元

(4)如图7-31所示,选择参数化条形基础,在右侧的属性值栏单击绿色数据输入相关参数,JZL1相关参数如图7-32所示。

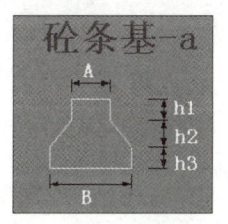

图7-31 选择参数化条形基础　　图7-32 JZL1相关参数

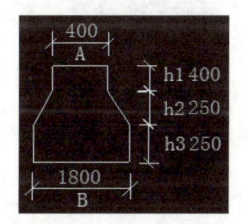

**2.有梁条形基础属性**

JZL1条形基础单元属性如图7-33所示,条形基础属性如图7-34所示。

图7-33 JZL1条形基础单元属性　　图7-34 JZL1条形基础属性

**3.有梁条形基础做法**

JZL1、JZL3、JZL4有梁条形基础做法不需要脚手架。JZL2有梁条形基础宽度为2 200 mm,应计算浇筑混凝土用脚手架工程量,做法如图7-35所示。

| | 编码 | 类别 | 名称 | 项目特征 | 单位 | 工程量表达式 | 表达式说明 |
|---|---|---|---|---|---|---|---|
| 1 | 010501002 | 项 | 带形基础 | 1.预拌,2.C30 | m3 | TJ | TJ<体积> |
| 2 | A4-163 HBB9-0003 BB9-0005 | 换 | 预拌混凝土(现浇) 带形基础 钢筋混凝土 换为【预拌混凝土 C30】 | | m3 | TJ | TJ<体积> |
| 3 | 011702001 | 项 | 基础 | 1.带形基础模板自定 | m2 | MBMJ | MBMJ<模板面积> |
| 4 | A12-46 | 定 | 现浇混凝土复合木模板 带形基础 钢筋混凝土(有梁式) | | m2 | MBMJ | MBMJ<模板面积> |
| 5 | 011701006 | 项 | 满堂脚手架 | 形式自定 | m2 | DMMJ | DMMJ<底面面积> |
| 6 | B7-15 *0.5 | 借换 | 满堂脚手架 高度在(5.2m以内) 单价*0.5 | | m2 | DMMJ | DMMJ<底面面积> |

图 7-35　JZL2 有梁条形基础做法

**4.绘图**

有梁条形基础绘图采用"直线画法＋Shift 偏移"方法。打开"中点捕捉"和"正交功能"，分别以①轴和⑨轴柱外侧中点向外 125 mm 为起点和终点绘制，偏移值如图 7-36、图 7-37 所示。

图 7-36　起点偏移值输入

图 7-37　终点偏移值输入

**5.土建工程量**

有梁条形基础做法工程量如图 7-38 所示,构件工程量如图 7-39 所示。绘制完成柱根加大部分，工程量才准确。

| | 编码 | 项目名称 | | 单位 | 工程量 |
|---|---|---|---|---|---|
| 1 | 010501002 | 带形基础 | | m3 | 102.8469 |
| 2 | A4-163 HBB9-0003 BB9-0005 | 预拌混凝土(现浇) 带形基础 钢筋混凝土 换为【预拌混凝土 C30】 | | 10m3 | 10.28469 |
| 3 | 011702001 | 基础 | | m2 | 142.85 |
| 4 | A12-46 | 现浇混凝土复合木模板 带形基础 钢筋混凝土(有梁式) | | 100m2 | 1.4285 |
| 5 | 011701006 | 满堂脚手架 | | m2 | 62.59 |
| 6 | B7-15 *0.5 | 满堂脚手架 高度在(5.2m以内) 单价*0.5 | | 100m2 | 0.6259 |

图 7-38　有梁条形基础做法工程量

| | 楼层 | 名称 | | 工程量名称 | | | | |
|---|---|---|---|---|---|---|---|---|
| | | | | 体积(m3) | 模板面积(m2) | 底面面积(m2) | 侧面面积(m2) | 顶面面积(m2) |
| 1 | 基础层 | JZL1 | JZL1-1 | 25.1783 | 35.835 | 51.21 | 72.9789 | 10.1 |
| 2 | | JZL2 | JZL2-1 | 29.4458 | 35.815 | 62.59 | 82.6305 | 10.148 |
| 3 | | JZL3 | JZL3-1 | 25.1783 | 35.515 | 51.21 | 70.8317 | 10.052 |
| 4 | | JZL4 | JZL4-1 | 23.0445 | 35.685 | 45.52 | 66.5593 | 10.1295 |
| 5 | | 小计 | | 102.8469 | 142.85 | 210.53 | 293.0004 | 40.4295 |
| 6 | 合计 | | | 102.8469 | 142.85 | 210.53 | 293.0004 | 40.4295 |

图 7-39　有梁条形基础构件工程量

**6. 钢筋工程量**

(1) 钢筋三维

Ⓑ轴和Ⓓ轴条形基础左端①轴处钢筋三维如图 7-40、图 7-41 所示,注意边轴和中间轴软件布筋范围不同,需要在编辑钢筋时手动处理。

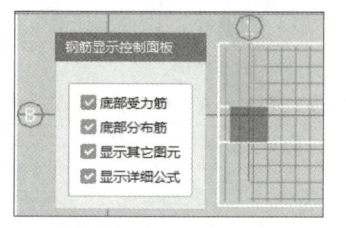

图 7-40　Ⓑ轴条形基础左端①轴处钢筋三维 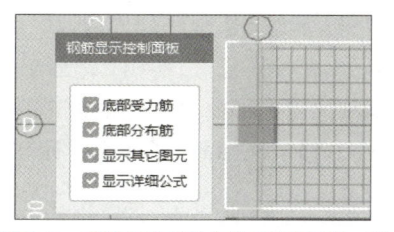　　图 7-41　Ⓓ轴条形基础左端①轴处钢筋三维

(2) 编辑钢筋

汇总计算后,单击"编辑钢筋",单击选择需要查看钢筋计算结果的条形基础图元,Ⓑ轴条形基础编辑钢筋如图 7-42 所示,Ⓓ轴条形基础编辑钢筋如图 7-43 所示。

图 7-42　Ⓑ轴条形基础编辑钢筋

图 7-43　Ⓓ轴条形基础编辑钢筋

**注意:** ①"底部分布筋.1"的长度不对,应改为:$28450-2\times40=28370$;分布筋的根数为 8 根,因基础梁宽度内不需要设置分布筋,但未绘制基础梁钢筋时,分布筋数量显示 10 根是错误的,但不需修改。

②"底部受力筋.1"Ⓑ轴与Ⓓ轴显示的根数不同,在"根数"处双击,Ⓓ轴钢筋根数计算,如图 7-44 所示,布筋范围不正确,应修改,如图 7-45 所示;用同样方法修改Ⓒ轴钢筋根数计算,如图 7-46 所示。

图 7-44　原Ⓓ轴钢筋根数计算 　　图 7-45　修改后Ⓓ轴钢筋根数计算 　　图 7-46　修改后Ⓒ轴钢筋根数计算

Ⓒ、Ⓓ轴底部受力筋根数的计算参数设置,如图 7-47 所示。修改后Ⓓ轴钢筋根数为"190",修改后Ⓒ轴钢筋根数为"238"。计算结果手动修改后,务必先锁定,再保存汇总计算。锁定操作详见模块 3 的 3.2.4 部分。

图 7-47　计算参数设置

(3)查看钢筋工程量

条形基础钢筋总工程量如图7-48所示。

### 7.基础梁内柱根加大部分

基础梁内柱根加大部分属于条形基础,可借助柱进行混凝土和模板工程量计算。

处理方法:将地下部分柱分成两段,一段是基础梁以上部分,与一般柱相同;另一段是基础梁以下部分,在柱里定义、绘图,做法与有梁条形基础做法相同。

修改基础梁以上部分:单击"批量选择",勾选"KZ1、KZ2、KZ4、KZ5",单击"确定"按钮,右击→"属性",修改底标高为"基础底标高+0.9(-1,1)",如图7-49所示。

图7-48 条形基础钢筋总工程量

图7-49 柱底标高属性修改

(1)新建基础梁内柱根加大部分

以 KZ1、KZ4 的内柱为例,在"定义"界面新建异形柱,在"异形截面编辑器"编辑界面(图7-50),单击"设置网格",在水平方向和垂直方向输入网格间距,单击"确定"按钮,然后沿网格绘制截面,编辑完成后,单击"确定"按钮。KZ1、KZ4 内柱根加大部分属性如图7-51所示,注意修改顶标高为"层底标高+0.9"。

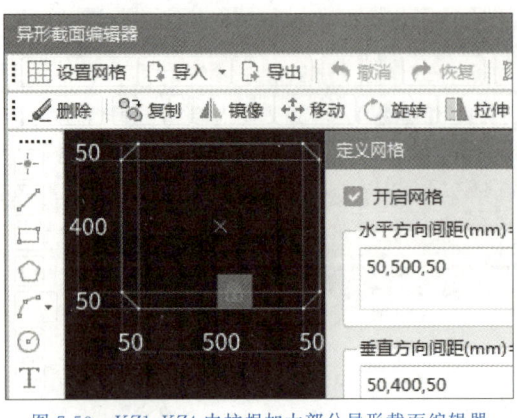

图7-50 KZ1、KZ4 内柱根加大部分异形截面编辑器

图7-51 KZ1、KZ4 内柱根加大部分属性

用同样方法编辑其他柱根部。KZ2 柱根加大部分异形截面编辑器如图 7-52 所示，KZ1、KZ5 端柱异形截面编辑器如图 7-53 所示。

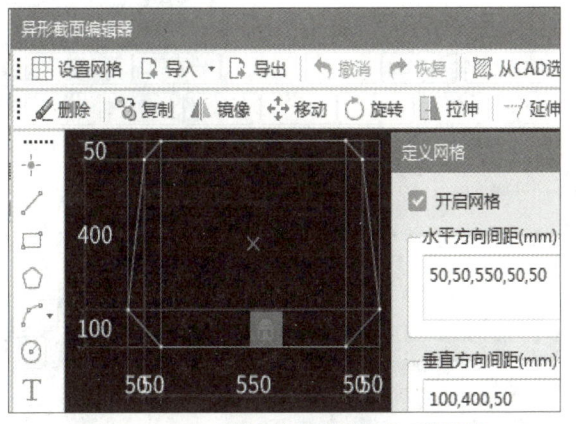

图 7-52　KZ2 柱根加大部分异形截面编辑器

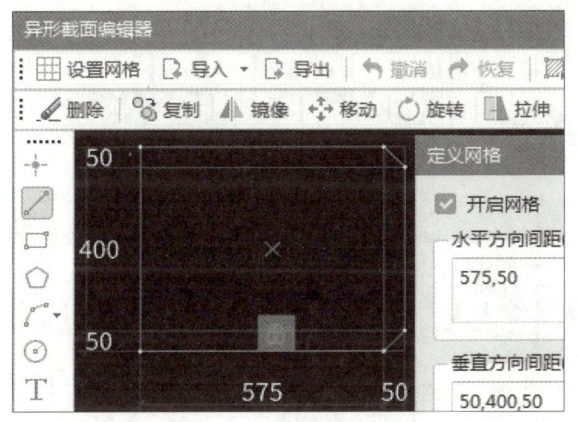

图 7-53　KZ1、KZ5 端柱异形截面编辑器

（2）基础梁内柱根加大部分做法

该部分混凝土和模板做法如图 7-54 所示，按带形基础列项。

| | 编码 | 类别 | 名称 | 项目特征 | 单位 | 工程量表达式 | 表达式说明 |
|---|---|---|---|---|---|---|---|
| 1 | — 010501002 | 项 | 带形基础 | 1.预拌 2.C30 | m3 | TJ | TJ<体积> |
| 2 | A4-163 HBB9-0003 BB9-0005 | 换 | 预拌混凝土(现浇) 带形基础 钢筋混凝土　换为【预拌混凝土 C30】 | | m3 | TJ | TJ<体积> |
| 3 | — 011702001 | 项 | 基础 | 1.带形基础模板自定 | m2 | MBMJ | MBMJ<模板面积> |
| 4 | A12-46 | 定 | 现浇混凝土复合木模板 带形基础 钢筋混凝土(有梁式) | | m2 | MBMJ | MBMJ<模板面积> |

图 7-54　基础梁内柱根加大部分做法

（3）基础梁内柱根加大部分绘图

采用"点式绘制＋对齐"方法绘图，以原有的柱中心为参照点。为方便看图，可在属性"显示样式"栏修改填充颜色为咖色，如图 7-55 所示，绘制完成的 KZ2 柱根加大部分如图 7-56 所示。其他柱绘制此处不再赘述，只绘制①-④轴柱，⑥-⑨轴柱用镜像功能完成。

图 7-55　修改填充颜色

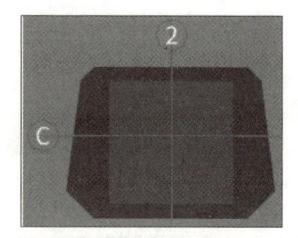

图 7-56　绘制完成的 KZ2 柱根加大部分

(4) 基础梁内柱根加大部分工程量

汇总计算后,单击"查看工程量计算式",选择不同位置的柱,工程量计算如图 7-57～图 7-59 所示。

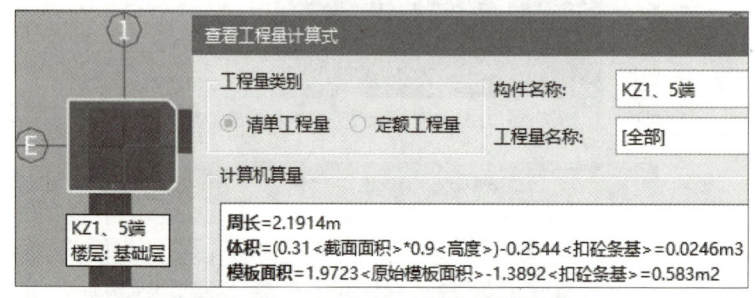

图 7-57　KZ1、KZ5 端柱根加大部分工程量计算式

图 7-58　KZ1、KZ4 内柱根加大部分工程量计算式

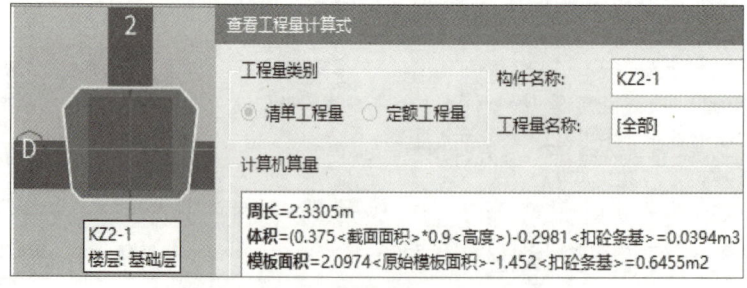

图 7-59　KZ2-1 柱根加大部分工程量计算式

批量选择柱,单击"查看工程量",基础梁内柱根加大部分工程量如图 7-60 所示。

注意:当柱下基础绘制完成且扣减关系产生后,查看工程量才准确。

| | 编码 | 项目名称 | 单位 | 工程量 |
|---|---|---|---|---|
| 1 | 010501002 | 带形基础 | m3 | 0.6904 |
| 2 | A4-163 HBB9-0003 BB9-0005 | 预拌混凝土(现浇) 带形基础 钢筋混凝土 换为【预拌混凝土 C30】 | 10m3 | 0.06904 |
| 3 | KZ1、4内 | | 10m3 | 0.01804 |
| 4 | KZ2-1 | | 10m3 | 0.0314 |
| 5 | KZ1、5端 | | 10m3 | 0.0196 |
| 6 | 011702001 | 基础 | m2 | 14.0452 |
| 7 | A12-46 | 现浇混凝土复合木模板 带形基础 钢筋混凝土(有梁式) | 100m2 | 0.140452 |
| 8 | KZ1、4内 | | 100m2 | 0.042816 |
| 9 | KZ2-1 | | 100m2 | 0.05132 |
| 10 | KZ1、5端 | | 100m2 | 0.046316 |

图 7-60　基础梁内柱根加大部分工程量

## 7.5　后砌 240 墙砖砌条形基础

**1. 新建砖砌条形基础**

新建"条形基础",修改属性名称为"TJ-后砌 240 墙基",如图 7-61 所示,选中该条形基础,右击→"新建参数化条形基础单元",选择参数化图形,如图 7-62 所示,输入相关参数,如图 7-63 所示,单击"确定"按钮。

图 7-61　新建参数化条形基础单元 　　图 7-62　选择参数化图形 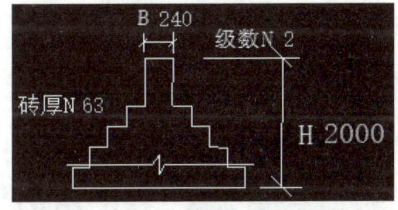　　图 7-63　输入条形基础相关参数

**2. 属性**

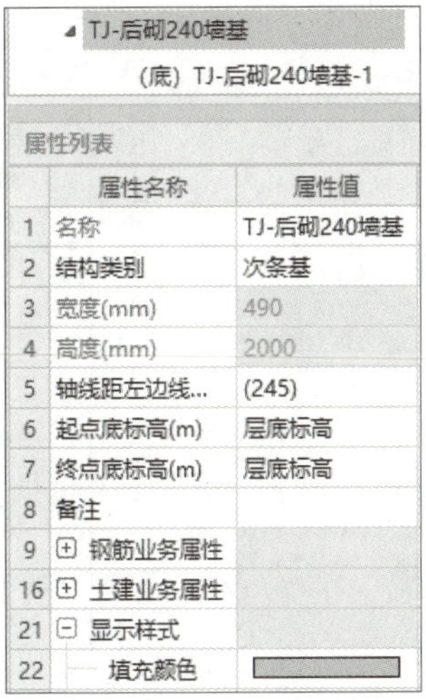

后砌 240 墙砖砌条形基础单元属性如图 7-64 所示。后砌 240 墙基础属性如图 7-65 所示,为方便查看,可将填充颜色修改为橘黄色。

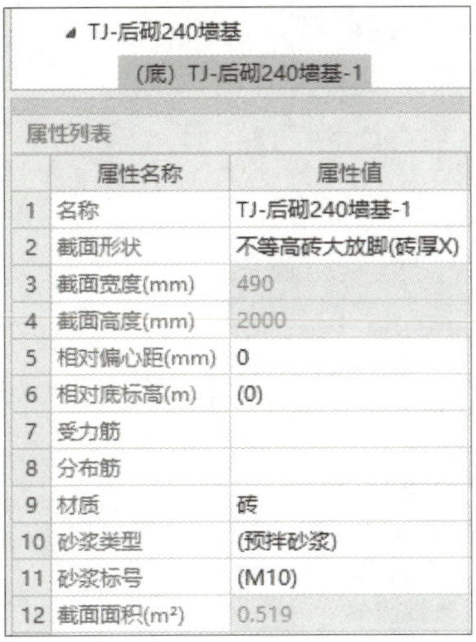

图 7-64　后砌 240 墙砖砌条形基础单元属性　　图 7-65　后砌 240 墙基础属性

### 3.做法

后砌 240 墙砖砌条形基础做法如图 7-66 所示，在条形基础单元里编辑。定额选用标准砖基础，图纸设计用混凝土砖，在计价软件中调价。

| | 编码 | 类别 | 名称 | 项目特征 | 单位 | 工程量表达式 | 表达式说明 |
|---|---|---|---|---|---|---|---|
| 1 | 010401001 | 项 | 砖基础 | 1.混凝土砖<br>2.干混砌筑砂浆DMM10 | m3 | TJ | TJ〈体积〉 |
| 2 | A3-86<br>HZF2-2001<br>ZF2-2003 | 换 | 干混砂浆 砖基础 换为<br>【干混砌筑砂浆 DMM10】 | | m3 | TJ | TJ〈体积〉 |
| 3 | 011701003 | 项 | 里脚手架 | 形式自定 | m2 | DMMJ/0.24*1.76 | DMMJ〈顶面面积〉/<br>0.24*1.76 |
| 4 | A11-20 | 定 | 内墙砌筑脚手架 3.6m以<br>内里脚手架 | | m2 | DMMJ/0.24*1.76 | DMMJ〈顶面面积〉/<br>0.24*1.76 |

图 7-66　后砌 240 墙砖砌条形基础做法

### 4.绘图

后砌 240 墙基础采用直线画法绘制，先沿轴线位置绘制①-④轴墙基，再将①轴墙基左端与纵向有梁条形基础左端对齐，然后将①-④轴墙基镜像到⑥-⑨轴。

### 5.工程量

汇总计算后，批量选择条形基础，单击"查看工程量"，后砌 240 墙基工程量如图 7-67 所示。

| | 编码 | 项目名称 | 单位 | 工程量 |
|---|---|---|---|---|
| 1 | 010401001 | 砖基础 | m3 | 44.4173 |
| 2 | A3-86 HZF2-2001 ZF2-2003 | 干混砂浆 砖基础 换为【干混砌筑<br>砂浆 DMM10】 | 10m3 | 4.44173 |
| 3 | 011701003 | 里脚手架 | m2 | 190.52 |
| 4 | A11-20 | 内墙砌筑脚手架 3.6m以内里脚手架 | 100m2 | 1.9052 |

图 7-67　后砌 240 墙基工程量

## 7.6　有梁条形基础上的墙基

正负零以下有梁条形基础上的砖墙基础按墙定义，做法仍然是"砖基础"。

### 1.属性

有梁条形基础上的纵墙基础属性如图 7-68 所示。

| | 属性名称 | 属性值 |
|---|---|---|
| 1 | 名称 | QTQ-纵墙基础 |
| 2 | 厚度(mm) | 240 |
| 3 | 轴线距左墙皮... | (120) |
| 4 | 砌体通长筋 | |
| 5 | 横向短筋 | |
| 6 | 材质 | 砖 |
| 7 | 砂浆类型 | (预拌砂浆) |
| 8 | 砂浆标号 | (M10) |
| 9 | 内/外墙标志 | (外墙) |
| 10 | 类别 | 砖墙 |
| 11 | 起点顶标高(m) | 层顶标高 |
| 12 | 终点顶标高(m) | 层顶标高 |
| 13 | 起点底标高(m) | 基础底标高 |
| 14 | 终点底标高(m) | 基础底标高 |

图 7-68　有梁条形基础上的纵墙基础属性

## 2.做法

有梁条形基础上的纵墙基础做法如图 7-69 所示。

| | 编码 | 类别 | 名称 | 项目特征 | 单位 | 工程量表达式 | 表达式说明 |
|---|---|---|---|---|---|---|---|
| 1 | — 010401001 | 项 | 砖基础 | 1.混凝土实心砖,2.干混砌筑砂浆DMM10 | m3 | TJ | TJ〈体积〉 |
| 2 | A3-86 HZF2-2001 ZF2-2003 | 换 | 干混砂浆 砖基础 换为【干混砌筑砂浆 DMM10】 | | m3 | TJ | TJ〈体积〉 |

图 7-69 有梁条形基础上的纵墙基础做法

## 3.绘图

纵墙基础采用沿轴线直线画法绘制,再对齐,Ⓑ轴墙基与 M-1 两侧构造柱对齐,Ⓒ、Ⓓ、Ⓔ轴与框架柱边对齐。

## 4.工程量

基础梁上的纵墙基做法工程量如图 7-70 所示,绘制地圈梁后工程量才准确。

| | 编码 | 项目名称 | 单位 | 工程量 |
|---|---|---|---|---|
| 1 | 010401001 | 砖基础 | m3 | 18.5174 |
| 2 | A3-86 HZF2-2001 ZF2-2003 | 干混砂浆 砖基础 换为【干混砌筑砂浆 DMM10】 | 10m3 | 1.85174 |

图 7-70 基础梁上的纵墙基做法工程量

# 7.7 后砌 240 墙基础上的地圈梁

## 1.地圈梁做法

地圈梁做法如图 7-71 所示。

| | 编码 | 类别 | 名称 | 项目特征 | 单位 | 工程量表达式 | 表达式说明 |
|---|---|---|---|---|---|---|---|
| 1 | — 010503004 | 项 | 圈梁 | 1.预拌2.C20 | m3 | TJ | TJ〈体积〉 |
| 2 | A4-179 | 定 | 预拌混凝土(现浇) 圈梁弧形圈梁 | | m3 | TJ | TJ〈体积〉 |
| 3 | — 011702008 | 项 | 圈梁 | 圈梁模板自定 | m2 | MBMJ | MBMJ〈模板面积〉 |
| 4 | A12-62 | 定 | 现浇混凝土复合木模板 直形圈梁 | | m2 | MBMJ | MBMJ〈模板面积〉 |

图 7-71 地圈梁做法

## 2.地圈梁绘图

横向墙基地圈梁绘图:智能布置→条形基础中心线→选择横向条形基础→右击确认。

纵向墙基地圈梁绘图:沿轴线直线画法绘制,然后对齐。

楼梯入口 M-3 处地圈梁处理:将绘制完成的Ⓔ轴地圈梁在⑥轴和⑦轴处打断,然后选择 M-3 处地圈梁,右击→"属性",修改起点和终点顶标高为-0.3 m。

## 3.土建工程量

纵向地圈梁土建工程量如图 7-72 所示,横向地圈梁土建工程量如图 7-73 所示。

| | 编码 | 项目名称 | 单位 | 工程量 |
|---|---|---|---|---|
| 1 | 010503004 | 圈梁 | m3 | 5.2837 |
| 2 | A4-179 | 预拌混凝土(现浇) 圈梁弧形圈梁 | 10m3 | 0.52837 |
| 3 | 011702008 | 圈梁 | m2 | 43.1911 |
| 4 | A12-62 | 现浇混凝土复合木模板 直形圈梁 | 100m2 | 0.431911 |

图 7-72 纵向地圈梁土建工程量

| 编码 | 项目名称 | 单位 | 工程量 |
|---|---|---|---|
| 1 010503004 | 圈梁 | m3 | 5.0874 |
| 2 A4-179 | 预拌混凝土(现浇)圈梁弧形圈梁 | 10m3 | 0.50874 |
| 3 QL-基础墙顶上 | | 10m3 | 0.50874 |
| 4 011702008 | 圈梁 | m2 | 42.3055 |
| 5 A12-62 | 现浇混凝土复合木模板 直形圈梁 | 100m2 | 0.423055 |
| 6 QL-基础墙顶上 | | 100m2 | 0.423055 |

图 7-73 横向地圈梁土建工程量

**4.钢筋工程量**

地圈梁钢筋工程量如图 7-74 所示。

钢筋总重量(kg):918.8

| 楼层名称 | 构件名称 | 钢筋总重量(kg) | HRB400 | | |
|---|---|---|---|---|---|
| | | | 6 | 12 | 合计 |
| 基础层 | QL-基础墙顶上 | 918.8 | 198.856 | 719.944 | 918.8 |

图 7-74 地圈梁钢筋工程量

## 7.8 构造柱

基础层构造柱做法工程量如图 7-75 所示。基础砌体、地圈梁绘制完成,查看构造柱工程量才准确。

| 编码 | 项目名称 | 单位 | 工程量 |
|---|---|---|---|
| 1 010502002 | 构造柱 | m3 | 0.4268 |
| 2 A4-174 | 预拌混凝土(现浇)构造柱异形柱 | 10m3 | 0.04268 |
| 3 GZ1 | | 10m3 | 0.0395 |
| 4 GZ2 | | 10m3 | 0.00318 |
| 5 011702003 | 构造柱 | m2 | 2.4066 |
| 6 A12-58 | 现浇混凝土复合木模板 矩形柱 | 100m2 | 0.024066 |
| 7 GZ1 | | 100m2 | 0.021258 |
| 8 GZ2 | | 100m2 | 0.002808 |

图 7-75 基础层构造柱做法工程量

## 7.9 卫生间墙基础

**1.卫生间墙下条形基础**

卫生间素混凝土条形基础和砖墙基在条形基础里定义,混凝土异形条形基础单元如图 7-76 所示。

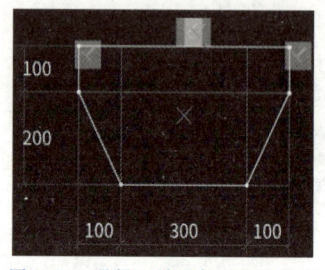

图 7-76 混凝土异形条形基础单元

### 2.画图

卫生间墙基绘图采用直线画法,注意该部分只绘制净长部分,如图 7-77 所示。

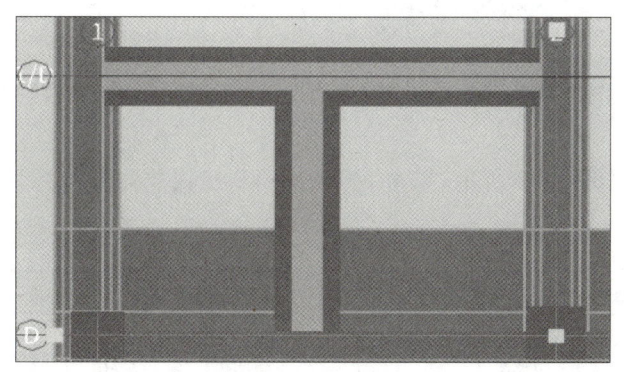

图 7-77 卫生间墙基绘图

### 3.工程量

卫生间素混凝土条形基础工程量如图 7-78 所示,卫生间砖墙基工程量如图 7-79 所示。

| 编码 | 项目名称 | 单位 | 工程量 |
|---|---|---|---|
| 1 010501002 | 带形基础 | m3 | 0.7701 |
| 2 A4-162 HBB9-0003 BB9-0002 | 预拌混凝土(现浇)带形基础 无筋混凝土 换为【预拌混凝土 C15】 | 10m3 | 0.07701 |
| 3 010101003 | 挖沟槽土方 | m3 | 0.7701 |
| 4 A1-11 | 人工挖沟槽 一、二类土 深度(2m以内) | 100m3 | 0.007701 |

图 7-78 卫生间素混凝土条形基础工程量

| 编码 | 项目名称 | 单位 | 工程量 |
|---|---|---|---|
| 1 010401001 | 砖基础 | m3 | 0.239 |
| 2 A3-86 HZF2-2001 ZF2-2003 | 干混砂浆 砖基础 换为【干混砌筑砂浆 DMM10】 | 10m3 | 0.0239 |

图 7-79 卫生间砖墙基工程量

## 7.10 台阶挡墙砖基础

台阶挡墙砖基础不需要绘图,将首层台阶挡墙复制到基础层,然后修改从首层复制过来的台阶挡墙的属性和做法即可,此处不再赘述。台阶挡墙砖基础在基础层砌体墙定义,工程量如图 7-80 所示。

| 编码 | 项目名称 | 单位 | 工程量 |
|---|---|---|---|
| 1 010401001 | 砖基础 | m3 | 2.324 |
| 2 A3-86 | 干混砂浆 砖基础 | 10m3 | 0.2324 |

图 7-80 台阶挡墙砖基础工程量

## 7.11 垫层

**1. 新建垫层**

（1）面式垫层：如图 7-81 所示，单击"新建"→"新建面式垫层"，独立基础垫层为面式垫层。

（2）线式垫层：如图 7-82 所示，单击"新建"→"新建线式矩形垫层"，基础梁、240 墙基、台阶挡墙垫层均为线式垫层。

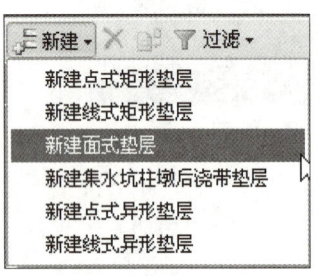

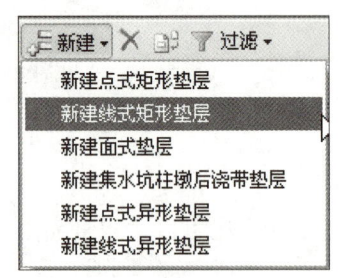

图 7-81 新建面式垫层　　图 7-82 新建线式矩形垫层

**2. 垫层属性**

ⓒ轴、ⓓ轴条形基础垫层相交在一起，可用直线画法绘制，需要输入总宽度"4 300"，属性如图 7-83 所示；其余条形基础垫层属性如图 7-84 所示，绘图时采用智能布置的方法，以条形基础中心为参照，宽度不需要输入。

| 属性名称 | 属性值 |
| --- | --- |
| 1 名称 | DC-条形基础C轴、D轴 |
| 2 形状 | 线型 |
| 3 宽度(mm) | 4300 |
| 4 厚度(mm) | 100 |
| 5 轴线距左边线… | (2150) |
| 6 材质 | 预拌现浇砼 |
| 7 混凝土类型 | (预拌混凝土) |
| 8 混凝土强度等级 | (C15) |
| 9 混凝土外加剂 | (无) |
| 10 泵送类型 | (混凝土泵) |
| 11 截面面积(m²) | 0.43 |
| 12 起点顶标高(m) | 基础底标高 |
| 13 终点顶标高(m) | 基础底标高 |

| 属性名称 | 属性值 |
| --- | --- |
| 1 名称 | DC-其余条形基础 |
| 2 形状 | 线型 |
| 3 宽度(mm) | |
| 4 厚度(mm) | 100 |
| 5 轴线距左边线… | (0) |
| 6 材质 | 预拌现浇砼 |
| 7 混凝土类型 | (预拌混凝土) |
| 8 混凝土强度等级 | (C15) |
| 9 混凝土外加剂 | (无) |
| 10 泵送类型 | (混凝土泵) |
| 11 截面面积(m²) | 0 |
| 12 起点顶标高(m) | 基础底标高 |
| 13 终点顶标高(m) | 基础底标高 |

图 7-83　ⓒ轴、ⓓ轴条形基础垫层属性　　图 7-84　其余条形基础垫层属性

独立基础垫层属性如图 7-85 所示。台阶挡墙垫层属性如图 7-86 所示，采用直线画法绘制，需要输入垫层宽度"440"。

**3. 垫层做法**

混凝土垫层做法如图 7-87 所示，基础垫层定额需要换算，在"换算内容"处勾选"用于基础垫层(不含满基)机械 * 1.2，人工 * 1.2"，如图 7-88 所示。台阶挡墙三七灰土垫层做法如图 7-89 所示。

| | 属性名称 | 属性值 |
|---|---|---|
| 1 | 名称 | DC-独立基础 |
| 2 | 形状 | 面型 |
| 3 | 厚度(mm) | 100 |
| 4 | 材质 | 预拌现浇砼 |
| 5 | 混凝土类型 | (预拌混凝土) |
| 6 | 混凝土强度等级 | (C15) |
| 7 | 混凝土外加剂 | (无) |
| 8 | 泵送类型 | (混凝土泵) |
| 9 | 顶标高(m) | 基础底标高 |

图 7-85 独立基础垫层属性

| | 属性名称 | 属性值 |
|---|---|---|
| 1 | 名称 | DC-台阶挡墙 |
| 2 | 形状 | 线型 |
| 3 | 宽度(mm) | 440 |
| 4 | 厚度(mm) | 150 |
| 5 | 轴线距左边... | (220) |
| 6 | 材质 | 3:7灰土 |
| 7 | 截面面积(m²) | 0.066 |
| 8 | 起点顶标高 | 层顶标高-0.45-0.6 |
| 9 | 终点顶标高 | 层顶标高-0.45-0.6 |

图 7-86 台阶挡墙垫层属性

| | 编码 | 类别 | 名称 | 项目特征 | 单位 | 工程量表达式 | 表达式说明 |
|---|---|---|---|---|---|---|---|
| 1 | 010501001 | 项 | 垫层 | 1.预拌<br>2.C15 | m3 | TJ | TJ〈体积〉 |
| 2 | B1-25<br>R*1.2,J*1.2 | 借换 | 垫层 预拌混凝土 用于基础垫层<br>（不含满基）机械*1.2,人工*1.2 | | m3 | TJ | TJ〈体积〉 |
| 3 | 011702001 | 项 | 基础 | 模板自定 | m2 | MBMJ | MBMJ〈模板面积〉 |
| 4 | A12-77 | 定 | 现浇混凝土木模板 混凝土基础垫层 | | m2 | MBMJ | MBMJ〈模板面积〉 |

图 7-87 混凝土垫层做法

| | 换算列表 | 换算内容 |
|---|---|---|
| 1 | 用于基础垫层（不含满基）机械*1.2,人工*1.2 | ✓ |
| 2 | 用于地板采暖房间垫层 材料*0.98,人工*1.8 | |

图 7-88 换算信息选择

| | 编码 | 类别 | 名称 | 项目特征 | 单位 | 工程量表达式 | 表达式说明 |
|---|---|---|---|---|---|---|---|
| 1 | 010404001 | 项 | 垫层 | 1.3:7灰土 | m3 | TJ | TJ〈体积〉 |
| 2 | B1-2<br>R*1.2,J*1.2 | 借换 | 垫层 灰土 3:7 用于基础垫层<br>（不含满基）机械*1.2,人工*1.2 | | m3 | TJ | TJ〈体积〉 |

图 7-89 台阶挡墙三七灰土垫层做法

**4.画图**

(1)独立基础垫层绘图：如图 7-90 所示，单击"智能布置"，选择"独基"，在绘图区域拉框选择"独立基础"，右击，设置出边距离(图 7-91)，单击"确定"按钮。

图 7-90 智能布置

图 7-91 设置出边距离

(2)条形基础垫层绘图：如图 7-92 所示，单击"智能布置"→"条基中心线"，在绘图区域拉框选择"纵横方向条形基础"(Ⓒ轴、Ⓓ轴不选；卫生间墙下素混凝土条形基础无垫层，不选)，右击，设置出边距离，单击"确定"按钮，如图 7-93 所示。

(3)Ⓒ轴、Ⓓ轴条形基础垫层绘图：采用"直线画法＋Shift 偏移"方法绘图，如图 7-94 所示，以 A 点作为参照点，输入偏移值，找到绘制起点(垫层中点)，终点打开"垂点捕捉"功能绘制，右击确认。

图 7-92　智能选择

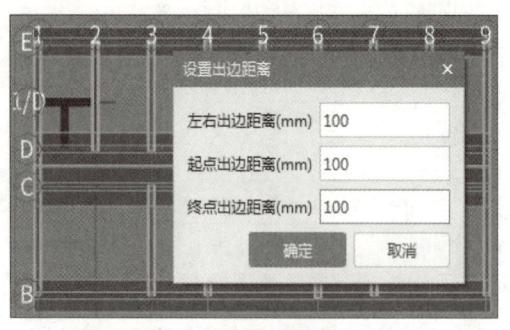

图 7-93　设置出边距离

图 7-94　输入偏移值

（4）台阶挡墙垫层绘图：采用直线画法绘图，在绘图时注意垫层出边距离各个方向均为 100 mm，如图 7-95 所示。

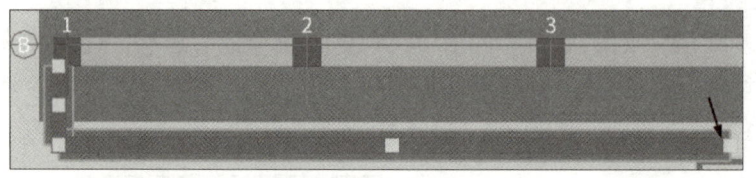

图 7-95　垫层出边距离

## 5.工程量

基础垫层分类工程量如图 7-96 所示。

| | 编码 | 项目名称 | 单位 | 工程量 |
|---|---|---|---|---|
| 1 | 010501001 | 垫层 | m3 | 29.0254 |
| 2 | B1-25 R*1.2,J*1.2 | 垫层 预拌混凝土 用于基础垫层（不含满基） 机械*1.2,人工*1.2 | 10m3 | 2.90254 |
| 3 | DC-独立基础 | | 10m3 | 0.181 |
| 4 | DC-其余条形基础 | | 10m3 | 1.54893 |
| 5 | DC-条形基础CD轴 | | 10m3 | 1.17261 |
| 6 | 011702001 | 基础 | m2 | 31.204 |
| 7 | A12-77 | 现浇混凝土木模板 混凝土基础垫层 | 100m2 | 0.31204 |
| 8 | DC-独立基础 | | 100m2 | 0.02844 |
| 9 | DC-其余条形基础 | | 100m2 | 0.23665 |
| 10 | DC-条形基础CD轴 | | 100m2 | 0.04695 |
| 11 | 010404001 | 垫层 | m3 | 1.4336 |
| 12 | B1-2 R*1.2,J*1.2 | 垫层 灰土 3:7 用于基础垫层（不含满基） 机械*1.2,人工*1.2 | 10m3 | 0.14336 |
| 13 | DC-台阶挡墙 | | 10m3 | 0.14336 |

图 7-96　基础垫层分类工程量

# 模块 8

# 土方工程

基槽、基坑、大开挖土方均可在基础垫层绘制完成后,在垫层绘图界面用自动生成土方的功能完成。

该工程土壤类别为二类土,挖土深度为 1.65 m,非雨季施工,拟采用机械开挖,放坡系数设定为 0.2,工作面为 300 mm,回填土部分用挖掘机挖土但不装车,在槽边 1 m 以外堆放,其余部分土方边挖边装车外运至 5 km 处。人工配合机械开挖坑底 30 cm 部分土方工程量,在此不作考虑,全部按机械挖土考虑。

柱下独立基础、纵向条形基础,因为需要四面放坡,按基坑生成;横向墙下条形基础(两面放坡)、台阶挡墙,按基槽生成。

## 8.1 基坑土方

**1.自动生成土方**

如图 8-1 所示,在"垫层二次编辑"栏单击"生成土方";如图 8-2 所示,选择生成的"土方类型"、"起始放坡位置"、"生成方式"及"生成范围",输入"土方相关属性",单击"确定"按钮。

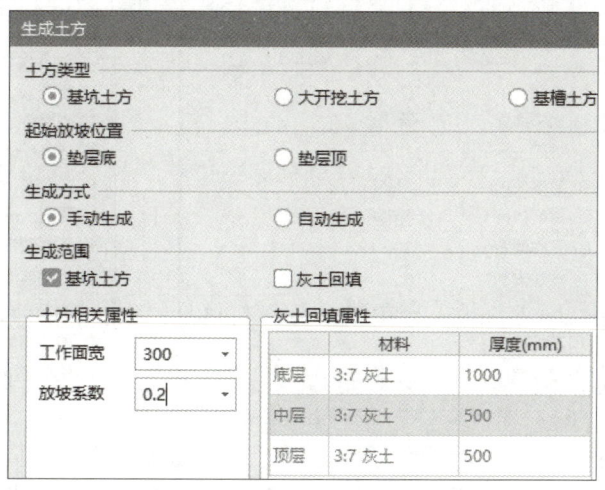

图 8-1 生成土方

图 8-2 生成土方及相关属性

在垫层绘图界面选择生成土方构件的独立基础和纵向条形基础垫层,右击确认。如图 8-3 所示,生成七个土方图元,在构件列表生成 5 个基坑土方构件,如图 8-4 所示。

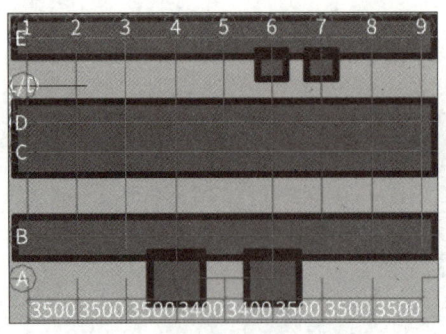

图 8-3 自动生成的基坑土方图元 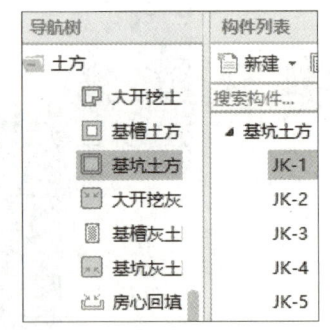　　　　图 8-4 自动生成的基坑土方构件

### 2.基坑土方属性

在绘图界面拉框选择基坑"JK-1",右击→"属性",打开自动生成的 JK-1 属性,修改土壤类别和挖土方式等(如需要),完成的 JK-1 土方属性如图 8-5 所示。注意坑底长、宽不含工作面宽。ⓒ轴、ⓓ轴 JK-5 土方属性如图 8-6 所示。

| | 属性名称 | 属性值 |
|---|---|---|
| 1 | 名称 | JK-1 |
| 2 | 土壤类别 | 普硬土 |
| 3 | 坑底长(mm) | 2800 |
| 4 | 坑底宽(mm) | 2800 |
| 5 | 深度(mm) | (1650) |
| 6 | 工作面宽(mm) | 300 |
| 7 | 放坡系数 | 0.2 |
| 8 | 挖土方式 | 挖掘机挖土、自卸汽车运土 |
| 9 | 顶标高(m) | -0.45 |
| 10 | 底标高(m) | -2.1 |

| | 属性名称 | 属性值 |
|---|---|---|
| 1 | 名称 | JK-5 |
| 2 | 土壤类别 | 普硬土 |
| 3 | 坑底长(mm) | 28650 |
| 4 | 坑底宽(mm) | 4300 |
| 5 | 深度(mm) | (1650) |
| 6 | 工作面宽(mm) | 300 |
| 7 | 放坡系数 | 0.2 |
| 8 | 挖土方式 | 挖掘机挖土、自卸汽车运土 |
| 9 | 顶标高(m) | -0.45 |
| 10 | 底标高(m) | -2.1 |

图 8-5 JK-1 土方属性　　　　图 8-6 ⓒ轴、ⓓ轴 JK-5 土方属性

> **注意**:通过属性编辑器打开的深度属性值与通过定义栏打开的深度属性值显示不同,如图 8-7、图 8-8 所示,不需理会,只需检查属性编辑器打开的深度属性值正确即可。

| | 属性名称 | 属性值 |
|---|---|---|
| 1 | 名称 | JK-2 |
| 2 | 土壤类别 | 普硬土 |
| 3 | 坑底长(mm) | 1100 |
| 4 | 坑底宽(mm) | 1100 |
| 5 | 深度(mm) | (1650) |
| 6 | 工作面宽(mm) | 300 |
| 7 | 放坡系数 | 0.2 |
| 8 | 挖土方式 | 挖掘机挖土、自卸汽车运土 |
| 9 | 顶标高(m) | -0.45 |
| 10 | 底标高(m) | -2.1 |

| | 属性名称 | 属性值 |
|---|---|---|
| 1 | 名称 | JK-2 |
| 2 | 土壤类别 | 普硬土 |
| 3 | 坑底长(mm) | 1100 |
| 4 | 坑底宽(mm) | 1100 |
| 5 | 深度(mm) | (1550) ← |
| 6 | 工作面宽(mm) | 0 |
| 7 | 放坡系数 | 0 |
| 8 | 挖土方式 | 挖掘机挖土、自卸汽车运土 |
| 9 | 顶标高(m) | 层底标高+1.55 ← |
| 10 | 底标高(m) | 层底标高 ← |

图 8-7 JK-2 属性编辑器打开的深度属性值　　　　图 8-8 JK-2 定义栏打开的深度属性值

设置不同的放坡系数:如果遇到土方各边放坡系数不同时,可设置不同的放坡系数。

方法:如图 8-9 所示,单击"设置放坡",用鼠标左键选择土方的一条边线,右击确认,在弹出的"设置放坡"对话框中输入放坡系数,单击"确定"按钮,完成操作,依次设置其他边放坡系数。

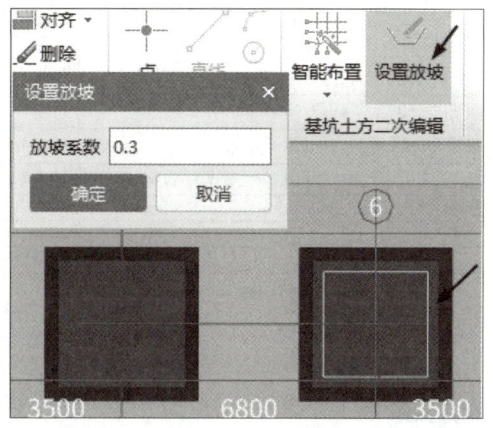

图 8-9　设置不同的土方放坡系数

### 3.基坑土方做法

基坑土方做法如图 8-10 所示，纵向基坑土方的清单编码按基槽定义，做法如图 8-11 所示。

| 　 | 编码 | 类别 | 名称 | 项目特征 | 单位 | 工程量表达式 | 表达式说明 |
|---|---|---|---|---|---|---|---|
| 1 | 010101004 | 项 | 挖基坑土方 | 1.一、二类土<br>2.1.65m深 | m3 | TFTJ | TFTJ〈土方体积〉 |
| 2 | A1-122 | 定 | 反铲挖掘机挖土(斗容量1.0m3)不装车 一、二类土 | 　 | m3 | TFTJ | TFTJ〈土方体积〉 |
| 3 | A1-241 | 定 | 机械钎探 | 　 | m2 | JKTFDMMJ | JKTFDMMJ〈基坑土方底面面积〉 |
| 4 | 010103001 | 项 | 回填方 | 1.夯填<br>2.素土 | m3 | STHTTJ | STHTTJ〈素土回填体积〉 |
| 5 | A1-41 | 定 | 人工 回填土 夯填 | 　 | m3 | STHTTJ | STHTTJ〈素土回填体积〉 |

图 8-10　基坑土方做法

| 　 | 编码 | 类别 | 名称 | 项目特征 | 单位 | 工程量表达式 | 表达式说明 |
|---|---|---|---|---|---|---|---|
| 1 | 010101003 | 项 | 挖沟槽土方 | 1.一、二类土<br>2.深度1.65m<br>3.外运5km | m3 | TFTJ | TFTJ〈土方体积〉 |
| 2 | A1-122 | 定 | 反铲挖掘机挖土(斗容量1.0m3)不装车 一、二类土 | 　 | m3 | STHTTJ | STHTTJ〈素土回填体积〉 |
| 3 | A1-125 | 定 | 反铲挖掘机挖土(斗容量1.0m3)装车 一、二类土 | 　 | m3 | TFTJ-STHTTJ | TFTJ〈土方体积〉-STHTTJ〈素土回填体积〉 |
| 4 | A1-165 J*1.1 | 换 | 自卸汽车运土(载重10t)运距1km以内　使用反铲挖掘机装车 (每增加1km子目不乘) 机械*1.1 | 　 | m3 | TFTJ-STHTTJ | TFTJ〈土方体积〉-STHTTJ〈素土回填体积〉 |
| 5 | A1-166 *4 | 换 | 自卸汽车运土(载重10t)运距20km以内每增加1km 单价*4 | 　 | m3 | TFTJ-STHTTJ | TFTJ〈土方体积〉-STHTTJ〈素土回填体积〉 |
| 6 | A1-241 | 定 | 机械钎探 | 　 | m2 | JKTFDMMJ | JKTFDMMJ〈基坑土方底面面积〉 |
| 7 | 010103001 | 项 | 回填方 | 1.夯填<br>2.素土 | m3 | STHTTJ | STHTTJ〈素土回填体积〉 |
| 8 | A1-41 | 定 | 人工 回填土 夯填 | 　 | m3 | STHTTJ | STHTTJ〈素土回填体积〉 |

图 8-11　基槽土方做法

### 4.基坑土方工程量

基坑土方做法工程量如图 8-12 所示。按基坑生成的纵向基槽土方做法工程量如图 8-13 所示。

| 　 | 编码 | 项目名称 | 单位 | 工程量 |
|---|---|---|---|---|
| 1 | 010101004 | 挖基坑土方 | m3 | 29.865 |
| 2 | A1-122 | 反铲挖掘机挖土(斗容量1.0m3)不装车 一、二类土 | 1000m3 | 0.0597512 |
| 3 | A1-241 | 机械钎探 | 100m2 | 0.289 |
| 4 | 010103001 | 回填方 | m3 | 21.3506 |
| 5 | A1-41 | 人工 回填土 夯填 | 100m3 | 0.50051 |

图 8-12　基坑土方做法工程量

| 编码 | 项目名称 | 单位 | 工程量 |
|---|---|---|---|
| 1 010101003 | 挖沟槽土方 | m3 | 382.9073 |
| 2 A1-122 | 反铲挖掘机挖土(斗容量1.0m3)不装车 一、二类土 | 1000m3 | 0.3567635 |
| 3 A1-125 | 反铲挖掘机挖土(斗容量1.0m3)装车 一、二类土 | 1000m3 | 0.1665113 |
| 4 A1-165 | 自卸汽车运土(载重10t)运距 1km以内 | 1000m3 | 0.1665113 |
| 5 A1-166 *4 | 自卸汽车运土(载重10t)运距 20km以内每增加1km 单价*4 | 1000m3 | 0.1665113 |
| 6 A1-241 | 机械钎探 | 100m2 | 2.88555 |
| 7 010103001 | 回填方 | m3 | 225.4386 |
| 8 A1-41 | 人工 回填土 夯填 | 100m3 | 3.567635 |

图 8-13　纵向基槽土方做法工程量

## 8.2　基槽土方

**1. 自动生成土方**

在垫层的绘图界面单击"生成土方",如图 8-14 所示,选择生成的"土方类型"、"起始放坡位置"、"生成方式"及"生成范围",输入"相关属性",单击"确定"按钮。拉框选择横向条形基础垫层,右击确认,生成 1 个土方构件 JC-1。

图 8-14　自动生成土方及相关属性

**2. 基槽土方属性**

在绘图界面拉框选择"基槽 JC-1",右击→"属性",打开自动生成的基槽属性列表,修改土壤类别和挖土方式等信息(如需要),完成的 JC-1 土方属性如图 8-15 所示,注意槽底宽不含工作面宽。

**3. 基槽土方做法**

基槽 JC-1 土方做法如图 8-16 所示。

**4. 基槽土方工程量**

基槽 JC-1 土方做法工程量如图 8-17 所示。

注意:机械运输土方的工程量应考虑扣减房心回填土的工程量,在此未考虑。

图 8-15 JC-1 土方属性

| 编码 | 类别 | 名称 | 项目特征 | 单位 | 工程量表达式 | 表达式说明 |
|---|---|---|---|---|---|---|
| 1 010101003 | 项 | 挖沟槽土方 | 1.一、二类土 2.深度:1.65m 3.外运5km | m3 | TFTJ | TFTJ〈土方体积〉 |
| 2 A1-122 | 定 | 反铲挖掘机挖土(斗容量1.0m3)不装车 一、二类土 | | m3 | STHTTJ | STHTTJ〈素土回填体积〉 |
| 3 A1-125 | 定 | 反铲挖掘机挖土(斗容量1.0m3)装车 一、二类土 | | m3 | TFTJ-STHTTJ | TFTJ〈土方体积〉-STHTTJ〈素土回填体积〉 |
| 4 A1-165 J*1.1 | 换 | 自卸汽车运土(载重10t)运距1km以内 使用反铲挖掘机装车(每增加1km子目不乘) 机械*1.1 | | m3 | TFTJ-STHTTJ | TFTJ〈土方体积〉-STHTTJ〈素土回填体积〉 |
| 5 A1-166 *4 | 换 | 自卸汽车运土(载重10t)运距20km以内每增加1km 单价*4 | | m3 | TFTJ-STHTTJ | TFTJ〈土方体积〉-STHTTJ〈素土回填体积〉 |
| 6 A1-241 | 定 | 机械钎探 | | m2 | JCTFDMMJ | JCTFDMMJ〈基槽土方底面面积〉 |
| 7 010103001 | 项 | 回填方 | 1.夯填 2.素土 | m3 | STHTTJ | STHTTJ〈素土回填体积〉 |
| 8 A1-41 | 定 | 人工 回填土 夯填 | | m3 | STHTTJ | STHTTJ〈素土回填体积〉 |

图 8-16 基槽 JC-1 土方做法

| 编码 | 项目名称 | 单位 | 工程量 |
|---|---|---|---|
| 1 010101003 | 挖沟槽土方 | m3 | 66.1472 |
| 2 A1-122 | 反铲挖掘机挖土(斗容量1.0m3)不装车 一、二类土 | 1000m3 | 0.1054538 |
| 3 A1-125 | 反铲挖掘机挖土(斗容量1.0m3)装车 一、二类土 | 1000m3 | 0.0231175 |
| 4 A1-165 J*1.1 | 自卸汽车运土(载重10t)运距 1km以内 使用反铲挖掘机装车(每增加1km子目不乘) 机械*1.1 | 1000m3 | 0.0231175 |
| 5 A1-166 *4 | 自卸汽车运土(载重10t)运距 20km以内每增加1km 单价*4 | 1000m3 | 0.0231175 |
| 6 A1-241 | 机械钎探 | 100m2 | 0.62049 |
| 7 010103001 | 回填方 | m3 | 38.2343 |
| 8 A1-41 | 人工 回填土 夯填 | 100m3 | 1.054538 |

图 8-17 基槽 JC-1 土方做法工程量

## 8.3 房心回填土

房心回填土工程量可以在"首层"→"装饰装修"→"楼地面"里定义计算,也可以在"基础层"→"土方"→"房心回填土"里完成计算。

# 模块 9

# 装饰装修工程

房间是主构件,由楼地面、踢脚(墙裙)、墙面、天棚等依附构件组成,首先定义依附构件属性及做法;其次定义房间(选择构成房间的依附构件);最后采用点式画法绘制房间,可以将房间中的楼地面、踢脚(墙裙)、墙面、天棚等依附构件一次性全部画上去,提高绘图效率。

## 9.1 楼地面

### 1. 属性

首层其他房间和有水房间地面属性如图 9-1、图 9-2 所示(实际有水房间顶标高为层底标高−0.02)。

| | 属性名称 | 属性值 |
|---|---|---|
| 1 | 名称 | DM-其他房间 |
| 2 | 块料厚度(mm) | 0 |
| 3 | 是否计算防水面积 | 否 |
| 4 | 顶标高(m) | 层底标高 |

图 9-1 首层其他房间地面属性

| | 属性名称 | 属性值 |
|---|---|---|
| 1 | 名称 | DM-有水房间 |
| 2 | 块料厚度(mm) | 0 |
| 3 | 是否计算防水面积 | 是 |
| 4 | 顶标高(m) | 层底标高 |

图 9-2 首层有水房间地面属性

### 2. 做法

(1)其他房间地面做法如图 9-3 所示,部分工程量表达式需手动编辑。

| | 编码 | 类别 | 名称 | 项目特征 | 单位 | 工程量表达式 | 表达式说明 |
|---|---|---|---|---|---|---|---|
| 1 | 011102003 | 项 | 块料楼地面 | 1.800*800地砖 | m² | KLDMJ | KLDMJ<块料地面积> |
| 2 | B1-459 | 借 | 干混砂浆 陶瓷地砖楼地面 每块周长(3200mm以内) | | m² | KLDMJ | KLDMJ<块料地面积> |
| 3 | 011001005 | 项 | 保温隔热楼地面 | 1.50mm厚C15陶粒混凝土<br>2.20mm厚挤塑板<br>3.无机铝盐防水素浆 | m² | KLDMJ | KLDMJ<块料地面积> |
| 4 | B1-26 R*1.8, C*0.98 | 换 | 垫层 陶粒混凝土 用于地板采暖房间垫层 材料*0.98,人工*1.8 | | m³ | DMJ*0.05 | DMJ<地面积>*0.05 |
| 5 | A8-305 | 定 | 楼地面保温 挤塑板 干铺 | | m² | KLDMJ | KLDMJ<块料地面积> |
| 6 | A7-217 | 定 | 刚性防水 楼无机铝盐防水剂 素水泥浆 | | m² | DMJ | DMJ<地面积> |
| 7 | 010501001 | 项 | 垫层 | 1.预拌<br>2.100厚C15 | m³ | DMJ*0.1 | DMJ<地面积>*0.1 |
| 8 | B1-25 | 借 | 垫层 预拌混凝土 | | m³ | DMJ*0.1 | DMJ<地面积>*0.1 |
| 9 | 010103001 | 项 | 回填方 | 1.夯填<br>2.素土 | m³ | DMJ*0.25 | DMJ<地面积>*0.25 |
| 10 | B1-1 | 借 | 垫层 素土 | | m³ | DMJ*0.25 | DMJ<地面积>*0.25 |

图 9-3 其他房间地面做法

**注意**:挤塑板厚度定额按照 10 mm 编制,而设计为 20 mm,需在计价软件里调价。

(2)门厅、走廊地面面层采用大理石,面层做法如图9-4所示。其余项与其他房间相同。

| | 编码 | 类别 | 名称 | 项目特征 | 单位 | 工程量表达式 | 表达式说明 |
|---|---|---|---|---|---|---|---|
| 1 | 011102001 | 项 | 石材楼地面 | 800*800大理石 | m2 | KLDMJ | KLDMJ〈块料地面积〉 |
| 2 | B1-441 | 借 | 干混砂浆 大理石楼地面 周长3200mm以内 单色 | | m2 | KLDMJ | KLDMJ〈块料地面积〉 |

图9-4 门厅、走廊地面面层做法

(3)有水房间地面做法如图9-5所示。

| | 编码 | 类别 | 名称 | 项目特征 | 单位 | 工程量表达式 | 表达式说明 |
|---|---|---|---|---|---|---|---|
| 1 | 011102003 | 项 | 块料楼地面 | 1.300*300地砖 | m2 | KLDMJ | KLDMJ〈块料地面积〉 |
| 2 | B1-455 | 借 | 干混砂浆 陶瓷地砖楼地面 每块周长(1200mm以内) | | m2 | KLDMJ | KLDMJ〈块料地面积〉 |
| 3 | 010904002 | 项 | 楼(地)面涂膜防水 | 1.5厚聚氨酯防水 | m2 | SPFSMJ | SPFSMJ〈水平防水面积〉 |
| 4 | A7-193 | 定 | 涂膜防水 聚氨酯防水涂膜 刷涂膜二遍2mm厚 平面 | | m2 | SPFSMJ | SPFSMJ〈水平防水面积〉 |
| 5 | A7-195 | 定 | 涂膜防水 聚氨酯防水涂膜 每增减0.5mm 平面 | | m2 | -SPFSMJ | -SPFSMJ〈水平防水面积〉 |
| 6 | 011101006 | 项 | 平面砂浆找平层 | 15厚干混砂浆找平 | m2 | DMJ*2 | DMJ〈地面积〉*2 |
| 7 | B1-429 | 借 | 干混砂浆找平在硬基层上 | | m2 | DMJ*2 | DMJ〈地面积〉*2 |
| 8 | B1-432 | 借 | 干混砂浆找平层每增减5mm | | m2 | -DMJ*2 | -DMJ〈地面积〉*2 |
| 9 | 011001005 | 项 | 保温隔热楼地面 | 1.50mm厚C15陶粒混凝土 2.20mm厚挤塑板 3.聚氨酯防水 4.无机铝盐防水砂浆 5.无机铝盐防水素浆 | m2 | KLDMJ | KLDMJ〈块料地面积〉 |
| 10 | B1-26 R*1.8,C*0.98 | 借换 | 垫层 陶粒混凝土 采暖房间垫层 材料*0.98,人工*1.8 | | m3 | DMJ*0.05 | DMJ〈地面积〉*0.05 |
| 11 | A8-305 | 定 | 楼地面保温 挤塑板 干铺 | | m2 | KLDMJ | KLDMJ〈块料地面积〉 |
| 12 | A7-195 | 定 | 涂膜防水 聚氨酯防水涂膜 每增减0.5mm 平面 | | m2 | DMJ | DMJ〈地面积〉 |
| 13 | A7-225 | 定 | 刚性防水 掺无机铝盐防水剂 干混防水砂浆 | | m2 | DMJ | DMJ〈地面积〉 |
| 14 | A7-217 | 定 | 刚性防水 掺无机铝盐防水剂 素水泥浆 | | m2 | DMJ | DMJ〈地面积〉 |
| 15 | 010501001 | 项 | 垫层 | 1.预拌 2.100厚C15 | m3 | DMJ*0.1 | DMJ〈地面积〉*0.1 |
| 16 | B1-25 | 借 | 垫层 预拌混凝土 | | m3 | DMJ*0.1 | DMJ〈地面积〉*0.1 |
| 17 | 010103001 | 项 | 回填方 | 1.夯填 2.素土 | m3 | DMJ*0.178 | DMJ〈地面积〉*0.178 |
| 18 | B1-1 | 借 | 垫层 素土 | | m3 | DMJ*0.178 | DMJ〈地面积〉*0.178 |

图9-5 有水房间地面做法

## 9.2 踢脚

**1.属性**

踢脚属性如图9-6所示,楼梯间踢脚底标高应为"墙底标高−0.30 m",但是踢脚必须画在墙上,否则没有父构件,所以其属性仍按其他房间计算,工程量稍有误差。

**2.工程做法**

踢脚工程做法选用华北标05J1,如楼梯间、其他房间踢脚选用05J1-61-踢24,通过软件可快速查询其工程做法。

操作:如图 9-7 所示,单击"查询"右侧的下拉三角按钮,单击"查询图集做法",选择图集名称、编号,窗口右边出现用料做法,如图 9-8 所示,可参照工程做法确定清单编码和定额编号。

图 9-6　踢脚属性

图 9-7　查询图集做法界面

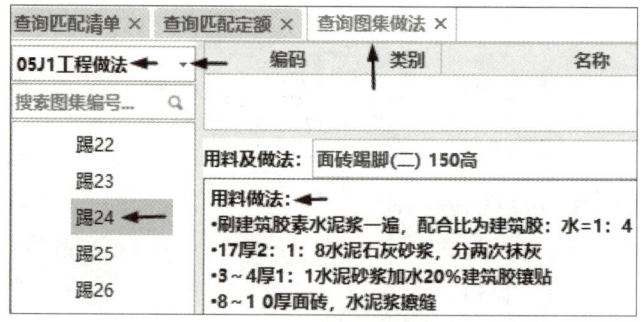

图 9-8　选择图集名称、编号、用料做法

### 3.做法

踢脚做法如图 9-9 所示。

图 9-9　踢脚做法

## 9.3　墙面

### 1.属性
其他房间内墙面属性如图 9-10 所示。
### 2.工程做法
查询图集,其他房间内墙面用料及做法如图 9-11 所示。

| | 属性名称 | 属性值 |
|---|---|---|
| 1 | 名称 | QM-内墙5 |
| 2 | 块料厚度(mm) | 0 |
| 3 | 所附墙材质 | (程序自动判断) |
| 4 | 内/外墙面标志 | 内墙面 |
| 5 | 起点顶标高(m) | 墙顶标高 |
| 6 | 终点顶标高(m) | 墙顶标高 |
| 7 | 起点底标高(m) | 墙底标高 |
| 8 | 终点底标高(m) | 墙底标高 |

图 9-10 其他房间内墙面属性

| 内墙5 | 用料及做法：混合砂浆墙面(三) |
|---|---|
| 内墙6 | 用料做法： |
| 内墙7 | ·刷建筑胶素水泥浆一遍，配合比为建筑胶∶水＝1∶4 |
| 内墙8 | ·15厚1∶1∶6水泥石灰砂浆，分两次抹灰 |
| | ·5厚1∶0.5∶3水泥石灰砂浆 |

图 9-11 其他房间内墙面用料及做法

**3.做法**

其他房间内墙面做法如图 9-12 所示，有水房间内墙面做法如图 9-13 所示。

| | 编码 | 类别 | 名称 | 项目特征 | 单位 | 工程量表达式 | 表达式说明 |
|---|---|---|---|---|---|---|---|
| 1 | 011201001 | 项 | 墙面一般抹灰 | 干混砂浆 | m2 | QMMHMJ | QMMHMJ<墙面抹灰面积> |
| 2 | B2-681 | 借 | 建筑胶素水泥浆一道 | | m2 | QMMHMJ | QMMHMJ<墙面抹灰面积> |
| 3 | B2-268 | 借 | 干混砂浆 墙面 轻质砌块 | | m2 | QMMHMJ | QMMHMJ<墙面抹灰面积> |
| 4 | 011407001 | 项 | 墙面喷刷涂料 | 内墙涂料 二遍成活 | m2 | QMMHMJ | QMMHMJ<墙面抹灰面积> |
| 5 | B5-341 | 借 | 内墙涂料 二遍成活 | | m2 | QMMHMJ | QMMHMJ<墙面抹灰面积> |
| 6 | B5-342 | 借 | 内墙涂料 每增减一遍 | | m2 | QMMHMJ | QMMHMJ<墙面抹灰面积> |

图 9-12 其他房间内墙面做法

| | 编码 | 类别 | 名称 | 项目特征 | 单位 | 工程量表达式 | 表达式说明 |
|---|---|---|---|---|---|---|---|
| 1 | 011204003 | 项 | 块料墙面 | 内墙瓷砖 干混砂浆粘贴 | m2 | QMKLMJ | QMKLMJ<墙面块料面积> |
| 2 | B2-681 | 借 | 建筑胶素水泥浆一道 | | m2 | QMMHMJ | QMMHMJ<墙面抹灰面积> |
| 3 | B2-361 | 借 | 干混砂浆 内墙瓷砖 干混砂浆粘贴 周长1200mm以内 | | m2 | QMKLMJ | QMKLMJ<墙面块料面积> |

图 9-13 有水房间内墙面做法

## 9.4 天棚

天棚做法如图 9-14、图 9-15 所示。

| | 编码 | 类别 | 名称 | 项目特征 | 单位 | 工程量表达式 | 表达式说明 |
|---|---|---|---|---|---|---|---|
| 1 | 011301001 | 项 | 天棚抹灰 | 天棚抹灰 干混砂浆 | m2 | TPMHMJ | TPMHMJ<天棚抹灰面积> |
| 2 | B3-17 | 借 | 天棚抹灰 干混砂浆 混凝土 | | m2 | TPMHMJ | TPMHMJ<天棚抹灰面积> |
| 3 | 011407002 | 项 | 天棚喷刷涂料 | 内墙涂料 二遍成活 | m2 | TPMHMJ | TPMHMJ<天棚抹灰面积> |
| 4 | B5-341 | 借 | 内墙涂料 二遍成活 | | m2 | TPMHMJ | TPMHMJ<天棚抹灰面积> |
| 5 | B5-342 | 借 | 内墙涂料 每增减一遍 | | m2 | TPMHMJ | TPMHMJ<天棚抹灰面积> |
| 6 | 011701006 | 项 | 满堂脚手架 | 形式自定 | m2 | MTJSJMJ | MTJSJMJ<脚手架面积> |
| 7 | B7-15 | 借 | 满堂脚手架高度5.2m以内 | | m2 | MTJSJMJ | MTJSJMJ<脚手架面积> |

图 9-14 其他房间天棚做法

| 编码 | 类别 | 名称 | 项目特征 | 单位 | 工程量表达式 | 表达式说明 |
|---|---|---|---|---|---|---|
| 1 011301001 | 项 | 天棚抹灰 | 有水房间天棚抹灰干混砂浆 | m2 | TPMHMJ | TPMHMJ〈天棚抹灰面积〉 |
| 2 B3-17 | 借 | 天棚抹灰 干混砂浆 混凝土 | | m2 | TPMHMJ | TPMHMJ〈天棚抹灰面积〉 |
| 3 011407002 | 项 | 天棚喷刷涂料 | 乳胶漆 三遍 | m2 | TPMHMJ | TPMHMJ〈天棚抹灰面积〉 |
| 4 B5-296 | 借 | 抹灰面乳胶漆 二遍 | | m2 | TPMHMJ | TPMHMJ〈天棚抹灰面积〉 |
| 5 B5-297 | 借 | 抹灰面乳胶漆 每增减一遍 | | m2 | TPMHMJ | TPMHMJ〈天棚抹灰面积〉 |
| 6 011701006 | 项 | 满堂脚手架 | 形式自定 | m2 | MTJSJMJ | MTJSJMJ〈脚手架面积〉 |
| 7 B7-15 | 借 | 满堂脚手架高度5.2m以内 | | m2 | MTJSJMJ | MTJSJMJ〈脚手架面积〉 |

图 9-15　有水房间天棚做法

## 9.5　房间

**1. 新建房间**

（1）有水房间

新建"FJ-有水房间"，如图 9-16 所示，选择"FJ-有水房间"，单击"楼地面"→"添加依附构件"，通过下拉三角按钮选择依附构件做法"DM-有水房间"。用同样方法依次添加墙面、天棚，完成有水房间的依附构件。

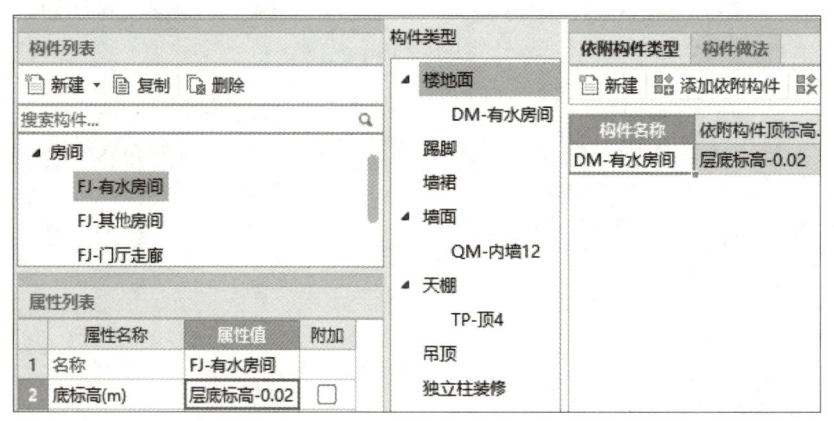

图 9-16　新建 FJ-有水房间、添加依附构件

（2）其他房间

用同样方法新建并添加其他房间、门厅走廊的依附构件。

**2. 房间绘图**

（1）检查非封闭区域

点式或智能布置面状构件时，需要检查区域是否封闭，使用"检查未封闭区域"功能，可以快速找到未封闭位置。

操作：选择"面式构件图层"，单击"工具"→"检查未封闭区域"，拉框选择要检查的区域并右击，弹出"检查结果"窗口，双击检查结果列表，软件自动定位到未封闭的缺口处，选择提示行，单击"自动延伸"，如图 9-17 所示，软件自动封闭缺口。单击"刷新数据"后，问题行自行消失。

图 9-17　检查未封闭区域自动延伸

(2) 绘图

选择构件"房间"→"其他房间",单击"点式画法",在相应位置单击,则该房间的地面、墙面、踢脚、天棚均一次性完成。有水房间绘制方法相同。

楼梯间和走廊标高不同,需在中间加虚墙,实现分割,才能单独绘制门厅走廊。虚墙属性如图 9-18 所示,在砌体墙定义,厚度定义为 1 mm。采用直线画法绘制虚墙,如图 9-19、图 9-20 所示。然后再绘制门厅走廊。

| | 属性名称 | 属性值 |
|---|---|---|
| 1 | 名称 | QTQ-虚墙 |
| 2 | 厚度(mm) | 1 |
| 3 | 轴线距左墙皮距… | (0.5) |
| 4 | 内/外墙标志 | 内墙 |
| 5 | 类别 | 虚墙 |
| 6 | 起点顶标高(m) | 层顶标高 |
| 7 | 终点顶标高(m) | 层顶标高 |
| 8 | 起点底标高(m) | 层底标高 |
| 9 | 终点底标高(m) | 层底标高 |

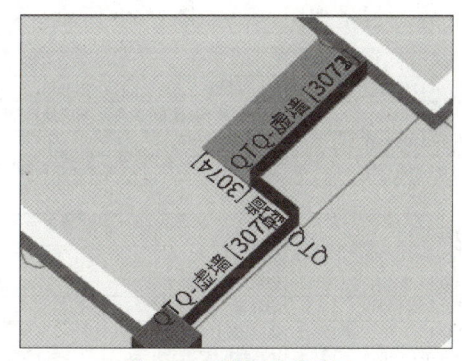

图 9-18　虚墙属性　　　　图 9-19　虚墙西南轴测图

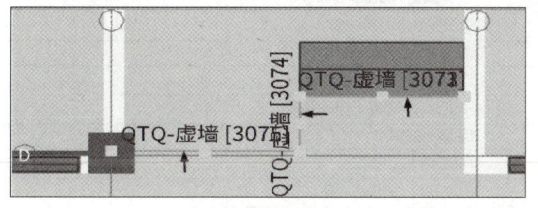

图 9-20　虚墙平面图

(3) 设置防水卷边

有水房间绘制完成后,在"导航树"选择"楼地面",如图 9-21 所示,单击"设置防水卷边",如图 9-22 所示,选择"指定边",单击需要设置防水卷边的边,右击确认,输入防水高度,单击"确定"按钮。如需修改卷边高度,可单击图 9-21 中的"查改防水卷边",如图 9-23 所示,单击卷边高度进行修改。

图9-21 设置防水卷边　　图9-22 输入防水高度　　图9-23 查改防水卷边

### 3. 工程量计算式

选择房间，单击"查看计算式"，首层②-③轴、Ⓓ-Ⓔ轴办公室地面工程量计算式如图9-24所示，注意区分地面积和块料地面积。

```
计算机算量
地面积=(5.95<长度>*3.3<宽度>)=19.635m2
块料地面积=(5.95<长度>*3.3<宽度>)+0.1<加门侧壁开口面积>-0.0463<扣凸出墙面柱截面积>=19.6887m2
地面周长=((5.95<长度>+3.3<宽度>)*2)=18.5m
```

图9-24 首层②-③轴、Ⓓ-Ⓔ轴办公室地面工程量计算式

### 4. 房间工程量

CAD导图时，会出现墙体不闭合的情况，需要提前处理。单击"合法性检查"，如弹出出错构件，可拉框选择"墙体"，右击→"闭合"。

汇总计算，首层②-③轴、Ⓓ-Ⓔ轴办公室工程量如图9-25所示，办公室、业务大厅、有水房间、门厅、走廊工程量如图9-26～图9-29所示。

| | 编码 | 项目名称 | 单位 | 工程量 |
|---|---|---|---|---|
| 1 | 011102003 | 块料楼地面 | m2 | 19.6887 |
| 2 | B1-459 | 干混砂浆 陶瓷地砖楼地面 每块周长(3200mm以内) | 100m2 | 0.196887 |
| 3 | 011001005 | 保温隔热楼地面 | m2 | 19.6887 |
| 4 | B1-26 R*1.8,C*0.98 | 垫层 陶粒混凝土 用于地板采暖房间垫层 材料*0.98,人工*1.8 | 10m3 | 0.09818 |
| 5 | A8-305 | 楼地面保温 挤塑板 干铺 | 100m2 | 0.196887 |
| 6 | A7-217 | 刚性防水 掺无机铝盐防水剂 素水泥浆 | 100m2 | 0.19635 |
| 7 | 010501001 | 垫层 | m3 | 1.9635 |
| 8 | B1-25 | 垫层 预拌混凝土 | 10m3 | 0.19635 |
| 9 | 010103001 | 回填方 | m3 | 4.9088 |
| 10 | B1-1 | 垫层 素土 | 10m3 | 0.49088 |
| 11 | 011105003 | 块料踢脚线 | m2 | 2.655 |
| 12 | B1-481 | 干混砂浆 陶瓷地砖踢脚线 | 100m2 | 0.02655 |
| 13 | B2-681 | 建筑胶素水泥浆一道 | 100m2 | 0.02775 |
| 14 | 011201001 | 墙面一般抹灰 | m2 | 66.51 |
| 15 | B2-681 | 建筑胶素水泥浆一道 | 100m2 | 0.6651 |
| 16 | B2-268 | 干混砂浆 墙面 轻质砌块 | 100m2 | 0.6651 |
| 17 | 011407001 | 墙面喷刷涂料 | m2 | 66.51 |
| 18 | B5-341 | 内墙涂料 二遍成活 | 100m2 | 0.6651 |
| 19 | B5-342 | 内墙涂料 每增减一遍 | 100m2 | 0.6651 |
| 20 | 011301001 | 天棚抹灰 | m2 | 19.635 |
| 21 | B3-17 | 天棚抹灰 干混砂浆 混凝土 | 100m2 | 0.19635 |
| 22 | 011407002 | 天棚喷刷涂料 | m2 | 19.635 |
| 23 | B5-341 | 内墙涂料 二遍成活 | 100m2 | 0.19635 |
| 24 | B5-342 | 内墙涂料 每增减一遍 | 100m2 | 0.19635 |
| 25 | 011701006 | 满堂脚手架 | m2 | 19.635 |
| 26 | B7-15 | 满堂脚手架高度5.2m以内 | 100m2 | 0.19635 |

图9-25 首层②-③轴、Ⓓ-Ⓔ轴办公室工程量

| | 编码 | 项目名称 | 单位 | 工程量 |
|---|---|---|---|---|
| 1 | 011102003 | 块料楼地面 | m2 | 239.7726 |
| 2 | B1-459 | 干混砂浆 陶瓷地砖楼地面 每块周长(3200mm以内) | 100m2 | 2.397726 |
| 3 | 011001005 | 保温隔热楼地面 | m2 | 239.7726 |
| 4 | B1-26 R*1.8,C*0.98 | 垫层 陶粒混凝土 用于地板采暖房间垫层 材料*0.98,人工*1.8 | 10m3 | 1.19002 |
| 5 | A8-305 | 楼地面保温 挤塑板 干铺 | 100m2 | 2.397726 |
| 6 | A7-217 | 刚性防水 掺无机铝盐防水剂 素水泥浆 | 100m2 | 2.38 |
| 7 | 010501001 | 垫层 | m3 | 23.8002 |
| 8 | B1-25 | 垫层 预拌混凝土 | 10m3 | 2.38002 |
| 9 | 010103001 | 回填方 | m3 | 59.5003 |
| 10 | B1-1 | 垫层 素土 | 10m3 | 5.95003 |
| 11 | 011105003 | 块料踢脚线 | m2 | 27.9302 |
| 12 | B1-481 | 干混砂浆 陶瓷地砖踢脚线 | 100m2 | 0.279302 |
| 13 | B2-681 | 建筑胶素水泥浆一道 | 100m2 | 0.300602 |
| 14 | 011201001 | 墙面一般抹灰 | m2 | 692.1221 |
| 15 | B2-681 | 建筑胶素水泥浆一道 | 100m2 | 6.921221 |
| 16 | B2-268 | 干混砂浆 墙面 轻质砌块 | 100m2 | 6.921221 |
| 17 | 011407001 | 墙面喷刷涂料 | m2 | 692.1221 |
| 18 | B5-341 | 内墙涂料 二遍成活 | 100m2 | 6.921221 |
| 19 | B5-342 | 内墙涂料 每增减一遍 | 100m2 | 6.921221 |
| 20 | 011301001 | 天棚抹灰 | m2 | 248.0199 |
| 21 | B3-17 | 天棚抹灰 干混砂浆 混凝土 | 100m2 | 2.480199 |
| 22 | 011407002 | 天棚喷刷涂料 | m2 | 248.0199 |
| 23 | B5-341 | 内墙涂料 二遍成活 | 100m2 | 2.480199 |
| 24 | B5-342 | 内墙涂料 每增减一遍 | 100m2 | 2.480199 |
| 25 | 011701006 | 满堂脚手架 | m2 | 238 |
| 26 | B7-15 | 满堂脚手架高度5.2m以内 | 100m2 | 2.38 |

图 9-26 办公室、业务大厅工程量

| | 编码 | 项目名称 | 单位 | 工程量 |
|---|---|---|---|---|
| 1 | 011102003 | 块料楼地面 | m2 | 19.1137 |
| 2 | B1-455 | 干混砂浆 陶瓷地砖楼地面 每块周长(1200mm以内) | 100m2 | 0.191137 |
| 3 | 010904002 | 楼(地)面涂膜防水 | m2 | 24.0125 |
| 4 | A7-193 | 涂膜防水 聚氨酯防水涂膜 刷涂膜二遍2mm厚 平面 | 100m2 | 0.240125 |
| 5 | A7-195 | 涂膜防水 聚氨酯防水涂膜 每增减0.5mm 平面 | 100m2 | -0.240125 |
| 6 | 011101006 | 平面砂浆找平层 | m2 | 37.525 |
| 7 | B1-429 | 干混砂浆找平在硬基层上 | 100m2 | 0.37525 |
| 8 | B1-432 | 干混砂浆找平层每增减5mm | 100m2 | -0.37525 |
| 9 | 011001005 | 保温隔热楼地面 | m2 | 19.1137 |
| 10 | B1-26 R*1.8,C*0.98 | 垫层 陶粒混凝土 采暖房间垫层 材料*0.98,人工*1.8 | 10m3 | 0.09382 |
| 11 | A8-305 | 楼地面保温 挤塑板 干铺 | 100m2 | 0.191137 |
| 12 | A7-195 | 涂膜防水 聚氨酯防水涂膜 每增减0.5mm 平面 | 100m2 | 0.187625 |
| 13 | A7-225 | 刚性防水 掺无机铝盐防水剂 干混防水砂浆 | 100m2 | 0.187625 |
| 14 | A7-217 *0.75 | 无机铝盐防水素浆 单价*0.75 | 100m2 | 0.187625 |

图 9-27 有水房间工程量1

| | 编码 | 项目名称 | 单位 | 工程量 |
|---|---|---|---|---|
| 15 | 010501001 | 垫层 | m3 | 1.8762 |
| 16 | B1-25 | 垫层 预拌混凝土 | 10m3 | 0.18762 |
| 17 | 010103001 | 回填方 | m3 | 3.3398 |
| 18 | B1-1 | 垫层 素土 | 10m3 | 0.33398 |
| 19 | 011204003 | 块料墙面 | m2 | 103.601 |
| 20 | B2-681 | 建筑胶素水泥浆一道 | 100m2 | 0.98731 |
| 21 | B2-361 | 干混砂浆 内墙瓷砖 干混砂浆粘贴 周长1200mm以内 | 100m2 | 1.03601 |
| 22 | 011301001 | 天棚抹灰 | m2 | 18.7625 |
| 23 | B3-17 | 天棚抹灰 干混砂浆 混凝土 | 100m2 | 0.187625 |
| 24 | 011407002 | 天棚喷刷涂料 | m2 | 18.7625 |
| 25 | B5-296 | 抹灰面乳胶漆 二遍 | 100m2 | 0.187625 |
| 26 | B5-297 | 抹灰面乳胶漆 每增减一遍 | 100m2 | 0.187625 |
| 27 | 011701006 | 满堂脚手架 | m2 | 18.7625 |
| 28 | B7-15 | 满堂脚手架高度5.2m以内 | 100m2 | 0.187625 |

图 9-28 有水房间工程量 2

| | 编码 | 项目名称 | 单位 | 工程量 |
|---|---|---|---|---|
| 1 | 011102001 | 石材楼地面 | m2 | 91.58 |
| 2 | B1-441 | 干混砂浆 大理石楼地面 周长3200mm以内 单色 | 100m2 | 0.9158 |
| 3 | 011001005 | 保温隔热楼地面 | m2 | 91.58 |
| 4 | B1-26 R*1.8,C*0.98 | 垫层 陶粒混凝土 用于地板采暖房间垫层 材料*0.98,人工*1.8 | 10m3 | 0.44719 |
| 5 | A8-305 | 楼地面保温 挤塑板 干铺 | 100m2 | 0.9158 |
| 6 | A7-217 | 刚性防水 掺无机铝盐防水剂 素水泥浆 | 100m2 | 0.894375 |
| 7 | 010501001 | 垫层 | m3 | 8.9438 |
| 8 | B1-25 | 垫层 预拌混凝土 | 10m3 | 0.89437 |
| 9 | 010103001 | 回填方 | m3 | 21.465 |
| 10 | B1-1 | 垫层 素土 | 10m3 | 2.1465 |
| 11 | 011105003 | 块料踢脚线 | m2 | 8.4451 |
| 12 | B1-481 | 干混砂浆 陶瓷地砖踢脚线 | 100m2 | 0.084451 |
| 13 | B2-681 | 建筑胶素水泥浆一道 | 100m2 | 0.104326 |

图 9-29 门厅、走廊工程量

## 9.6 楼梯间

楼梯间没有天棚,不构成房间,地面、踢脚、墙面分别在楼地面、踢脚、墙面单独绘制,采用点式画法。楼梯间地面、踢脚、墙面工程量如图 9-30～图 9-32 所示。

| | 编码 | 项目名称 | 单位 | 工程量 |
|---|---|---|---|---|
| 1 | 011102001 | 石材楼地面 | m2 | 18.8205 |
| 2 | B1-441 | 干混砂浆 大理石楼地面 周长3200mm以内 单色 | 100m2 | 0.188205 |
| 3 | 010501001 | 垫层 | m3 | 1.844 |
| 4 | B1-25 | 垫层 预拌混凝土 | 10m3 | 0.1844 |

图 9-30 楼梯间地面工程量

| | 编码 | 项目名称 | 单位 | 工程量 |
|---|---|---|---|---|
| 1 | 011105003 | 块料踢脚线 | m2 | 1.8825 |
| 2 | B1-481 | 干混砂浆 陶瓷地砖踢脚线 | 100m2 | 0.018825 |
| 3 | B2-681 | 建筑胶素水泥浆一道 | 100m2 | 0.021825 |

图 9-31 楼梯间踢脚工程量

| 编码 | 项目名称 | 单位 | 工程量 |
|---|---|---|---|
| 1 | 011201001 | 墙面一般抹灰 | m2 | 59.112 |
| 2 | B2-681 | 建筑胶素水泥浆一道 | 100m2 | 0.59112 |
| 3 | B2-268 | 干混砂浆 墙面 轻质砌块 | 100m2 | 0.59112 |
| 4 | 011407001 | 墙面喷刷涂料 | m2 | 59.112 |
| 5 | B5-341 | 内墙涂料 二遍成活 | 100m2 | 0.59112 |
| 6 | B5-342 | 内墙涂料 每增减一遍 | 100m2 | 0.59112 |

图 9-32　楼梯间墙面工程量

## 9.7 外墙面装修

**1.属性**

外墙面装修属性如图 9-33 所示。

**2.工程做法**

外墙面用料及做法如图 9-34 所示。

| | 属性名称 | 属性值 |
|---|---|---|
| 1 | 名称 | QM-外13 |
| 2 | 块料厚度(mm) | 0 |
| 3 | 所附墙材质 | (程序自动判断) |
| 4 | 内/外墙面标志 | 外墙面 |
| 5 | 起点顶标高(m) | 层顶标高 |
| 6 | 终点顶标高(m) | 层顶标高 |
| 7 | 起点底标高(m) | 层底标高 |
| 8 | 终点底标高(m) | 层底标高 |

图 9-33　外墙面装修属性

| | 用料及做法：面砖外墙面(二) |
|---|---|
| 外墙13 | 用料做法： |
| 外墙14 | ·刷建筑胶素水泥浆一遍，配合比为建筑胶：水=1：4 |
| 外墙15 | ·15厚2：1：8水泥石灰砂浆，分两次抹灰 |
| 外墙16 | ·刷素水泥浆一遍 |
| 外墙17 | ·4～5厚I：1水泥砂浆加水重20%建筑胶镶贴 |
| | ·8—10厚面砖，1：1水泥砂浆勾缝或水泥浆擦缝 |

图 9-34　外墙面用料及做法

**3.做法**

外墙面做法如图 9-35 示。

| | 编码 | 类别 | 名称 | 项目特征 | 单位 | 工程量表达式 | 表达式说明 |
|---|---|---|---|---|---|---|---|
| 1 | 011204003 | 项 | 块料墙面 | 外墙面砖 干混砂浆粘贴 | m2 | QMKLMJ | QMKLMJ<墙面块料面积> |
| 2 | B2-681 | 借 | 建筑胶素水泥浆一道 | | m2 | QMMHMJ | QMMHMJ<墙面抹灰面积> |
| 3 | B2-373 | 借 | 干混砂浆外墙面砖干混砂浆粘 周长600mm以内5mm缝 | | m2 | QMKLMJ | QMKLMJ<墙面块料面积> |
| 4 | 011701002 | 项 | 外脚手架 | 形式自定 | m2 | QMKLJSJMJ | QMKLJSJMJ<墙面块料脚手架面积> |
| 5 | B7-3 R*0.2,J*0 | 借换 | 外墙面装饰脚手架 外墙高度在15m以内 利用主体工程脚手架 机械*0,人工*0.2 | | m2 | QMKLJSJMJ | QMKLJSJMJ<墙面块料脚手架面积> |

图 9-35　外墙面做法

**4.绘图**

点式绘制："墙面"→"QM-外 13"，在需要绘制的墙的外侧单击，全部选定后，右击确认。

智能布置：选择"墙面"→"QM-外 13"，如图 9-36 所示，单击"智能布置"→"外墙外边线"，选择楼层后，单击"确定"按钮，墙面以橘色线条表示。

图 9-36　外墙绘图智能布置

外墙面装修也可在全部楼层绘图完成后采用智能布置的方法一次性完成，楼层选择"全部楼层"。

**5.工程量**

台阶画好后，外墙面装修工程量才准确，首层外墙面装修工程量如图 9-37 所示。Ⓑ轴外墙面装修工程量计算式自动扣减了台阶部分所占的面积。

| | 编码 | 项目名称 | 单位 | 工程量 |
|---|---|---|---|---|
| 1 | 011204003 | 块料墙面 | m2 | 287.4476 |
| 2 | B2-681 | 建筑胶素水泥浆一道 | 100m2 | 2.654226 |
| 3 | B2-373 | 干混砂浆外墙面砖干混砂浆粘 周长600mm以内5mm缝 | 100m2 | 2.874476 |
| 4 | 011701002 | 外脚手架 | m2 | 388.57 |
| 5 | B7-3 R*0.2,J*0 | 外墙面装饰脚手架 外墙高度在15m以内 利用主体工程脚手架 机械*0,人工*0.2 | 100m2 | 3.8857 |

图 9-37 首层外墙面装修工程量

## 9.8 雨篷装修

**1.做法**

雨篷天棚做法如图 9-38 所示。

| | 编码 | 类别 | 名称 | 项目特征 | 单位 | 工程量表达式 | 表达式说明 |
|---|---|---|---|---|---|---|---|
| 1 | 011301001 | 项 | 天棚抹灰 | 雨篷天棚抹灰干混砂浆 | m2 | TPMHMJ | TPMHMJ〈天棚抹灰面积〉 |
| 2 | B3-17 | 借 | 天棚抹灰 干混砂浆 混凝土 | | m2 | TPMHMJ | TPMHMJ〈天棚抹灰面积〉 |
| 3 | 011407002 | 项 | 天棚喷刷涂料 | 外墙涂料 | m2 | TPMHMJ | TPMHMJ〈天棚抹灰面积〉 |
| 4 | B5-348 | 借 | 外墙涂料 抹灰面 | | m2 | TPMHMJ | TPMHMJ〈天棚抹灰面积〉 |
| 5 | 011701006 | 项 | 满堂脚手架 | 雨篷柱内部分脚手架 | m2 | MTJSJMJ | MTJSJMJ〈脚手架面积〉 |
| 6 | B7-15 | 借 | 满堂脚手架高度5.2m以内 | | m2 | MTJSJMJ | MTJSJMJ〈脚手架面积〉 |

图 9-38 雨篷天棚做法

**2.绘图**

采用智能布置，如图 9-39 所示，单击"智能布置"→"现浇板、空心楼盖板"，单击选择雨篷现浇板，右击确认。

图 9-39 雨篷装饰智能布置

**3.工程量**

雨篷天棚装饰工程量如图 9-40 所示。

| | 编码 | 项目名称 | 单位 | 工程量 |
|---|---|---|---|---|
| 1 | 011301001 | 天棚抹灰 | m2 | 21.24 |
| 2 | B3-17 | 天棚抹灰 干混砂浆 混凝土 | 100m2 | 0.2124 |
| 3 | 011407002 | 天棚喷刷涂料 | m2 | 21.24 |
| 4 | B5-348 | 外墙涂料 抹灰面 | 100m2 | 0.2124 |
| 5 | 011701006 | 满堂脚手架 | m2 | 19.04 |
| 6 | B7-15 | 满堂脚手架高度5.2m以内 | 100m2 | 0.1904 |

图 9-40 雨篷天棚装饰工程量

## 9.9 独立柱装修

### 1.属性

独立柱装修用于处理不依附于墙体的柱面装饰。独立柱装修属性如图 9-41 所示。因为天棚抹灰已按满堂脚手架考虑,所以雨篷柱、雨篷梁不再计算脚手架。

| | 属性名称 | 属性值 |
|---|---|---|
| 1 | 名称 | DLZZX-KZ3 |
| 2 | 块料厚度(mm) | 30 |
| 3 | 顶标高(m) | 柱顶标高 |
| 4 | 底标高(m) | 柱底标高 |

图 9-41 独立柱装修属性

### 2.做法

独立柱装修做法如图 9-42 所示,该版本软件计算高度设定为室外地坪,需手动处理,扣减室内外高差部分。

| 编码 | 类别 | 名称 | 项目特征 | 单位 | 工程量表达式 | 表达式说明 |
|---|---|---|---|---|---|---|
| 1 011205001 | 项 | 石材柱面 | 干混砂浆 粘贴大理石 | m2 | DLZKLMJ-1.72*0.45 | DLZKLMJ<独立柱块料面积>-1.72*0.45 |
| B2-410 | 借 | 干混砂浆 粘贴大理石 混凝土柱(梁)面 | | m2 | DLZKLMJ-1.72*0.45 | DLZKLMJ<独立柱块料面积>-1.72*0.45 |

图 9-42 独立柱装修做法

### 3.绘图

如图 9-43 所示,采用智能布置,单击"智能布置"→"柱",拉框选择"雨篷柱",右击,完成绘制。

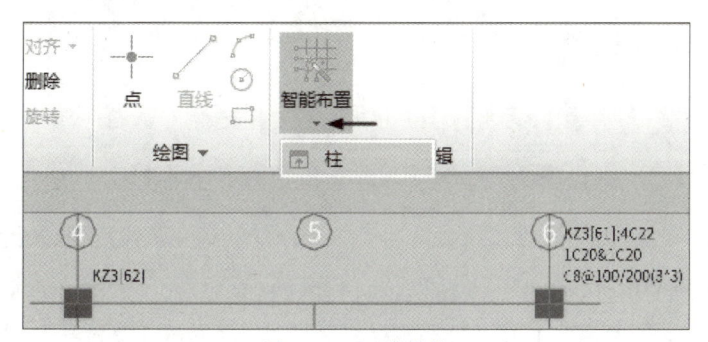

图 9-43 独立柱装修

### 4.工程量

独立柱装修做法工程量如图 9-44 所示。

| 编码 | 项目名称 | 单位 | 工程量 |
|---|---|---|---|
| 1 011205001 | 石材柱面 | m2 | 15.074 |
| 2 B2-410 | 干混砂浆 粘贴大理石 混凝土柱(梁)面 | 100m2 | 0.15074 |

图 9-44 独立柱装修做法工程量

## 9.10 单梁装修

**1. 做法**

雨篷处单梁装修做法如图 9-45 所示。

| | 编码 | 类别 | 名称 | 项目特征 | 单位 | 工程量表达式 | 表达式说明 |
|---|---|---|---|---|---|---|---|
| 1 | — 011202001 | 项 | 柱、梁面一般抹灰（雨蓬梁） | 干混砂浆 | m2 | DLMHMJ | DLMHMJ〈单梁抹灰面积〉 |
| 2 | B2-312 | 借 | 干混砂浆 柱(梁)面 混凝土墙面 | | m2 | DLMHMJ | DLMHMJ〈单梁抹灰面积〉 |

图 9-45　雨篷处单梁装修做法

**2. 绘图**

单梁装修绘图前，需要先将④轴和⑥轴的梁 KL3 在Ⓑ轴位置打断，然后再绘图。采用智能布置的方法，拉框选择"梁"，如图 9-46 所示，右击确认。绘制完成后需将打断的 KL3 重新合并，否则会影响钢筋工程量。

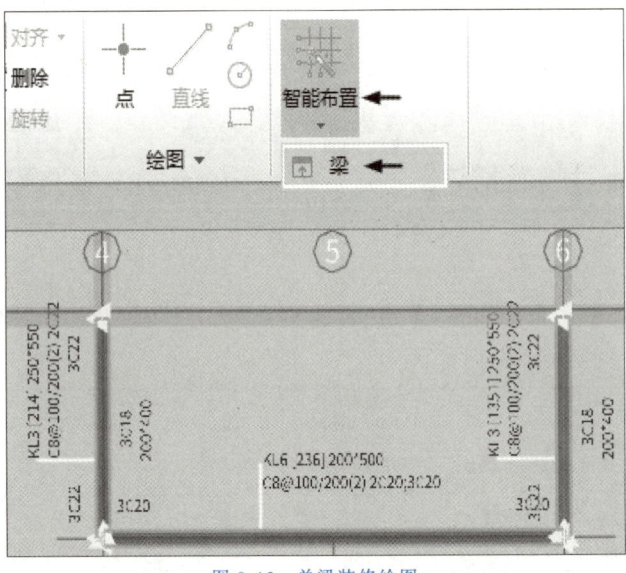

图 9-46　单梁装修绘图

**3. 工程量**

雨篷单梁装修工程量，如图 9-47 所示，二层柱绘制完成后，工程量才准确。

| | 编码 | 项目名称 | 单位 | 工程量 |
|---|---|---|---|---|
| 1 | 011202001 | 柱、梁面一般抹灰 | m2 | 12.68 |
| 2 | B2-312 | 干混砂浆 柱(梁)面 混凝土墙面 | 100m2 | 0.1268 |

图 9-47　雨篷单梁装修工程量

# 模块 10  复制相同的构件图元到其他层

## 10.1 复制与首层相同的构件图元到二层

复制与首层相同的构件图元到二层。将楼层切换到"第2层",单击"复制到其他层"的下拉三角按钮→"从其他层复制",选择源楼层(首层)和所要复制的"图元",勾选目标楼层(第2层),单击"确定"按钮,选择"同名构件""同位置图元"处理方式,单击"确定"按钮。

修改或重新定义、绘制与首层不同的构件。修改构件做法:如二层层高为3.6 m,卫生间内墙砌筑脚手架、梁、板、柱模板、内墙面和天棚装饰装修等均不超高,则需修改各构件的做法。

## 10.2 复制与二层相同的构件图元到三层

用同样方法复制与二层相同的构件图元到三层,修改或重新定义、绘制与二层不同的构件。

### 1. 框架柱

顶层判断边角柱:根据平法规则,"顶层"框架柱内侧和外侧纵筋在顶部的锚固长度不同,需要区分哪些纵筋属于外侧筋,哪些纵筋属于内侧筋,然后按照内外侧各自不同的顶部锚固形式计算钢筋量。

操作:顶层(三层)柱修改完成后,如图10-1所示,单击"柱二次编辑"分组下的"判断边角柱",软件根据图元位置,自动判断顶层柱类型。不同位置的柱显示为不同的颜色,注意KZ5按默认。

图 10-1 判断顶层柱类型

### 2. 梁

拉框选择所有框架梁,在"属性"编辑器中统一修改结构类别为"屋面框架梁",如图10-2所示。

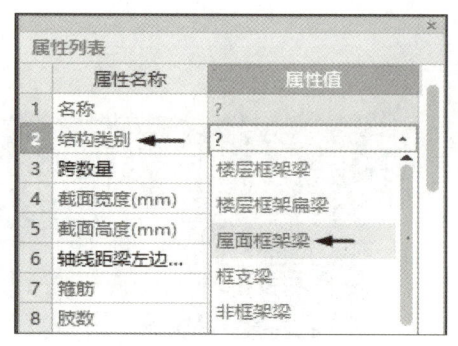

图 10-2　屋面框架梁属性

**3. 上人孔及其栏板**

（1）上人孔及其栏板

上人孔采用点式画法，如图 10-3 所示；上人孔栏板采用"矩形画法＋Shift 偏移"方法绘图，如图 10-4 所示。

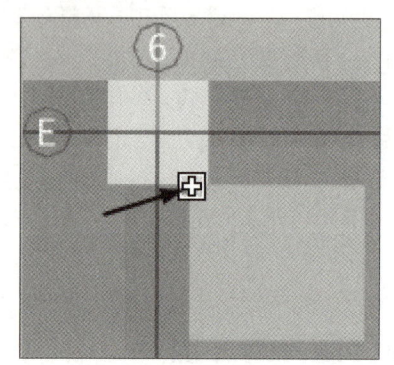

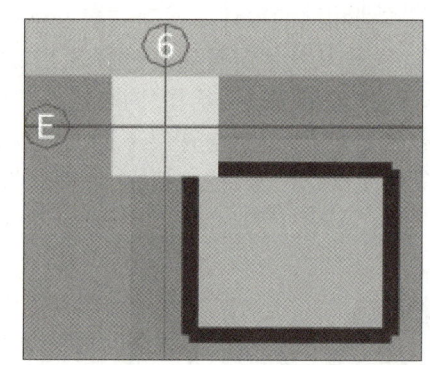

图 10-3　上人孔绘图　　　　图 10-4　上人孔栏板绘图

# 模块 11　屋面层

从其他楼层复制构件图元：将三层的 KZ5、外墙砌体、外墙装修以及外墙保温复制到屋面层。

## 11.1　挑檐

**1. 挑檐底板**

（1）属性

新建"面式挑檐"，修改顶标高为"11.4"，挑檐底板属性，如图 11-1 所示。

| | 属性名称 | 属性值 |
|---|---|---|
| 1 | 名称 | TY-1 |
| 2 | 形状 | 面式 |
| 3 | 板厚(mm) | 100 |
| 4 | 材质 | 预拌现浇砼 |
| 5 | 混凝土类型 | (预拌混凝土) |
| 6 | 混凝土强度等级 | (C30) |
| 7 | 顶标高(m) | 11.4 |

图 11-1　挑檐底板属性

（2）做法

挑檐底板做法，如图 11-2 所示，注意清单混凝土的单位。挑檐边沿泛水及附加层在屋面层计算。

| | 编码 | 类别 | 名称 | 项目特征 | 单位 | 工程量表达式 | 表达式说明 |
|---|---|---|---|---|---|---|---|
| 1 | ⊟ 010505007 | 项 | 天沟(檐沟)、挑檐板 | 预拌C30 | m3 | TJ | TJ〈体积〉 |
| 2 | A4-202 HBB9-0003 BB9-0005 | 换 | 预拌混凝土(现浇) 挑檐天沟 换为【预拌混凝土 C30】 | | m3 | TJ | TJ〈体积〉 |
| 3 | ⊟ 011702022 | 项 | 天沟、檐沟 | 模板自定 | m2 | MJ+LBWBXCD*0.1 | MJ〈面积〉+LBWBXCD〈栏板外边线长度〉*0.1 |
| 4 | A12-70 | 定 | 现浇混凝土复合木模板 挑檐天沟 | | m2 | MJ+LBWBXCD*0.1 | MJ〈面积〉+LBWBXCD〈栏板外边线长度〉*0.1 |
| 5 | ⊟ 011301001 | 项 | 天棚抹灰 | 天棚抹灰 干混砂浆 | m2 | MJ | MJ〈面积〉 |
| 6 | B3-17 | 借 | 天棚抹灰 干混砂浆 混凝土 | | m2 | MJ | MJ〈面积〉 |
| 7 | ⊟ 011407002 | 项 | 天棚喷刷涂料 | 外墙涂料 | m2 | MJ | MJ〈面积〉 |
| 8 | B5-348 | 借 | 外墙涂料 抹灰面 | | m2 | MJ | MJ〈面积〉 |

图 11-2　挑檐底板做法

(3)画图

挑檐底板画图采用"矩形画法＋Shift 偏移"方法,如图 11-3、图 11-4 所示,单击挑檐对角线上的两点即可,绘制完成的挑檐底板如图 11-5 所示。

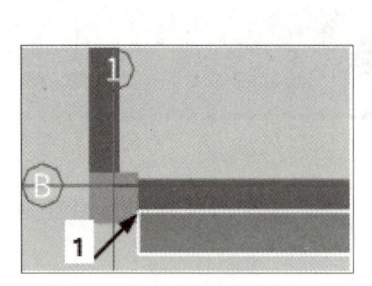

图 11-3　挑檐底板绘图参照点 1

图 11-4　挑檐底板绘图参照点 2 的偏移值

图 11-5　绘制完成的挑檐底板

(4)工程量

挑檐底板工程量如图 11-6 所示。

| | 编码 | 项目名称 | 单位 | 工程量 |
|---|---|---|---|---|
| 1 | 010505007 | 天沟(檐沟)、挑檐板 | m3 | 1.37 |
| 2 | A4-202 HBB9-0003 BB9-0005 | 预拌混凝土(现浇)挑檐天沟 换为【预拌混凝土 C30】 | 10m3 | 0.137 |
| 3 | 011702022 | 天沟、檐沟 | m2 | 16.52 |
| 4 | A12-70 | 现浇混凝土复合木模板 挑檐天沟 | 100m2 | 0.1652 |
| 5 | 011301001 | 天棚抹灰 | m2 | 13.7 |
| 6 | B3-17 | 天棚抹灰 干混砂浆 混凝土 | 100m2 | 0.137 |
| 7 | 011407002 | 天棚喷刷涂料 | m2 | 13.7 |
| 8 | B5-348 | 外墙涂料 抹灰面 | 100m2 | 0.137 |

图 11-6　挑檐底板工程量

**2.挑檐栏板**

(1)属性

用层间复制的方法,将首层栏板 LB-1 复制到屋面层,同时复制构件做法,然后修改属性值和做法。

(2)做法

挑檐栏板做法如图 11-7 所示。

(3)画图

挑檐栏板采用直线画法,然后对齐,如图 11-8 所示。绘制完成的挑檐栏板,如图 11-9 所示。

| | 编码 | 类别 | 名称 | 项目特征 | 单位 | 工程量表达式 | 表达式说明 |
|---|---|---|---|---|---|---|---|
| 1 | 010505006 | 项 | 栏板 | 预拌C30 | m3 | TJ | TJ<体积> |
| 2 | A4-203 HBB9-0003 BB9-0005 | 换 | 预拌混凝土(现浇) 栏板 直形换为【预拌混凝土 C30】 | | m3 | TJ | TJ<体积> |
| 3 | 011702021 | 项 | 栏板 | 模板形式自定 | m2 | MBMJ | MBMJ<模板面积> |
| 4 | A12-69 | 定 | 现浇混凝土复合木模板 栏板 直形 | | m2 | MBMJ | MBMJ<模板面积> |
| 5 | 011206002 | 项 | 块料零星项目 | 底板、栏板外侧及顶面外墙面砖 | m2 | WBXCD*(0.9+0.1)+ZXXCD*0.08 | WBXCD<外边线长度>*(0.9+0.1)+ZXXCD<中心线长度>*0.08 |
| 6 | B2-462 | 借 | 干混砂浆 零星项目 外墙面砖 | | m2 | WBXCD*(0.9+0.1)+ZXXCD*0.08 | WBXCD<外边线长度>*(0.9+0.1)+ZXXCD<中心线长度>*0.08 |
| 7 | 011201001 | 项 | 墙面一般抹灰 | 栏板内侧干混砂浆 | m2 | NBXCD*(0.9-0.25) | NBXCD<内边线长度>*(0.9-0.25) |
| 8 | B2-267 | 借 | 干混砂浆 墙面 混凝土 | | m2 | NBXCD*(0.9-0.25) | NBXCD<内边线长度>*(0.9-0.25) |
| 9 | 011407001 | 项 | 墙面喷刷涂料 | 外墙涂料 | m2 | NBXCD*(0.9-0.25) | NBXCD<内边线长度>*(0.9-0.25) |
| 10 | B5-348 | 借 | 外墙涂料 抹灰面 | | m2 | NBXCD*(0.9-0.25) | NBXCD<内边线长度>*(0.9-0.25) |

图 11-7 挑檐栏板做法

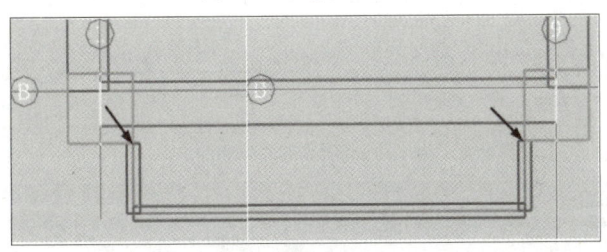

图 11-8 挑檐栏板对齐

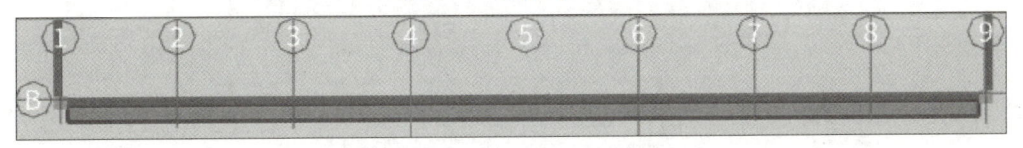

图 11-9 绘制完成的挑檐栏板

(4)土建工程量

挑檐栏板土建工程量如图 11-10 所示。

| | 编码 | 项目名称 | 单位 | 工程量 |
|---|---|---|---|---|
| 1 | 010505006 | 栏板 | m3 | 2.0188 |
| 2 | A4-203 HBB9-0003 BB9-0005 | 预拌混凝土(现浇) 栏板 直形换为【预拌混凝土 C30】 | 10m3 | 0.20188 |
| 3 | 011702021 | 栏板 | m2 | 50.616 |
| 4 | A12-69 | 现浇混凝土复合木模板 栏板 直形 | 100m2 | 0.50616 |
| 5 | 011206002 | 块料零星项目 | m2 | 30.4432 |
| 6 | B2-462 | 干混砂浆 零星项目 外墙面砖 | 100m2 | 0.304432 |
| 7 | 011201001 | 墙面一般抹灰 | m2 | 18.122 |
| 8 | B2-267 | 干混砂浆 墙面 混凝土 | 100m2 | 0.18122 |
| 9 | 011407001 | 墙面喷刷涂料 | m2 | 18.122 |
| 10 | B5-348 | 外墙涂料 抹灰面 | 100m2 | 0.18122 |

图 11-10 挑檐栏板土建工程量

(5)钢筋工程量

汇总计算后,单击"编辑钢筋",选择"纵向栏板",在钢筋编辑栏重新计算栏板垂直钢筋长度。如图 11-11 所示,选择"栏板垂直筋.1",单击"钢筋图库",选择钢筋图形,单击"确定"按钮。

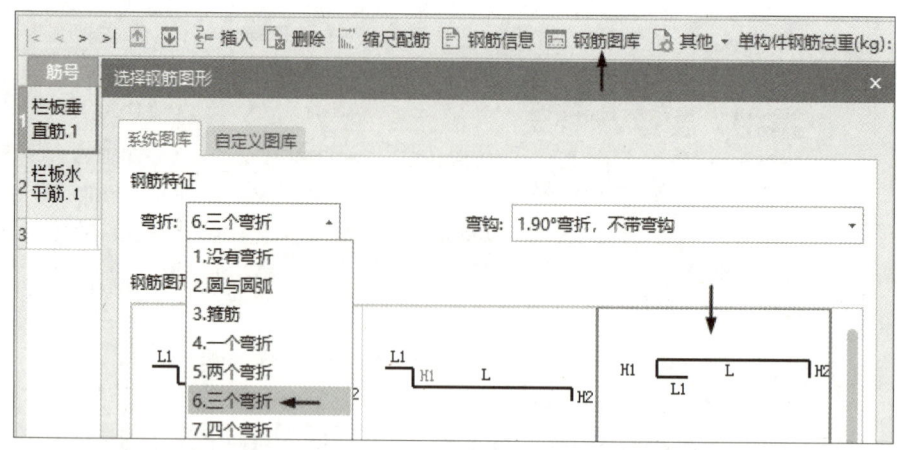

图 11-11 选择钢筋图形

如图 11-12 所示,在图形字母位置双击,输入正确信息,如图 11-13 所示,编辑完成后锁定,用同样方法完成两侧栏板。汇总计算,挑檐栏板钢筋工程量如图 11-14 所示。

图 11-12 栏板垂直钢筋图形

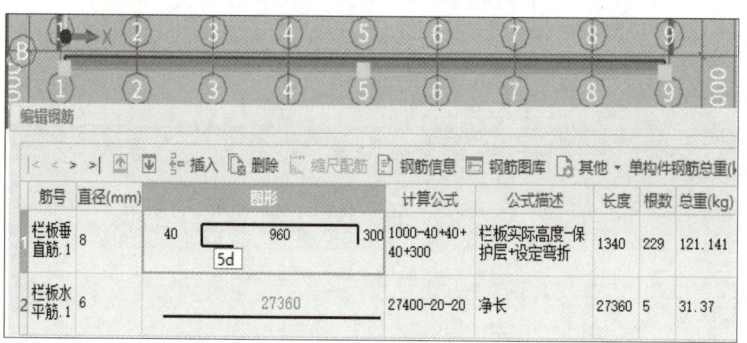

图 11-13 栏板垂直钢筋编辑

图 11-14 挑檐栏板钢筋工程量

## 11.2 女儿墙

**1. 女儿墙**

删除复制过来的Ⓑ轴墙,修改①轴、⑨轴墙的起点顶标高、KZ5 顶标高为"12.6"。

**2. 生成女儿墙构造柱**

按结构设计图纸结施-10 第 2 条说明,女儿墙构造柱间距为 2 m。

生成构造柱：如图 11-15 所示，单击"生成构造柱 ![icon]"，选择布置位置、生成方式、输入构造柱属性，选择楼层，如图 11-16 所示，单击"确定"按钮，自动生成 25 个构造柱。同时在新建构件栏自动生成构造柱属性，补充完善构造柱做法。在土建业务属性计算规则里修改构造柱体积与压顶的扣减关系，如图 11-17 所示。

采用点式绘制Ⓔ轴两端角部构造柱，修改柱顶标高为"12.6"。

图 11-15　生成构造柱

图 11-16　构造柱布置位置、生成方式等

图 11-17　修改计算规则

### 3.女儿墙压顶

(1)属性

女儿墙压顶在其他构件里定义，属性如图 11-18 所示。修改计算规则如图 11-19 所示。

图 11-18 女儿墙压顶属性　　　图 11-19 修改计算规则

(2) 做法

女儿墙压顶做法如图 11-20 所示。压顶侧面及外露底面部分装饰工程量已包含在女儿墙内外装饰里。

图 11-20 女儿墙压顶做法

(3) 钢筋截面编辑

80 mm 厚压顶横向钢筋截面编辑如图 11-21 所示,采用直线画法;纵向钢筋截面编辑如图 11-22 所示,采用点式画法。120 mm 厚压顶钢筋绘制过程如图 11-23、图 11-24 所示。

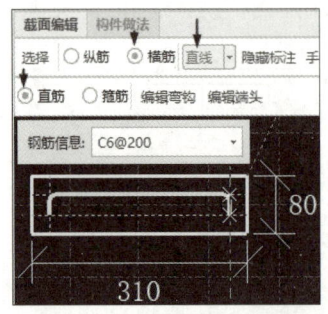

图 11-21　80 mm 厚压顶横向钢筋截面编辑　　　图 11-22　80 mm 厚压顶纵向钢筋截面编辑

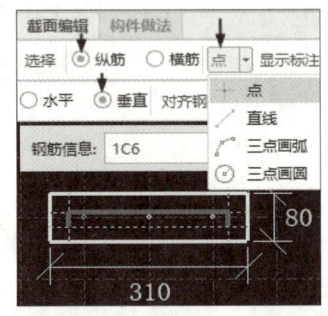

图 11-23　120 mm 厚压顶箍筋矩形绘制　　　图 11-24　120 mm 厚压顶纵筋点式绘制

(4)绘图

单击"智能布置"→"墙中心线",选择女儿墙,右击确认。

(5)准确定位

按建筑施工图纸建施-8 墙身节点大样定位:压顶内侧和女儿墙内侧平齐,用对齐的方法完成准确定位,然后将压顶延伸到柱外边,注意大角相交处的处理。

**4.女儿墙装修**

(1)属性:女儿墙内侧墙面装饰属性注意装饰底标高为"墙底标高+0.25 m"。

(2)做法:女儿墙内侧墙面装饰做法,如图 11-25 所示,外侧墙面装饰做法同 1、2、3 层外墙。

| | 编码 | 类别 | 名称 | 项目特征 | 单位 | 工程量表达式 | 表达式说明 |
|---|---|---|---|---|---|---|---|
| 1 | 011201001 | 项 | 墙面一般抹灰 | 内侧干混砂浆 | m2 | QMMHMJ | QMMHMJ<墙面抹灰面积> |
| 2 | B2-268 | 借 | 干混砂浆 墙面 轻质砌块 | | m2 | QMMHMJ | QMMHMJ<墙面抹灰面积> |
| 3 | 011407001 | 项 | 墙面喷刷涂料 | 外墙涂料 | m2 | QMMHMJ | QMMHMJ<墙面抹灰面积> |
| 4 | B5-348 | 借 | 外墙涂料 抹灰面 | | m2 | QMMHMJ | QMMHMJ<墙面抹灰面积> |

图 11-25 女儿墙内侧墙面装饰做法

**5.工程量**

(1)女儿墙砌体工程量,如图 11-26 所示。

| | 编码 | 项目名称 | 单位 | 工程量 |
|---|---|---|---|---|
| 1 | 010402001 | 砌块墙 | m3 | 11.3524 |
| 2 | A3-102 HZF2-2003 ZF2-2001 | 干混砂浆 砌块墙 加气混凝土砌块 换为【干混砌筑砂浆 DMM5】 | 10m3 | 1.13524 |
| 3 | 011701002 | 外脚手架 | m2 | 59.25 |
| 4 | A11-6 | 外墙脚手架 外墙高度在 15m以内 双排 | 100m2 | 0.5925 |

图 11-26 女儿墙砌体工程量

(2)女儿墙构造柱工程量,如图 11-27 所示;屋面框架柱工程量,如图 11-28 所示。

| | 编码 | 项目名称 | 单位 | 工程量 |
|---|---|---|---|---|
| 1 | 010502002 | 构造柱 | m3 | 2.1635 |
| 2 | A4-174 | 预拌混凝土(现浇) 构造柱异形柱 | 10m3 | 0.19835 |
| 3 | 011702003 | 构造柱 | m2 | 19.0248 |
| 4 | A12-58 | 现浇混凝土复合木模板 矩形柱 | 100m2 | 0.190248 |

图 11-27 女儿墙构造柱工程量

| | 编码 | 项目名称 | 单位 | 工程量 |
|---|---|---|---|---|
| 1 | 010502001 | 矩形柱 | m3 | 0.384 |
| 2 | A4-172 HBB9-0003 BB9-0004 | 预拌混凝土(现浇) 矩形柱 换为【预拌混凝土 C25】 | 10m3 | 0.0384 |
| 3 | 011702002 | 矩形柱 | m2 | 3.84 |
| 4 | A12-58 | 现浇混凝土复合木模板 矩形柱 | 100m2 | 0.0384 |

图 11-28 屋面框架柱工程量

(3)屋面女儿墙压顶土建工程量,如图 11-29 所示。

| | 编码 | 项目名称 | 单位 | 工程量 |
|---|---|---|---|---|
| 1 | 010507005 | 扶手、压顶 | m3 | 1.5758 |
| 2 | A4-205 | 预拌混凝土(现浇) 压顶垫块墩块 | 10m3 | 0.17558 |
| 3 | 011702008 | 圈梁 | m2 | 14.8224 |
| 4 | A12-103 | 现浇混凝土木模板 压顶垫块墩块 | 100m2 | 0.148224 |
| 5 | 011206002 | 块料零星项目 | m2 | 17.546 |
| 6 | B2-462 | 干混砂浆 零星项目 外墙面砖 干混砂浆粘贴 | 100m2 | 0.17546 |

图 11-29 屋面女儿墙压顶土建工程量

(4) 压顶钢筋编辑：通过钢筋编辑、钢筋图库选择修改压顶横向钢筋长度，如图11-30、图11-31所示，完成后锁定。

| | 筋号 | 直径(mm) | 图形 | 计算公式 | 公式描述 | 长度 | 根数 | 总重(kg) |
|---|---|---|---|---|---|---|---|---|
| 1 | 横向钢筋.1 | 6 | 40　　270 | 270+2*40 | 净长 | 350 | 142 | 11.076 |
| 2 | 水平纵筋.1 | 6 | 28150 | 28150 | 净长 | 28150 | 3 | 19.419 |

图11-30　80 mm厚压顶横向钢筋长度编辑

| | 筋号 | 直径 | 图形 | 计算公式 | 公式描述 | 长度 | 根数 | 总重 |
|---|---|---|---|---|---|---|---|---|
| 1 | 横向钢筋.1 | 6 | 80　270 | 2*80+2*270+2*(75+3.57*d) | 弯钩+净长+弯钩 | 893 | 72 | 14.256 |
| 2 | 水平纵筋.1 | 8 | 14495 | 40*d+14175 | 锚固长度+净长 | 14495 | 4 | 23.608 |
| 3 | 水平纵筋.2 | 8 | 14150 | 14150 | 净长 | 14150 | 2 | 11.532 |

图11-31　120 mm厚压顶横向钢筋长度编辑

(5) 压顶钢筋工程量：汇总计算，压顶钢筋工程量，如图11-32所示。

钢筋总重量(kg)：127.775

| | 楼层名称 | 构件名称 | 钢筋总重量(kg) | HRB400 | | |
|---|---|---|---|---|---|---|
| | | | | 6 | 8 | 合计 |
| 1 | 屋面层 | YD-80[6614] | 30.495 | 30.495 | | 30.495 |
| 2 | | YD-120[6611] | 49.396 | 14.256 | 35.14 | 49.396 |
| 3 | | YD-120[6612] | 47.884 | 12.744 | 35.14 | 47.884 |
| 4 | | 合计： | 127.775 | 57.495 | 70.28 | 127.775 |

图11-32　压顶钢筋工程量

(6) 女儿墙内侧、外侧装饰装修工程量，如图11-33、图11-34所示。

| | 编码 | 项目名称 | 单位 | 工程量 |
|---|---|---|---|---|
| 1 | 011201001 | 墙面一般抹灰 | m2 | 60.615 |
| 2 | B2-268 | 干混砂浆 墙面 轻质砌块 | 100m2 | 0.60615 |
| 3 | 011407001 | 墙面喷刷涂料 | m2 | 60.615 |
| 4 | B5-348 | 外墙涂料 抹灰面 | 100m2 | 0.60615 |

图11-33　女儿墙内侧装饰装修工程量

| | 编码 | 项目名称 | 单位 | 工程量 |
|---|---|---|---|---|
| 1 | 011204003 | 块料墙面 | m2 | 64.911 |
| 2 | B2-681 | 建筑胶素水泥浆一道 | 100m2 | 0.64911 |
| 3 | B2-373 | 干混砂浆外墙面砖干混砂浆粘 周长600mm以内5mm缝 | 100m2 | 0.64911 |
| 4 | 011701002 | 外脚手架 | m2 | 59.7 |
| 5 | B7-3 R*0.2,J*0 | 外墙面装饰脚手架 外墙高度在15m以内 利用主体工程脚手架 机械*0,人工*0.2 | 100m2 | 0.597 |

图11-34　女儿墙外侧装饰装修工程量

## 11.3 屋面防水及保温工程

屋面防水及保温工程在屋面层"其他"中定义，注意顶标高为"层底标高"。

**1. 屋面做法**

屋面做法如图11-35所示，防水工程量应增加附加层的量，水泥珍珠岩找坡层工程量表达式需编辑。

| | 编码 | 类别 | 名称 | 项目特征 | 单位 | 工程量表达式 | 表达式说明 |
|---|---|---|---|---|---|---|---|
| 1 | 010902001 | 项 | 屋面卷材防水 | 1.SBS改性沥青防水卷材4厚（2+2） | m2 | FSMJ | FSMJ〈防水面积〉 |
| 2 | A7-52 | 定 | 屋面防水 防水层 SBS改性沥青防水卷材 热熔 一层 | | m2 | FSMJ+JBCD*0.5 | FSMJ〈防水面积〉+JBCD〈卷边长度〉*0.5 |
| 3 | A7-53 | 定 | 屋面防水 防水层 SBS改性沥青防水卷材 热熔 每增一层 | | m2 | FSMJ+JBCD*0.5 | FSMJ〈防水面积〉+JBCD〈卷边长度〉*0.5 |
| 4 | 011101006 | 项 | 平面砂浆找平层 | 20厚干混砂浆找平层掺聚丙烯 | m2 | FSMJ | FSMJ〈防水面积〉 |
| 5 | A8-221 | 定 | 屋面保温 干混砂浆找平层掺聚丙烯 | | m2 | FSMJ | FSMJ〈防水面积〉 |
| 6 | 011001001 | 项 | 保温隔热屋面 | 屋面保温 聚苯板 水泥珍珠岩 1:8 | m2 | TYMJ | TYMJ〈投影面积〉 |
| 7 | A8-212 | 定 | 屋面保温 聚苯板 干铺 | | m2 | TYMJ | TYMJ〈投影面积〉 |
| 8 | A8-234 HZF1-0626 ZF1-0628 | 换 | 屋面保温 现浇水泥蛭石 换为【水泥珍珠岩 1:8】 | | m3 | TYMJ*(14.25/2*2%/2+0.02) | TYMJ〈投影面积〉*(14.25/2*2%/2+0.02) |

图 11-35　屋面做法

**2.屋面绘图**

(1)选择"矩形绘制"，打开"交点捕捉"，如图 11-36 所示，依次绘制 A(女儿墙范围)、B(KZ5 范围)、C(挑檐范围)三个矩形，分别单击矩形对角线上的两点，然后将三个矩形合并成一个屋面，提示"合并完成"，如图 11-37 所示。

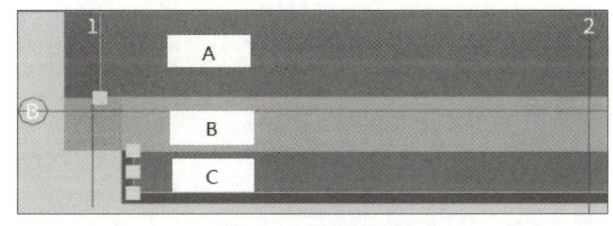

图 11-36　屋面绘制

图 11-37　合并后的屋面局部

(2)设置屋面防水卷边

如图 11-38 所示，单击"设置防水卷边"，选择需要做卷边的屋面，右击，输入卷边高度，单击"确定"按钮。

图 11-38　设置防水卷边

**3.屋面工程量**

屋面工程量,如图 11-39 所示。

| 编码 | 项目名称 | 单位 | 工程量 |
|---|---|---|---|
| 1 010902001 | 屋面卷材防水 | m2 | 427.2768 |
| 2 A7-52 | 屋面防水 防水层 SBS改性沥青防水卷材 热熔 一层 | 100m2 | 4.696468 |
| 3 A7-53 | 屋面防水 防水层 SBS改性沥青防水卷材 热熔 每增一层 | 100m2 | 4.696468 |
| 4 011101006 | 平面砂浆找平层 | m2 | 427.2768 |
| 5 A8-219 | 屋面保温 水泥砂浆找平层 掺聚丙烯 | 100m2 | 4.272768 |
| 6 011001001 | 保温隔热屋面 | m2 | 405.6718 |
| 7 A8-212 | 屋面保温 聚苯板 干铺 | 100m2 | 4.056718 |
| 8 A8-234 HZF1-0626 ZF1-0628 | 屋面保温 现浇水泥蛭石 换为【水泥珍珠岩 1:8】 | 10m3 | 3.70176 |

图 11-39 屋面工程量

## 11.4 雨篷防水

雨篷防水在首层、其他、屋面中定义。

**1.雨篷防水属性及做法**

雨篷 YP-1 防水属性如图 11-40 所示,做法如图 11-41 所示。雨篷 YP-2 的底标高属性值为 2.05。

图 11-40 雨篷 YP-1 防水属性

图 11-41 雨篷 YP-1 防水做法

**2.雨篷防水绘图**

(1)如图 11-42 所示,雨篷梁包围的范围的第 1 部分采用矩形画法,雨篷梁外第 2 部分采用直线画法,打开交点捕捉,依次点击绘制即可。

(2)定义防水卷边

单击图 11-38 中的"设置防水卷边",选择"指定边",单击选择靠墙的一边,右击,在弹出的对话框输入卷边高度,单击"确定"按钮。

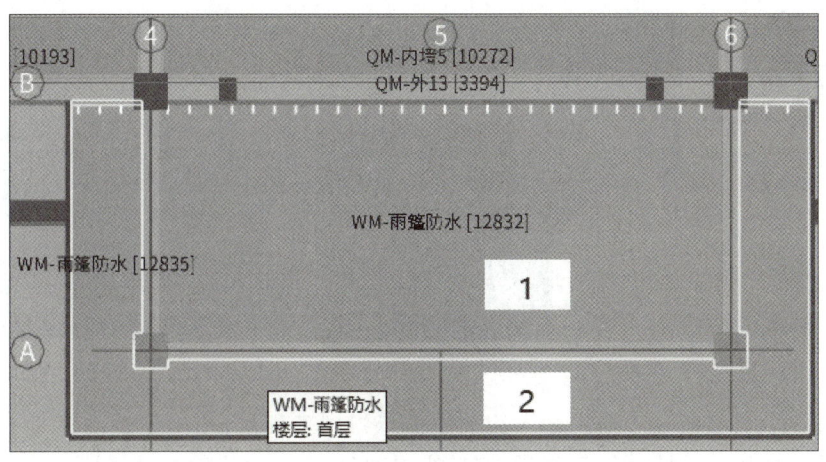

图 11-42　雨篷 YP-1 防水绘图

**3.雨篷防水工程量**

雨篷 YP-1 防水工程量,如图 11-43 所示;雨篷 YP-2 防水工程量,如图 11-44 所示。

| | 编码 | 项目名称 | 单位 | 工程量 |
|---|---|---|---|---|
| 1 | 010902003 | 屋面刚性层 | m2 | 31.7468 |
| 2 | A7-215 | 刚性防水 防水砂浆 平面 | 100m2 | 0.317468 |

图 11-43　雨篷 YP-1 防水工程量

| | 编码 | 项目名称 | 单位 | 工程量 |
|---|---|---|---|---|
| 1 | 010902003 | 屋面刚性层 | m2 | 3.9468 |
| 2 | A7-215 | 刚性防水 防水砂浆 平面 | 100m2 | 0.039468 |

图 11-44　雨篷 YP-2 防水工程量

# 模块12

# 表格输入

表格输入就是直接在表格内输入相关数据以得到工程量,相当于手动算量。不是所有的构件都要用绘图的方法计算工程量,有些零星项目,采用表格输入更快捷。凡是在参数输入、平法输入、图形输入中不便处理的构件都可以在表格输入中完成。

## 12.1 屋面及雨篷排水工程

如图 12-1 所示,在"工程量"页签下,单击"表格输入",进入表格输入界面,如图 12-2 所示,单击"土建"→"构件",修改"构件 1"为"屋面及雨篷排水",首先通过查询清单库和查询定额库将清单项和定额项选全,然后直接在"工程量表达式"栏根据图纸情况编辑工程量计算式,如图 12-3 所示。

图 12-1 表格输入

图 12-2 新建构件

| | 编码 | 类别 | 名称 | 项目特征 | 单位 | 工程量表达式 | 工程量 |
|---|---|---|---|---|---|---|---|
| 1 | 010902004 | 项 | 屋面排水管 | 1.塑料(PVC)<br>2.110<br>3.钢管底节2m | m | (11.4-2+11.4+0.45-2)*2 | 38.5 |
| 2 | A7-97 | 定 | 屋面排水 塑料水落管 φ110 | | m | QDL[清单量] | 38.5 |
| 3 | A7-99 | 定 | 屋面排水 塑料落水口 落水口直径 φ110 | | 个 | 2 | 2 |
| 4 | A7-103 | 定 | 屋面排水 塑料弯头落水口(含箅子板) | | 套 | 2 | 2 |
| 5 | A7-101 | 定 | 屋面排水 塑料水斗 落水口直径 φ110 | | 个 | 4 | 4 |
| 6 | A7-114 | 定 | 屋面排水 钢管底节φ110 | | 个 | 4 | 4 |
| 7 | 010902006 | 项 | 屋面(廊、阳台)泄(吐)水管 | 雨篷硬塑料管排水φ50 | 根 | 5 | 5 |
| 8 | A7-112 | 定 | 屋面排水 阳台、雨篷塑料管排水φ50以内 | | 个 | 5 | 5 |

图 12-3 屋面及雨篷排水做法及工程量

## 12.2 楼梯基础

楼梯基础构件做法及工程量,如图12-4所示。

| 　 | 编码 | 类别 | 名称 | 项目特征 | 单位 | 工程量表达式 | 工程量 |
|---|---|---|---|---|---|---|---|
| 1 | 010101003 | 项 | 挖沟槽土方 | 1.一、二类土<br>2.2m 内 | m3 | 0.37*(1.05-0.45)*<br>(1.7-0.12) | 0.3508 |
| 2 | A1-11 | 定 | 人工挖沟槽 一、二类土 深度(2m以内) | 　 | m3 | (0.37+0.6)*(1.05-<br>0.45)*(1.7-0.12) | 0.9196 |
| 3 | 010401001 | 项 | 砖基础 | 1.混凝土砖<br>2.干混砌筑砂浆DMM7.5 | m3 | 0.37*0.75*(1.7-0.<br>12) | 0.4385 |
| 4 | A3-86<br>HZF2-2001<br>ZF2-2002 | 换 | 干混砂浆 砖基础 换为<br>【干混砌筑砂浆 DMM7.5】 | 　 | m3 | QDL{清单量} | 0.4385 |
| 5 | 010503004 | 项 | 圈梁 | 1.预拌<br>2.C20 | m3 | 0.24*0.3*(1.7-0.1<br>2) | 0.1138 |
| 6 | A4-179 | 定 | 预拌混凝土(现浇) 圈梁弧形圈梁 | 　 | m3 | QDL{清单量} | 0.1138 |
| 7 | 011702008 | 项 | 圈梁 | 模板自定 | m2 | 0.3*(1.7-0.12)*2 | 0.948 |
| 8 | A12-62 | 定 | 现浇混凝土复合木模板 直形圈梁 | 　 | m2 | QDL{清单量} | 0.948 |

图12-4 楼梯基础构件做法及工程量

# 模块 13

# 报 表

汇总计算报表前,应先进行合法性检查,操作方法详见模块 3 中 3.6 的内容。

## 13.1 汇总计算

单击"工程量"页签下的"汇总计算",选择楼层,单击"确定"按钮→提示"计算汇总成功"→单击"确定"按钮。

## 13.2 查看报表

单击"查看报表",进入报表查看界面,如图 13-1 所示,单击"钢筋报表量"和"土建报表量",所包含的各种报表,如图 13-2、图 13-3 所示。

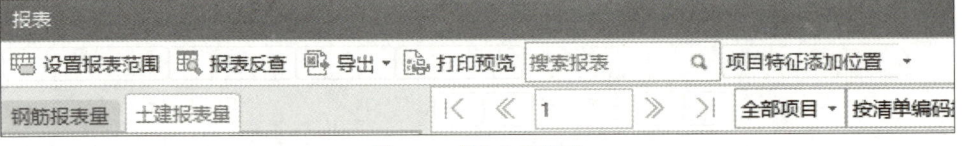

图 13-1 报表查看界面

图 13-2 钢筋报表量预览

图 13-3 土建报表量预览

### 1.设置报表楼层

单击图 13-1 中的"设置报表范围",选择需要查看报表的绘图输入和表格输入楼层。

### 2.项目特征添加位置

单击"土建报表量",单击"项目特征添加位置",选择"项目特征单列",如图 13-4 所示。

图 13-4 项目特征添加位置

### 3.设置报表项目

单击"全部项目"右侧的下拉三角按钮,选择报表项目,如图 13-5 所示。

图 13-5 设置报表项目

## 13.3 导出报表

如图 13-6 所示,选择需要导出的报表,单击"导出"→"导出到 Excel"或"导出到 Excel 文件"。

图 13-6 导出到 Excel(或 Excel 文件)

## 13.4 导出工程

使用"导出工程"功能,可以把当前工程导出为其他模式或其他计算规则的工程,实现"一图多算"。

如图 13-7 所示,单击左上角图标"T"→"导出"→"导出工程"。在"导出工程"对话框中,根据需要重新选择规则和库,完成后,单击"导出",选择合适的保存位置并保存。

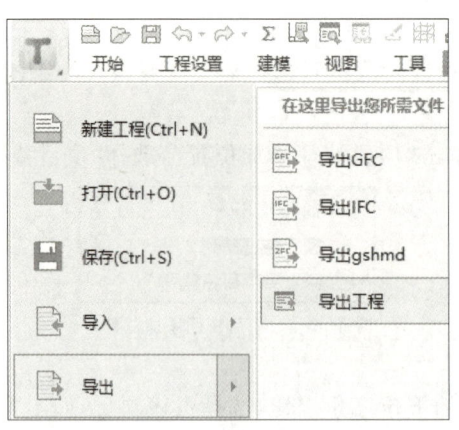

图 13-7 导出工程

**注意**：如果当前工程与目标工程计算规则和库不同，则只能将当前工程中的图形信息导出，与构件相关的做法（清单和定额）不能导出。

# 第 3 篇

# 计价篇——云计价软件 GCCP 6.0 应用

广联达计价软件 GCCP 6.0 包括招标文件编制和投标文件编制两部分。

软件的启动：单击"广联达建设工程造价管理整体解决方案"→"广联达云计价平台 GCCP 6.0"，接受《声明》，进入登录界面，输入账号和密码后登录（或离线使用）。

招标文件编制包括创建工程、工程量清单、招标控制价和报表四部分。

# 模块 14

# 编制招标文件

## 14.1 创建工程

通常一个工程分为招标项目、单项工程、单位工程三个级别,需要逐级新建。

**1. 新建招标项目**

在主界面选择"新建预算",选择地区,单击"招标项目",输入项目名称、项目编码,选择地区标准、定额标准、计税方式及税改文件,单击"立即新建",如图 14-1 所示。

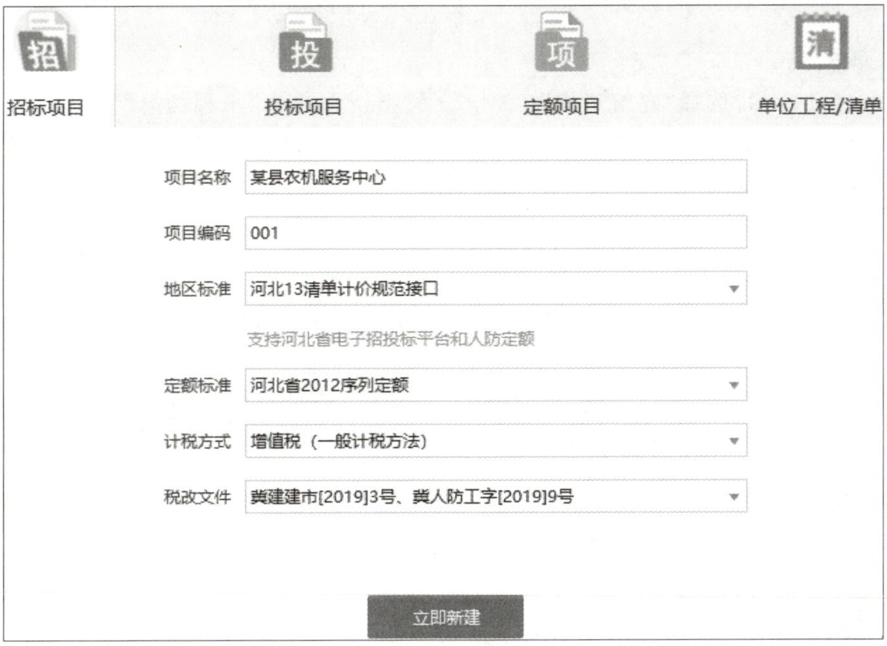

图 14-1 新建招标项目

**2. 新建单项工程**

如图 14-2 所示,右击"单项工程",重命名为"综合服务楼"。

图 14-2　单项工程重命名

**3. 新建单位工程**

如图 14-3 所示，右击"综合服务楼"→"快速新建单位工程"→"建筑工程"。

图 14-3　快速新建单位工程

**4. 工程概况**

如图 14-4 所示，选择"建筑工程"，单击"工程概况"，单击"工程信息""工程特征"等，根据实际情况填写信息；红色字体信息为必填项，黑色字体信息根据需要填写。

图 14-4　工程概况

**5. 编制说明**

单击"编制说明"，在编辑区域内，单击"编辑"，填写工程概况、编制依据等。

## 14.2　编制工程量清单

### 14.2.1　分部分项工程项目清单

分部分项工程项目清单包含项目编码、项目名称、项目特征描述、工程量等。

单击"编制"→"建筑工程"→"分部分项"，进入分部分项工程项目清单编辑界面。

**1. 隐藏不需要的列**

如图 14-5 所示,单击含量右边的"×",隐藏不需要的列。

图 14-5 隐藏不需要的列

**2. 清单编码**

(1) 查询输入

如图 14-6 所示,单击工具栏"查询"下拉三角按钮→"查询清单",软件提供了两种查询输入方法。

①按章节查询:如图 14-6 所示,在左边选择清单章节,在右边双击需要查询的清单,该条清单被添加到当前清单书中,可以连续双击多条清单,实现连续添加。

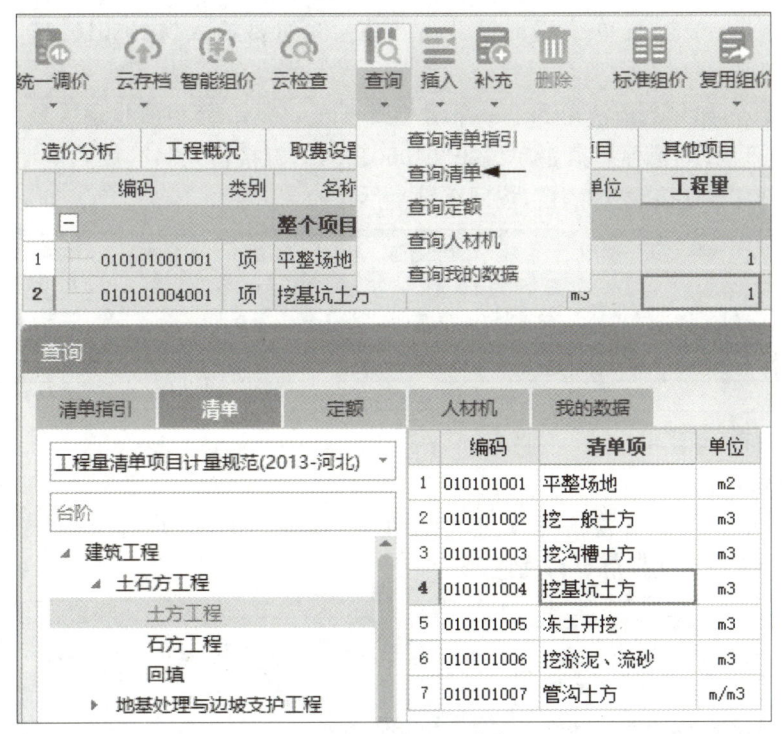

图 14-6 按章节查询清单

②搜索查询

如图 14-7 所示,在"搜索"框内输入需要查询的清单名称关键词,如"台阶",则与台阶有关的查询结果显示在右边的窗口中,双击需要的清单即可。

(2) 直接输入

①完整编码输入:在编码列直接输入九位清单编码,例如:"010501003",完成一条清单的输入。如图 14-8 所示,十二位清单编码的后三位为顺序码,在输入清单编码时,只需要输入前九位即可。

图 14-7　清单搜索查询

图 14-8　清单编码完整输入

②简便输入：输入清单编码的第 4、6、9 位，例如要输入"010501003"，只需要输入"5-1-3"即可。

③跟随输入：如果当前清单和上一条清单属于同一章节，可以直接输入最后不同的清单编码，如图 14-9 所示，满堂基础清单编码"010501004"，直接输入"4"，按回车键；矩形柱清单编码"010502001"，直接输入"2-1"，按回车键。

图 14-9　清单编码跟随输入

### 3.项目特征

（1）项目特征输入

如图 14-10 所示，选择清单行"矩形柱"，单击功能区"特征及内容"，在"特征值"栏输入或通过下拉三角按钮选择清单特征值。

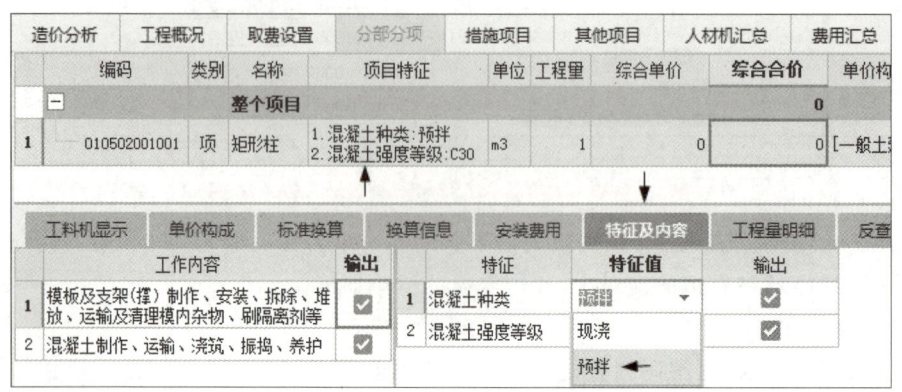

图 14-10　项目特征输入

(2)项目特征复制

项目特征基本相同的项,如混凝土部分,可通过复制、粘贴的功能,在项目特征位置单击两次,修改不同的特征值即可。

(3)项目特征选项设置

选择项目特征的添加位置、特征生成方式,单击"应用规则到全部清单"或"应用规则到所选清单"。

> **注意**:"应用规则到全部清单"会将复制、粘贴的内容删除,使用时要注意选择"应用规则到所选清单"。

**4.工程量**

在工程量列,直接输入工程量如"500",或者输入工程量计算式如"25 * 20",如图 14-11 所示,输入的工程量均为 1 个自然单位。

| 编码 | 类别 | 名称 | 项目特征 | 单位 | 工程量 | 综合单价 | 综合合价 |
|---|---|---|---|---|---|---|---|
| 010502001001 | 项 | 矩形柱 | 1. 混凝土种类:预拌<br>2. 混凝土强度等级:C30 | m3 | 25*20 | 0 | 0 |

图 14-11 输入工程量

**5.预算书整理**

(1)子目排序

如图 14-12 所示,单击"整理清单"→"清单排序",预算书中的清单项按编码的顺序由小至大排列。

(2)分部整理

①自动添加分部

如图 14-12 所示,单击"整理清单"→"分部整理",如图 14-13 所示,选择分部整理的条件,单击"确定"按钮,生成分部序号,以章节标题作为分部名称,按章汇总。

图 14-12 整理清单    图 14-13 分部整理条件选择

②自定义分部

根据工程实际情况自行定义分部序号及名称,常用于变更结算。

操作:单击"整个项目",右击,选择"插入子分部",软件在该子目前插入分部,在编码列输入分部序号,在名称列输入分部名称,即完成分部的设置工作。

单击第二个分部的第一条子目,右击,选择"插入子分部",完成第二个分部插入。

### 14.2.2 措施项目清单

单击图 14-5 中的"措施项目",系统提供了常规总价措施项目,可以根据工程情况增加或删除项目。

方法:在需要添加项的位置右击,选择"插入清单",输入相关信息即可。

单价措施项目如脚手架、模板、垂直运输等编辑方法同分部分项工程项目清单。

### 14.2.3 清单导入

在实际工作中,可以直接将土建计量软件导出的"清单 Excel 报表"导入 GCCP 软件,进行补充完善,快速完成分部分项工程项目清单和单价措施项目清单的编制。

操作:如图 14-14 所示,单击"编制"→"建筑工程"→"分部分项"→"导入"→"导入 Excel 文件",选择需要导入的文件并打开;如图 14-15 所示,选择需要导入的 Excel 表和导入位置;查看列和行内容识别是否正确;若识别正确,直接单击"导入",即可完成分部分项工程项目清单和单价措施项目清单的导入。

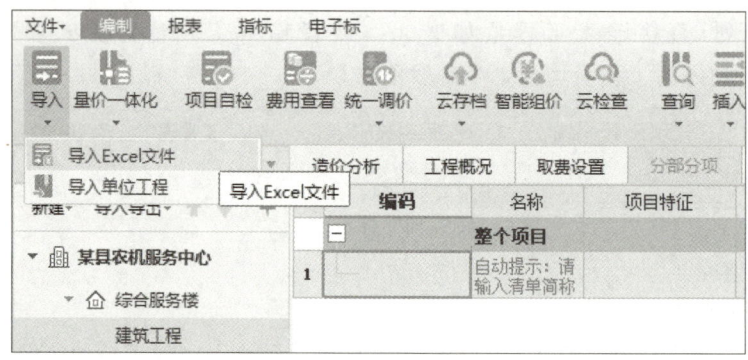

图 14-14 导入 Excel 文件

图 14-15 选择数据表和导入位置

如需要覆盖软件中已有的数据,可以先勾选"清空导入",然后单击"导入"。

清单导入后,软件默认锁定,清单信息不能更改。如需修改,单击"解除锁定",根据弹出的导入日志手动修改错误项。

### 14.2.4 其他项目清单

如图 14-16 所示,单击"其他项目",单击左侧子节点,根据招标情况输入暂列金额、暂估价等,完成其他项目清单。

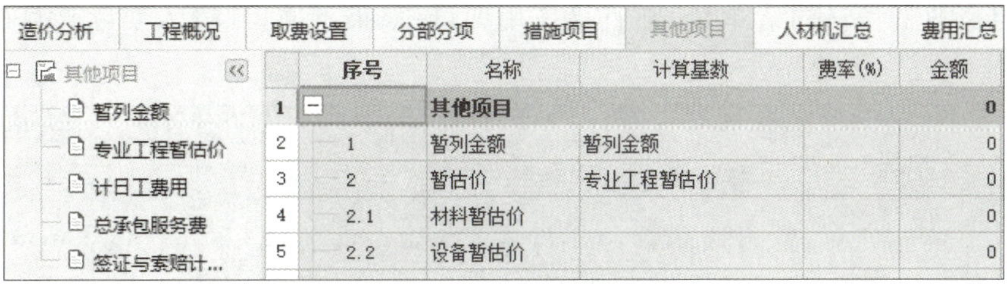

图 14-16　其他项目清单

## 14.3　编制招标控制价

### 14.3.1　分部分项工程项目清单计价

**1. 定额子目输入**

(1) 清单指引输入

如图 14-17 所示，双击需要组价的清单编码，在查询窗口右侧的定额项中双击与左侧清单匹配的定额，完成组价。如有多项定额，可勾选后单击"插入子目"。

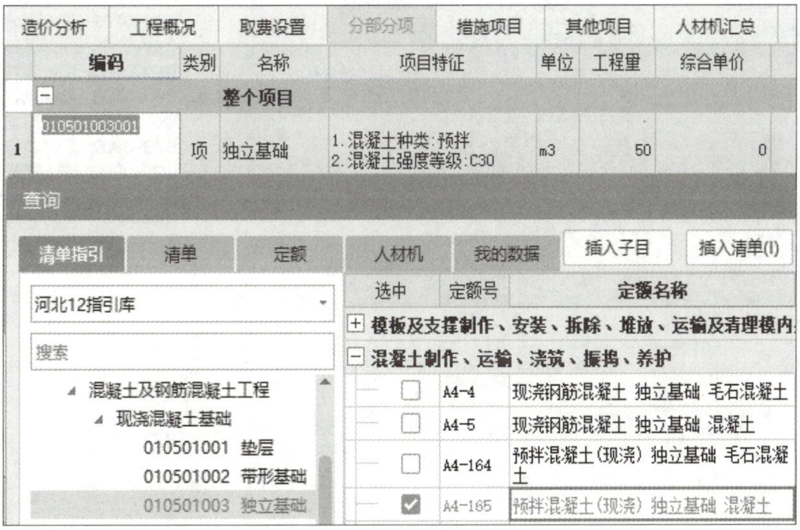

图 14-17　清单指引输入

(2) 查询定额输入

如果清单指引没有合适的清单项，单击图 14-17 中的"定额"，打开定额目录，通过按章节查询或搜索查询的方式查询需要的定额子目，双击需要的定额子目。

(3) 定额子目直接输入

如果已有定额编码，直接输入即可。右击需要插入定额子目的清单项，单击"插入子目"，然后在编码栏处直接输入定额编号。

**2. 定额工程量输入**

软件默认定额工程量和清单量相同，在工程量处单击两次，出现"QDL"，如图 14-18 所示,表示定额的工程量同清单量,则直接应用即可;如果不同,则输入实际计算的定额工程量。

图 14-18 定额工程量输入

**3. 定额换算**

(1)标准换算

如图 14-19 所示,选择需要换算的定额项,单击"标准换算",选择换算信息,在"混凝土强度"栏单击下拉三角按钮,根据清单项目特征描述的特征值选择换算信息,换算后如图 14-20 所示。

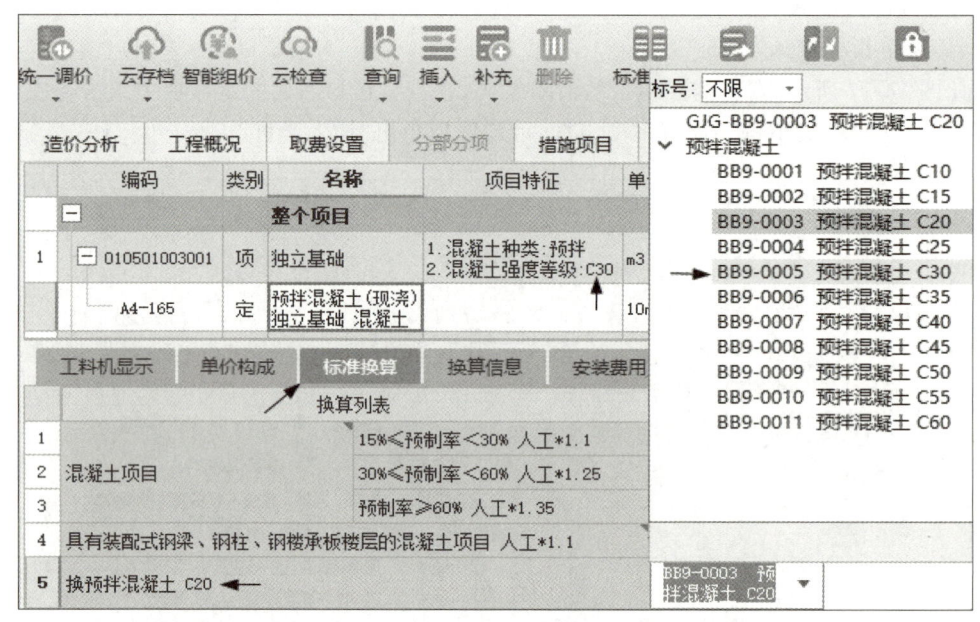

图 14-19 标准换算

图 14-20 换算后

(2)自动弹出换算

输入定额子目后,软件自动弹出标准换算窗口。例如:输入基础垫层混凝土子目"B1-25",软件会自动弹出如图 14-21 所示界面,勾选需要的换算,或者展开选择需要换算的混凝土强度即可。

[B1-25] 垫层 预拌混凝土

| | 换算列表 | 换算内容 |
|---|---|---|
| 1 | 用于基础垫层（不含满基） 机械*1.2,人工*1.2 | ☑ |
| 2 | 用于地板采暖房间垫层 材料*0.98,人工*1.8 | ☐ |
| 3 | 换预拌混凝土 C15 | BB9-0002 预拌混凝土 C15 |

图 14-21　自动弹出换算

(3)取消换算

不管采用何种方式换算，均可取消，回到换算前的状态。选择“子目”，右击→“取消换算”。

## 4.工料机显示

选择定额(或清单)项，单击“工料机显示”，如图 14-22 所示，查看子目人材机情况。

造价分析 | 工程概况 | 取费设置 | 分部分项 | 措施项目 | 其他项目 | 人材机汇总

| | 编码 | 类别 | 名称 | 项目特征 | 单位 | 工程量 | 综合单价 |
|---|---|---|---|---|---|---|---|
| | ⊟ | | 整个项目 | | | | |
| 1 | ⊟ 010501003001 | 项 | 独立基础 | 1.混凝土种类:预拌<br>2.混凝土强度等级:C30 | m3 | 1 | 317.82 |
| | A4-165 HBB9-00… 03 BB… | 换 | 预拌混凝土(现浇) 独立基础 混凝土 换为【预拌混凝土 C30】 | | 10m3 | 0.1 | 3178.2 |

工料机显示 | 单价构成 | 标准换算 | 换算信息 | 安装费用 | 特征及内容 | 工程量明细

| | 编码 | 类别 | 名称 | 规格及型号 | 单位 | 损耗率 | 含量 | 数量 | 定额价 | 市场价 | 合价 |
|---|---|---|---|---|---|---|---|---|---|---|---|
| 1 | 10000… | 人 | 综合用工二类 | | 工日 | | 6.15 | 0.615 | 60 | 60 | 36.9 |
| 2 | BB9-0005 | 商砼 | 预拌混凝土 C30 | | m3 | | 10.302 | 1.0302 | 260 | 260 | 267.85 |
| 3 | BK1-0005 | 材 | 塑料薄膜 | | m2 | | 13.04 | 1.304 | 0.8 | 0.8 | 1.04 |
| 4 | ZA1-0002 | 材 | 水 | | m3 | | 1.1 | 0.11 | 5 | 5 | 0.55 |
| 5 | ⊞ 00006060 | 机 | 混凝土振捣… | | 台班 | | 0.77 | 0.077 | 15.47 | 15.47 | 1.19 |

图 14-22　定额工料机显示

## 5.单价构成

查看清单、定额下的单价费用构成，根据实际情况修改费用构成。

选择清单或定额行，单击“单价构成”，则显示当前定位到的子目下的单价构成内容，如图 14-23 所示。

| | 编码 | 名称 | 项目特征 | 单位 | 工程量 | 综合单价 | 综合合价 |
|---|---|---|---|---|---|---|---|
| 21 | ⊟ 010501003001 | 独立基础 | 1.预拌<br>2.C30 | m3 | 50.00 | 317.82 | 15891 |
| | A4-165 HBB9-0003 BB9-0005 | 预拌混凝土(现浇) 独立基础 混凝土 换为【预拌混凝土 C30】 | | 10m3 | 5 | 3178.2 | 15891 |

工料机显示 | 单价构成 | 标准换算 | 换算信息 | 安装费用 | 特征及内容 | 工程量明细

| | 序号 | 费用代号 | 名称 | 计算基数 | 基数说明 | 费率(%) | 单价 | 合价 |
|---|---|---|---|---|---|---|---|---|
| 1 | 1 | A | 直接费 | A1+A2+A3 | 人工费+材料费+机械费 | | 3075.36 | 15376.8 |
| 2 | 1.1 | A1 | 人工费 | RGF | 人工费 | | 369 | 1845 |
| 3 | 1.2 | A2 | 材料费 | CLF+ZCF | 材料费+主材费 | | 2694.45 | 13472.25 |
| 4 | 1.3 | A3 | 机械费 | JXF | 机械费 | | 11.91 | 59.55 |
| 5 | 2 | B | 企业管理费 | YS_RGF+YS_JXF | 预算价人工费+预算价机械费 | 17 | 64.75 | 323.75 |
| 6 | 3 | C | 利润 | YS_RGF+YS_JXF | 预算价人工费+预算价机械费 | 10 | 38.09 | 190.45 |
| 7 | | | 工程造价 | A+B+C | 直接费+企业管理费+利润 | | 3178.2 | 15891 |

图 14-23　定额单价构成

**6. 商品砼泵送增加费**

软件提供了自动计算商品砼泵送增加费功能，能一次性完成所有子目泵送增加费的计算。

如图 14-24 所示，单击"计算商品砼泵送增加费"，选择泵送方式、檐高，在下方读取到所有泵送、预拌混凝土子目，根据子目位置选择地上或地下，计算或不计算，单击"确定"按钮。

图 14-24　计算商品砼泵送增加费

## 14.3.2　措施项目清单计价

**1. 总价措施项目费用计算**

总价措施项目采用"自动计算措施费用"的方法，工程量不需要输入，默认为"1"，单位为"项"。

如图 14-25 所示，单击"自动计算措施费用"，在弹出的窗口中勾选措施项，判断冬雨季施工天数是否满足规定的天数，如果不足 50%，需勾选，然后单击"自动计算"，完成总价措施项目费用计算。

**2. 单价措施项目费用计算**

模板、脚手架、大型机械进出场及安拆费、超高费等单价措施项目费用组价方法同分部分项工程项目清单组价。

**3. 装饰垂直运输费用**

如图 14-26 所示，单击"装饰垂直运输"→"记取垂直运输"，在弹出的窗口中选择最高（最低）檐高或层数，选择地下室层数，选择±0.00 以上或以下，单击"确定"按钮，完成装饰装修工程垂直运输费用的计算。

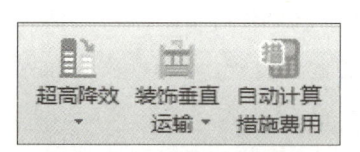

图 14-25　自动计算措施费用　　　图 14-26　装饰垂直运输

**4. 装饰超高降效**

如建筑物超高，除了需要计算建筑工程超高费用以外，还需计算装饰超高费用，单击"超高降效"→"记取超高降效"，在前面计算垂直运输费用时已经选择过檐高，此外不需要重复选择。单击"确定"按钮，完成装饰装修工程超高增加费用的计算。

在"措施"页面，可以查看软件自动计算的装饰装修垂直运输费用和超高费用。

## 14.3.3　清单定额导入

将土建计量软件导出的分部分项和单价措施项目 Excel 清单定额汇总表导入 GCCP 计价软件中，补充修改快速完成组价。其操作方法同 14.2.3。

### 14.3.4 其他项目清单计价

招标文件规定的暂列金额和暂估价不允许更改。

### 14.3.5 人材机调整

单击"人材机汇总",进行人工、材料、机械价差的统一调整。

**1. 人工表**

如图 14-27 所示,单击"人工表",根据实际情况调整市场价,或按照取费设置界面的"人工费调整文件"调整。

图 14-27 人工费单价调整表

措施项目人工费,单位以"元"表示,数量以总价的形式出现,预算价、市场价一栏单位为"项"。

**2. 材料表**

(1) 批量载价

如图 14-28 所示,单击"载价"→"批量载价",根据工程要求,选择载价地区及载价月份(对于已调价的材料可以不进行载价),如图 14-29 所示,单击"下一步",进行材料分类筛选,单击"下一步",完成批量载价,如图 14-30 所示。需要单独调整的材料,可以单独进行载价调整。

图 14-28 批量载价

图 14-29 批量载价材料分类筛选

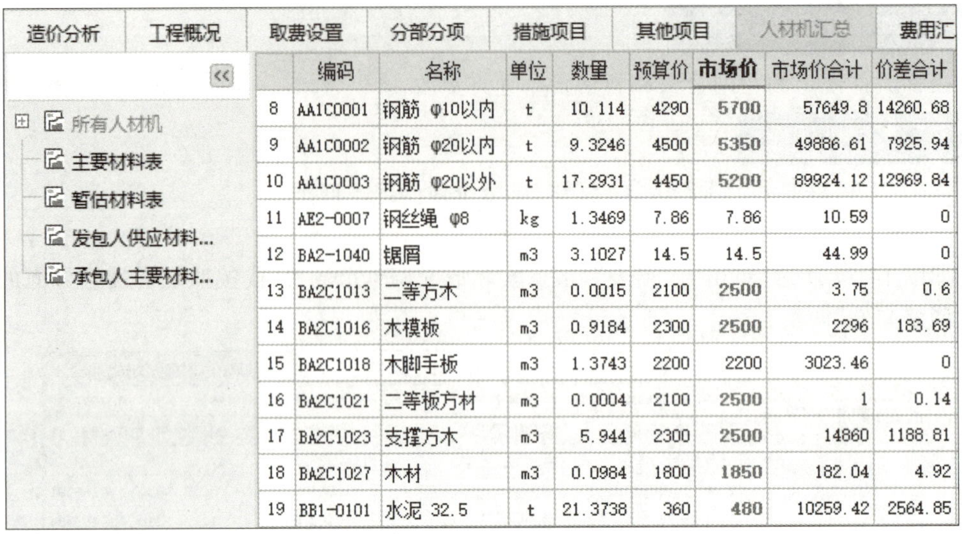


| | 编码 | 名称 | 单位 | 数量 | 预算价 | 市场价 | 市场价合计 | 价差合计 |
|---|---|---|---|---|---|---|---|---|
| 8 | AA1C0001 | 钢筋 φ10以内 | t | 10.114 | 4290 | 5700 | 57649.8 | 14260.68 |
| 9 | AA1C0002 | 钢筋 φ20以内 | t | 9.3246 | 4500 | 5350 | 49886.61 | 7925.94 |
| 10 | AA1C0003 | 钢筋 φ20以外 | t | 17.2931 | 4450 | 5200 | 89924.12 | 12969.84 |
| 11 | AE2-0007 | 钢丝绳 φ8 | kg | 1.3469 | 7.86 | 7.86 | 10.59 | 0 |
| 12 | BA2-1040 | 锯屑 | m3 | 3.1027 | 14.5 | 14.5 | 44.99 | 0 |
| 13 | BA2C1013 | 二等方木 | m3 | 0.0015 | 2100 | 2500 | 3.75 | 0.6 |
| 14 | BA2C1016 | 木模板 | m3 | 0.9184 | 2300 | 2500 | 2296 | 183.69 |
| 15 | BA2C1018 | 木脚手板 | m3 | 1.3743 | 2200 | 2200 | 3023.46 | 0 |
| 16 | BA2C1021 | 二等板方材 | m3 | 0.0004 | 2100 | 2500 | 1 | 0.14 |
| 17 | BA2C1023 | 支撑方木 | m3 | 5.944 | 2300 | 2500 | 14860 | 1188.81 |
| 18 | BA2C1027 | 木材 | m3 | 0.0984 | 1800 | 1850 | 182.04 | 4.92 |
| 19 | BB1-0101 | 水泥 32.5 | t | 21.3738 | 360 | 480 | 10259.42 | 2564.85 |

图 14-30　批量载价

(2)市场价锁定

甲、乙双方已确定好价格的材料，可直接输入价格，然后单击“市场价锁定”，使小方框中出现“√”。当载入市场价时，锁定的价格就不会被信息价替换。

## 14.3.6　设置招标材料

### 1.甲供材料

在编制招标控制价的时候，如有甲供材料，需要单独出甲供材料的报表。

单击“编制”→“人材机汇总”，在材料表中选择需要设为甲供的材料，将供货方式由默认的“自行采购”修改为“甲供材料”，如图 14-31 所示。

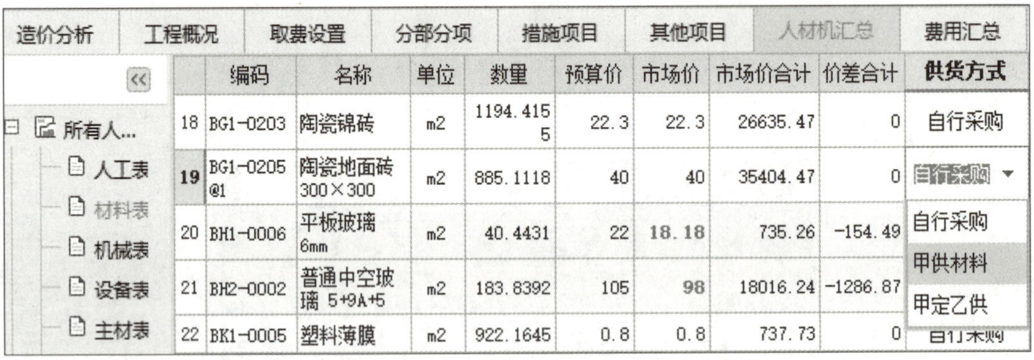


| | 编码 | 名称 | 单位 | 数量 | 预算价 | 市场价 | 市场价合计 | 价差合计 | 供货方式 |
|---|---|---|---|---|---|---|---|---|---|
| 18 | BG1-0203 | 陶瓷锦砖 | m2 | 1194.4155 | 22.3 | 22.3 | 26635.47 | 0 | 自行采购 |
| 19 | BG1-0205@1 | 陶瓷地面砖300×300 | m2 | 885.1118 | 40 | 40 | 35404.47 | 0 | 自行采购 |
| 20 | BH1-0006 | 平板玻璃6mm | m2 | 40.4431 | 22 | 18.18 | 735.26 | -154.49 | |
| 21 | BH2-0002 | 普通中空玻璃 5+9A+5 | m2 | 183.8392 | 105 | 98 | 18016.24 | -1286.87 | |
| 22 | BK1-0005 | 塑料薄膜 | m2 | 922.1645 | 0.8 | 0.8 | 737.73 | 0 | 自行采购 |

图 14-31　供货方式选择设置

### 2.暂估材料

在编制招标控制价时，招标方给出暂估材料单价，材料价格按此价格进行组价，计入综合单价。

单击“编制”→“人材机汇总”，在材料表中选择需要暂估的材料，勾选“是否暂估”列，如图 14-32 所示。

| | 名称 | 单位 | 数量 | 预算价 | 市场价 | 市场价合计 | 价差合计 | 供货方式 | 是否暂估 | 市场价锁定 |
|---|---|---|---|---|---|---|---|---|---|---|
| 26 | 加气混凝土砌块 | m3 | 117.1825 | 170 | 420 | 49216.65 | 29295.63 | 自行采购 | ☐ | ☐ |
| 27 | 大理石板(综合) | m2 | 43.3478 | 342 | 342 | 14824.95 | 0 | 自行采购 | ☑ | ☑ |
| 28 | 碎预制水磨石板 | m2 | 79.4293 | 6.3 | 6.3 | 500.4 | 0 | 自行采购 | ☐ | ☐ |
| 29 | 预制水磨石板 | m2 | 20.193 | 80 | 80 | 1615.44 | 0 | 自行采购 | ☑ | ☑ |
| 30 | 面砖 240×60 | m2 | 415.9743 | 32.5 | 31 | 12895.2 | -623.96 | 自行采购 | ☐ | ☐ |
| 31 | 陶瓷地砖 | m2 | 44.6529 | 25 | 25 | 1116.32 | 0 | 自行采购 | ☐ | ☐ |
| 32 | 陶瓷地面砖 300×300 | m2 | 19.8783 | 40 | 40 | 795.13 | 0 | 甲供材料 | ☐ | ☐ |
| 33 | 陶瓷地面砖 800×800 | m2 | 258.9544 | 50 | 50 | 12947.72 | 0 | 甲供材料 ▼ | ☐ | ☐ |
| 34 | 瓷砖 200×300 | m2 | 109.8171 | 34 | 34 | 3733.78 | 0 | 自行采购 | ☐ | ☐ |

图 14-32　暂估材料设置

## 14.3.7　取费设置

单击"编制"→"综合服务楼"→"取费设置",如图 14-33 所示,针对项目特点,设置费用条件,在下方选择政策文件依据,完成取费设置。

| 费用条件 | | 费率 | | | | | |
|---|---|---|---|---|---|---|---|
| | 名称 | 内容 | 取费专业 | 管理费(%) | 利润(%) | 规费(%) | 安全生产、文明施工费(%) | 附加税费(%) |
| | | | | | | | 基本费 / 增加费 | |
| 1 | 工程类别 | 三类工程 | ✓1 一般土建工程 | 17 | 10 | 21.8 | 5.88 / 0 | 13.22 |
| 2 | 纳税地区 | 市区 | 2 钢结构工程 | 17 | 10 | 21.8 | 5.88 / 0 | 13.22 |
| 3 | 工程所在地 | 县城 | ✓3 土石方工程 | 4 | 4 | 6.1 | 5.88 / 0 | 13.22 |
| 4 | 人工费调整地区 | 石家庄 | 4 预制桩工程 | 8 | 7 | 14.8 | 5.88 / 0 | 13.22 |
| 5 | 临路面数 | 不临路 | 5 灌注桩工程 | 9 | 8 | 14.8 | 5.88 / 0 | 13.22 |
| 6 | 建筑面积 | 10000m²以下 | ✓6 装饰工程 | 18 | 13 | 17.4 | 4.36 / 0 | 13.22 |
| 7 | 预制率 | 15%≤预制率<30% | 7 装配式混凝土结构工程 | 17 | 10 | 21.8 | 5.88 / 0 | 13.22 |
| 8 | 市政工程造价 | 5000万元以下 | | | | | | |

图 14-33　设置费用条件

## 14.3.8　费用汇总

单击"费用汇总",进入取费界面,完成费用计算。

**1.选择费用模板**

根据需要,选择费用模板。单击"载入模板",选择需要的费用模板,如图 14-34 所示。

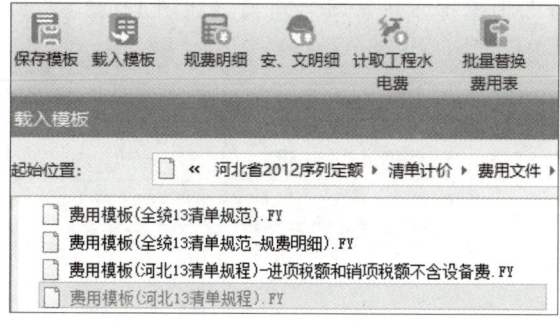

起始位置：河北省2012序列定额 ▶ 清单计价 ▶ 费用文件
- 费用模板(全统13清单规范).FY
- 费用模板(全统13清单规范-规费明细).FY
- 费用模板(河北13清单规程)-进项税额和销项税额不含设备费.FY
- 费用模板(河北13清单规程).FY

图 14-34　载入费用模板

**2. 查询费率信息**

单击"查询费率信息",打开"计价程序类",可以查询不同类别工程的各种费率,如图14-35所示。

图14-35 查询费率信息

**3. 规费明细**

如图14-36所示,单击"规费明细",可查看规费明细。

**4. 安全生产、文明施工费**

如图14-36所示,单击"安、文明细",可查看安全生产、文明施工费明细。

图14-36 规费、安全生产、文明施工费明细

## 14.4 报表

**1. 项目自检**

招标文件编制完成后需要进行检查,如图14-37所示,单击"编制"→"项目自检"→"设置检查项"→"执行检查",根据提示进行项目自检。如图14-38所示,双击定位问题项进行调整。

图14-37 项目自检

图 14-38　设置检查项

**2.报表**

（1）报表预览

单击工具栏"报表"，如图 14-39 所示，窗口左侧为报表名称列表，选择要查看的报表，窗口右侧出现报表界面，根据需要查看或打印工程量清单或招标控制价报表。

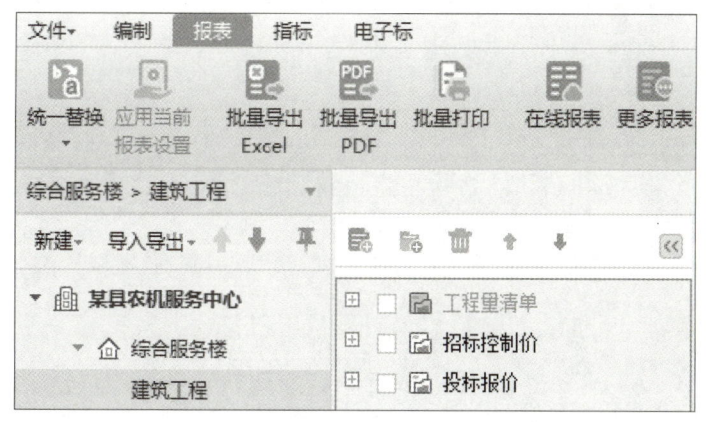

图 14-39　报表界面

（2）批量导出报表

在工具栏单击"批量导出 Excel"，如图 14-40 所示，选择报表类型，勾选报表和"连码导出"，选择存放文件的位置，指定文件名称，单击"确定"按钮。

**3.生成招标书**

如图 14-41 所示，单击"电子标"→"生成招标书"，根据提示进行项目自检，双击定位问题项进行调整。确定无误后，单击"生成招标书"，选择导出位置和标书类型，单击"确定"按钮。

图 14-40　批量导出 Excel

图 14-41　生成招标书

# 模块 15

# 编制投标报价

## 15.1 操作流程

新建投标项目→取费设置→导入工程量清单→工程量清单计价→报表。

## 15.2 新建投标项目

在主界面选择"新建预算",选择地区。单击"投标项目",输入项目名称、编码,选择地区标准、定额标准、计税方式及税改文件,导入电子招标书,单击"立即新建"。
新建单项工程、单位工程、工程概况、编制说明等操作方法同模块 14 的 14.1。

## 15.3 取费设置

取费设置的内容同模块 14 的 14.3.7,根据实际情况,修改费率即可。

## 15.4 导入工程量清单

将给定的 Excel 清单文件导入,操作方法同模块 14 的 14.2.3。

## 15.5 工程量清单计价

**1. 分部分项和单价措施项目清单组价**
(1)逐条组价
逐条组价的内容同模块 14 的 14.3.1,根据投标单位实际情况和施工方案组价。
(2)标准组价
群体工程项目需要快速编制多栋楼的清单报价,使用标准组价功能能够快速组价。

如图 15-1 所示，单击"编制"→"标准组价"，勾选所要组价的单位工程和清单合并规则，如图 15-2 所示，单击"确定"按钮。

图 15-1　标准组价

图 15-2　勾选相同专业单位工程和清单合并规则

提取成功后，弹出提示信息，单击"确定"按钮，进入"标准组价编辑"界面，编制方法同逐条组价。

如图 15-3 所示，组价完成后单击"应用"，把组价内容应用到源单位工程，单击"返回项目编辑"即可回到主界面继续编制。

图 15-3　标准组价应用

（3）自动复用组价

自动复用组价是将已完成的历史工程组价，自动批量复用到其他未组价清单中去。

如图 15-4 所示，单击"复用组价"→"自动复用组价"→"历史工程"，选择并打开工程→"市场价选择"，单击"确定"按钮。

图 15-4　自动复用组价

如图 15-5 所示，在"历史工程"中选择需要复用的清单及匹配条件，如图 15-6 所示，在界面右侧选择"组价范围"和"目标工程"，单击"自动组价"，软件根据匹配条件，将目标工程中符合条件的清单自动完成组价，并提示成功复用及未组价的清单条数，单击"确定"按钮。

图 15-5 历史工程信息

图 15-6 选择目标工程

(4) 提取已有组价

整个项目中过滤已组价的相似清单,手动逐条复用。

选择需要组价的清单行,如图 15-7 所示,如单击"矩形柱"清单,在图 15-4 中单击"提取已有组价",软件根据过滤条件,快速过滤出整个项目中的相似清单,选择可复用的组价,单击"添加组价"或"替换组价",或在清单子目上双击,均可完成组价。

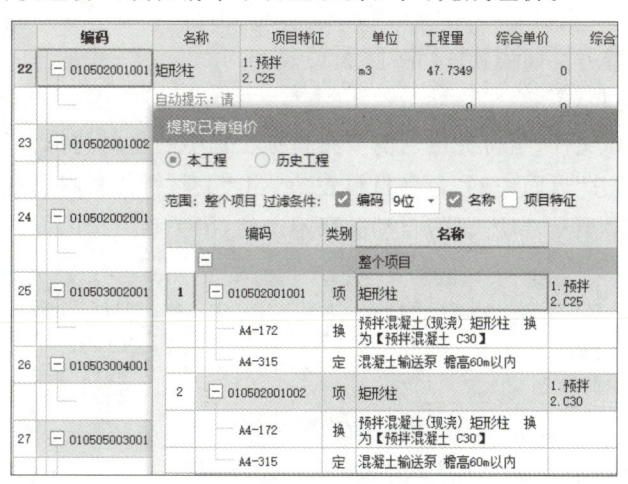

图 15-7 提取已有组价

若有多条清单未组价,可先不关闭提取组价窗口,直接单击下一条清单,窗口会根据所选清单实时过滤出相似清单,再查找提取即可。

（5）替换数据

组价完成后，存在更改相同清单的组价的情况，更改某一条清单组价后，单击"替换清单"，如图15-8所示，勾选要替换的清单和过滤方式，单击"替换"，可以把其他相同清单的组价一次性都替换。

替换完数据后，替换过的清单自动变红，双击定位该清单进行查看。

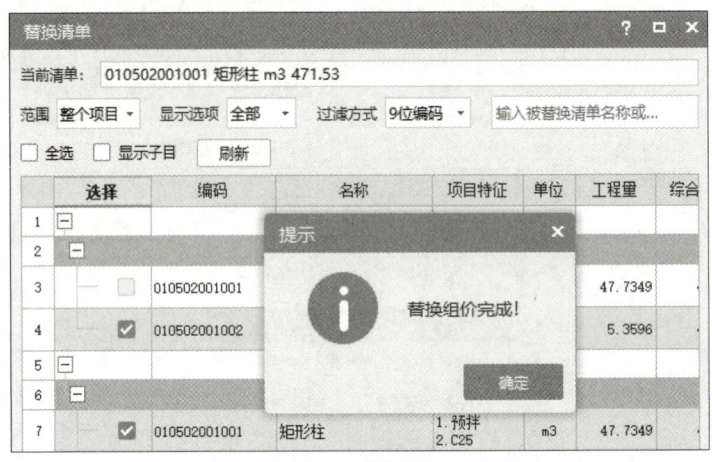

图15-8 替换数据

### 2.总价措施项目清单计价

总价措施项目清单计价的内容同模块14的14.3.2，根据投标单位实际情况和施工方案组价。

### 3.其他项目清单计价

其他项目清单计价的内容同模块14的14.3.4。计日工、总承包服务费等根据投标单位实际情况记取即可。

### 4.人材机调整

人材机调整的内容同模块14的14.3.5，根据投标单位实际情况进行调整。

### 5.响应招标材料

（1）甲供材料

甲供材料的设置方法同模块14的14.3.6。

（2）暂估材料关联

投标人导入招标文件，组价完成后需要将投标工程中的材料与招标材料进行关联。

单击"人材机汇总"界面中的"暂估材料表"，单击"关联暂估材料"，如图15-9所示，软件根据编码、名称、规格型号自动关联；自动关联不上的，用手动勾选的方式进行关联。

图15-9 暂估材料关联

**6.费用汇总**

费用汇总的内容同模块 14 的 14.3.8,根据招标文件要求选择费用模板。

## 15.6 报表

**1.项目自检**

投标文件编制完成后需要进行检查,单击"编制"→"项目自检",设置检查项→"执行检查",根据提示进行自检;双击定位问题项进行处理。具体方法同模块 14 的 14.4。

**2.报表**

(1)报表预览

单击"报表",选择要查看的报表,根据需要查看报表。

(2)批量导出报表

单击"批量导出 Excel",选择报表类型(投标报价),勾选报表和"连码导出",导出选择表,选择存放报表的文件夹,单击"确定"按钮。具体方法同模块 14 的 14.4。

(3)批量打印

单击"批量打印",勾选需要打印的报表,选择打印设置,单击"打印"。

**3.生成投标书**

如图 15-10 所示,单击"电子标"→"生成投标书",根据提示进行项目自检,双击定位问题项进行处理,无误后,单击"生成投标书",选择导出位置和标书类型,单击"确定"按钮。

图 15-10 生成投标书

## 15.7 量价一体化

将广联达 GTJ 土建计量软件计算结果直接导入 GCCP 软件中计价。

如图 15-11 所示,单击"量价一体化"→"导入算量文件",选择并打开算量工程文件,选择导入算量工程的结构,勾选需要导入的算量工程后,选择导入结构,单击"确定"按钮,选择规则库,单击"确定"按钮,选择需要导入的做法,单击"导入"。

图 15-11 量价一体化

## 软件算量和计价参考结果

计量导出：清单定额汇总表

计量导出：钢筋-楼层构件类型级别直径汇总表

计量导出：钢筋定额表

计价导出：建筑工程投标报表

计价导出：人材机规费安全表

# 参 考 文 献

[1] 中华人民共和国住房和城乡建设部.建设工程工程量清单计价规范:GB 50500—2013[S]北京:中国计划出版社,2013.

[2] 中华人民共和国住房和城乡建设部.房屋建筑与装饰工程工程量计算规范:GB 50854—2013[S]北京:中国计划出版社,2013.

[3] 河北省工程建设造价管理总站.全国统一建筑工程基础定额河北省消耗量定额[S]北京:中国建材工业出版社,2012.

[4] 河北省工程建设造价管理总站.全国统一建筑装饰装修工程消耗量定额河北省消耗量定额[S]北京:中国建材工业出版社,2012.

[5] 河北省工程建设造价管理总站.河北省建筑、安装、市政、装饰装修工程费用标准[M]北京:中国建材工业出版社,2012.

[6] 于香梅.建筑工程定额与预算(第二版)[M].北京:清华大学出版社,2016.